高等院校理工科类大学物理系列教材

UNIVERSITY PHYSICS

大学物理实验

主　编》吕洪方　石文星
副主编》李　星　周　迪　饶　伟

華中科技大學出版社
http://www.hustp.com
中国·武汉

内 容 简 介

本书共分为 5 章，涉及 37 个实验。第 1 章是实验误差与数据处理；第 2 章是验证性基础实验，共 13 个实验；第 3 章是综合性实验，共 18 个实验；第 4 章是设计性实验，共 5 个实验；第 5 章是虚拟仿真实验。全书基本涵盖了力学实验、热学实验、电磁学实验、光学实验和近现代物理实验。虚拟仿真实验共涉及 9 大类，46 个实验项目。

本书可作为普通高等院校理工类非物理专业的大学物理实验课的教材或参考书。

图书在版编目(CIP)数据

大学物理实验 / 吕洪方，石文星主编. —武汉：华中科技大学出版社，2020.1(2025.1 重印)
ISBN 978-7-5680-5810-0

Ⅰ.①大…　Ⅱ.①吕…　②石…　Ⅲ.①物理学-实验-高等学校-教材　Ⅳ.①O4-33

中国版本图书馆 CIP 数据核字(2019)第 272521 号

大学物理实验　　吕洪方　石文星　主编
Daxue Wuli Shiyan

策划编辑：张　毅
责任编辑：张　毅
封面设计：孢　子
责任校对：李　弋
责任监印：朱　玢
出版发行：华中科技大学出版社(中国·武汉)　　电话：(027)81321913
　　　　　武汉市东湖新技术开发区华工科技园　　邮编：430223
录　　排：武汉正风天下文化发展有限公司
印　　刷：武汉市籍缘印刷厂
开　　本：787mm×1092mm　1/16
印　　张：11.25
字　　数：289 千字
版　　次：2025 年 1 月第 1 版第 5 次印刷
定　　价：32.00 元

前言

本书是根据教育部高等学校物理基础课程教学指导分委员会制定的《理工科类大学物理实验课程教学基本要求》，并结合理工科专业的特点编写而成的。

为了满足“双一流”建设和理工科大学物理实验教学的需要，本书在整体设计上力求贯彻以学生为本的理念，并结合科学素养培养的时代性，将基础性、实践性、探索性和开放性有机统一。

第一，本书编写的指导思想是努力实现工程技术人员复合型思维能力的构建，努力实现由知识教育向素质教育的转化，满足多重能力培养的需求。

第二，本书在内容上增加了综合性实验和设计性实验的比重，体现了动手能力与动脑能力相结合的实验教学改革思路。

第三，本书结合新技术在物理实验教学中的应用，增加了虚拟仿真实验，旨在通过虚拟仿真实验，全面培养学生的科学素养。

第四，本书在实验内容的选择和编写中还体现了理论与实践相结合的原则，旨在培养学生动脑能力和动手能力。

大学物理实验是高等理工科院校对学生进行科学实验基本训练的必修基础课程，是本科生接受系统实验方法和实验技能的开端。大学物理实验课程内容丰富、覆盖面广，包括了实验设计、实验方法、实验条件、仪器装置、操作测量、数据处理、误差分析、实验分析等诸多方面，每一方面都有自身的规律和丰富的内容。作为一本教材，本书虽然不能面面俱到，但却有较广泛的涉及。

在本书编写过程中，我们参阅了许多兄弟院校的相关实验教材，在此表示衷心的感谢。另外，还要衷心感谢院系领导的大力支持，以及大学物理实验室徐彬、付云飞、戴赛萍等老师的大力配合。

本书由吕洪方、石文星担任主编，李星、周迪、饶伟担任副主编，并由吕洪方对全书进行统稿。编写分工：吕洪方编写第 1 章、第 5 章，以及实验 2.1、2.4、2.6、2.7、2.8、3.8、3.11、3.16、4.2；石文星编写实验 3.3、3.4、3.10、3.14、3.17、4.4、4.5；李星编写实验 2.9、2.13、3.1、3.12、3.13、3.18、4.3；周迪编写实验 2.2、2.10、2.11、3.2、3.7、3.9；饶伟编写实验 2.3、2.5、2.12、3.5、3.6、3.15、4.1。

由于编者水平有限，书中难免有不当之处，恳请同行和读者多提宝贵意见，以使本书进一步完善。

编　者

2020 年 1 月

目录

第1章　实验误差与数据处理

1.1　测量与误差

测量一般分为两类:直接测量和间接测量。直接测量是指用标准量与待测量进行比较的过程,它无须进行任何函数关系的辅助运算。当用 Y 表示待测量(在测量时称为被测量),X 表示直接测量得到的量时,则

$$Y=X \tag{1-1-1}$$

直接测量的特点是待测的未知量与直接测量得到的量是一致的。例如,用米尺测量长度、秒表计时间、天平称质量、电流表测电流、温度计测温度等,皆为直接测量。

间接测量是指被测量与直接测量得到的量之间需要通过一定的函数关系的辅助运算,才能得到被测量的过程,即

$$Y=f(x_1,x_2,\cdots,x_n) \tag{1-1-2}$$

式中:$x_1,x_2,\cdots,x_n$是直接测量得到的量。

间接测量的特点是待测的未知量与直接测量得到的量是不一致的。例如,求某圆柱形导线的电阻率 ρ,必须先测得其长度 L、直径 d 和电阻值 R,然后利用公式计算 ρ 的值,即

$$\rho=\frac{\pi d^2R}{4L} \tag{1-1-3}$$

物理量的测量中,绝大部分是间接测量,直接测量是间接测量的基础。无论是哪种测量,都需要在满足一定的实验条件下,按照严格的方法和正确地使用仪器,才能获取测量结果,即获得数据。由于在测量过程中始终存在着各种因素的干扰,故所测得的值只是对真值的近似描述。所谓的真值,就是被测量在实验当时条件下有一个不以人的意志改变而变化的客观存在值。若用 A 表示真值,x 表示测量值,那么差值 $\Delta x=x-A$ 就称为误差。Δx 与 x 同量纲,故又常称 Δx 为绝对误差。显而易见,误差的正负就表示测量值偏离真值的方向。真值是不能确知的,所以测量值的误差也是不能确切知道的,常常用测量的最佳估计值来代替真值。因此,测量的任务是给出最佳估计值和相应的可靠程度的估计。

1.2　误差的分类及误差处理

既然通过测量不能得到真值,那么怎样才能最大限度地减小测量误差并估算出误差的范围呢?要解决这个问题,首先要了解误差产生的原因及其性质。根据误差产生的原因与性质的不同,通常将误差分为系统误差和随机误差。本书若无特别说明,则不计系统误差。

1. 系统误差

在一定条件(仪器、方法和环境等)下对同一物理量进行多次测量时,误差的正负号和绝对值保持恒定,或者在该测量条件改变时,其误差按一定的规律变化,此类误差称为系统误差。产生系统误差的原因主要有以下几个。

1) 仪器误差

仪器误差是由于仪器本身存在一定的缺陷或没有按规定条件使用仪器造成的。例如:仪器的零点不准,仪器的水平未调整,在 20 ℃下标定的标准电池在 35 ℃下使用等。

2) 原理误差

原理误差(或方法误差)是由于理论公式本身的近似性或实验条件的不完善性造成的。例如:用单摆测量重力加速度时,忽略空气对摆球的阻力影响;用伏安法测电阻时,不考虑电表内阻的影响及电路的接入误差。

3) 观察者误差

观察者误差是由于观察者本人生理或心理特点所引入的误差。例如:读数时,观察者可能习惯性偏向某一方向;按动秒表时,观察者可能习惯性提前或滞后。

2. 随机误差

在实际测量条件下,多次测量同一物理量的过程中,误差的正负号和绝对值的变化时大时小、时正时负,这种以不可预知的方式变化的误差称为随机误差。随机误差产生的原因很多,一般可分为两大类:

第一类,实验中各种微小因素的变动,如实验装置在各次调整操作上的变动性、气流的扰动、温度的起伏、电压的波动、杂散电磁场的干扰等引入的误差;

第二类,观察者在对准目标、确定平衡、估读数据时以及其分辨能力所限所引入的误差。

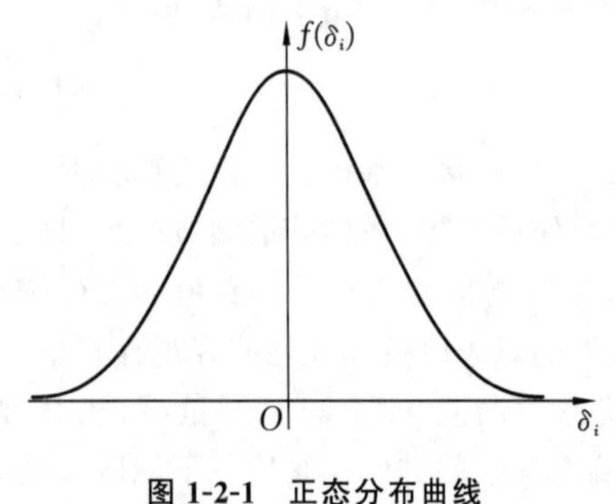

图 1-2-1 正态分布曲线

单就每一次测量而言,随机误差的出现是没有规律的,大小和方向都是不可预知的。但只要进行足够多次的测量,就会发现随机误差服从一定的统计规律。根据随机误差的性质,有多种处理随机误差的理论和方法。最常见的所谓遵从正态分布(又称高斯分布,此时只考虑随机误差)的误差如图 1-2-1 所示。图 1-2-1 中,横坐标 $\delta_i=\Delta x_i=x_i-A$,表示误差,纵坐标 $f(\delta_i)$表示与误差出现的概率有关的概率密度函数。由图 1-2-1 可知,遵从正态分布的随机误差有以下几点特征。

(1) 单峰性:绝对值小的误差比绝对值大的误差出现的概率大。

(2) 对称性:绝对值相等的正负误差出现的概率相等。

(3) 有界性:在一定的条件下,误差的绝对值不会超过一定的范围。

(4) 抵偿性:在测量次数 $n\to\infty$时,全部误差的代数和等于零,即

$$\lim_{n\to\infty}\sum_{i=1}^{n}\delta_i=0 \tag{1-2-1}$$

根据概率论的数学方法可以导出

$$f(\delta_i) = \frac{1}{\sigma\sqrt{2\pi}} e^{-\frac{\delta_i^2}{2\sigma^2}} \tag{1-2-2}$$

式中：σ是一个与实验条件有关的常数，称为标准偏差，其值为

$$\sigma = \lim_{n\to\infty}\sqrt{\frac{1}{n}\sum_{i=1}^{n}\delta_i^{\ 2}} \tag{1-2-3}$$

式中：n为测量次数，各次测量的随机误差为$\delta_i(i=1,2,\cdots,n)$。

随机误差的正态分布曲线的形状与σ值有关。σ值越小，分布曲线越尖锐，峰值$f(\delta_i)$越高，说明绝对值小的误差占多数，且测量值的离散性较小、重复性好，测量精密度较高；反之，σ值越大，分布曲线越平坦，则测量值的离散性较大，测量精密度较低。

对任意一次测量，其测量值误差出现在区间$(-\sigma,+\sigma)$的概率为

$$P = \int_{-\sigma}^{+\sigma}\frac{1}{\sqrt{2\pi}\sigma} e^{-\frac{\delta^2}{2\sigma^2}} d\delta = 68.3\% \tag{1-2-4}$$

用同样的方法可算得，误差出现在区间$(-2\sigma,+2\sigma)$的概率为95.5%，出现在区间$(-3\sigma,+3\sigma)$的概率为99.7%。测量误差的绝对值大于3σ的概率仅为0.3%，因此在有限次的测量中，误差超出区间$(-3\sigma,+3\sigma)$的情况几乎不会出现，所以把3σ称为极限误差。

3. 随机误差与系统误差的关系

系统误差的确定性及随机误差的随机性是同时存在于一切科学实验中的，它们之间的关系有时难以区分。我们常把目前尚不清楚的系统误差当作随机误差来处理。例如，已做零点校正的游标卡尺产生的误差为系统误差；也常把规律过于复杂的系统误差当作随机误差来处理，例如，加工的圆柱体，其直径处处都有确定的值，其产生的误差是系统误差，但对于直径的平均效应来讲，圆柱体各处直径产生的误差有正有负、有大有小，具有随机误差的特性。反过来，随机误差依一定的条件可转化为系统误差，如尺子刻度的不均匀性对尺子各个刻度位置而言，其产生的误差具有随机性，但将它作为基准尺去成批检定尺子时，该分度误差使测量结果始终偏长或偏短，呈现系统误差的特性。

总之，一旦实验条件确定，作为在这种条件下的系统误差及随机误差就基本确定，测量结果的误差是两者的综合。在实际的测量中，应牢记这两类误差，对测量结果做出符合实际的客观评定。

4. 测量的精密度、准确度、精确度

在描述测量结果时，经常会用精度来表征误差大小。误差小的精度高，误差大的精度低。但是精度是一个笼统的概念，并没有明确表示是哪一种精度。为使描述更具体、更直观，可以将精度分为精密度、准确度和精确度。

1）精密度

精密度是用来表示测量结果中随机误差大小的程度，是指在一定条件下进行重复测量时，所得结果的相互接近程度。它用来表征测量的重复性。精密度高，表示测量结果重复性好，随机误差较小。

2）准确度

准确度是用来表示测量结果中系统误差大小的程度。它用来表征测量值接近真值的程度。准确度越高，测量结果越接近真值，系统误差越小。

3）精确度

精确度是对测量结果中系统误差和随机误差的综合描述。它是指测量结果的重复性和接近真值的程度。

1.3 直接测量随机误差的计算及测量结果的表达

1. 直接测量结果的算术平均值

设在相同条件下对某一物理量进行 n 次独立的直接测量，所得 n 个测量值分别为 $x_1, x_2, \cdots, x_n$，则该测量值的算术平均值为

$$\overline{x} = \frac{1}{n}\sum_{i=1}^{n} x_i \tag{1-3-1}$$

式中：$i = 1, 2, \cdots, n$ 为测量次数。第 i 次测量相应的随机误差为 $\delta_i = \Delta x_i = x_i - A$，其中，$A$ 为真值。对 n 次测量的随机误差求和，有

$$\sum_{i=1}^{n} \delta_i = \sum_{i=1}^{n} x_i - nA \tag{1-3-2}$$

式(1-3-2) 两边都除以 n，可得

$$\frac{1}{n}\sum_{i=1}^{n} \delta_i = \frac{1}{n}\sum_{i=1}^{n} x_i - A = \overline{x} - A \tag{1-3-3}$$

当测量次数 $n \to \infty$，由随机误差具有抵偿性的特征，可知

$$\overline{x} \to A \tag{1-3-4}$$

由此可知，测量次数越多时，计算得到的算术平均值越接近于真值。因此一般把测量值的算术平均值当作真值的最佳估计值或最近真值。

例 1-1 测量某物体长度 10 次，得值 x_i 如下：x_i = 7.981 cm，7.982 cm，7.980 cm，7.983 cm，7.981 cm，7.982 cm，7.984 cm，7.982 cm，7.980 cm，7.983 cm，求该列测量结果的平均值。

解

$$\begin{aligned}\overline{x} &= \frac{1}{10}\sum_{i=1}^{10} x_i \\ &= \frac{1}{10}(7.981 + 7.982 + 7.980 + 7.983 + 7.981 + 7.982 + 7.984 + 7.982 + 7.980 + 7.983)\ \text{cm} \\ &= 7.981\,8\ \text{cm} \\ &\approx 7.982\ \text{cm}\end{aligned}$$

2. 直接测量结果的随机误差估计

1）多次测量结果的随机误差估计

由于无法知道客观真值，那么也无法确定测量误差 δ_i，也无从估算相应的标准误差 σ。根据测量值的算术平均值是最近真值或最佳估计值，在实际估算误差的时候，可用测量值的算术平均值代替真值来估算误差，即 $\delta_i = \Delta x_i = x_i - \overline{x}$，该差值称为残差。对于有限测量次数 n，当用残差来表示误差时，任意一次测量值的标准偏差用 S_x 表示为

$$S_x = \sqrt{\frac{1}{n-1}\sum_{i=1}^{n} (x_i - \overline{x})^2} \tag{1-3-5}$$

对于有限多次测量，S_x 是标准偏差的一个估计值。如果多次测量的随机误差遵从正态分布，那么，任意一次测量的随机误差在区间$(-S_x, +S_x)$的可能性（概率）为 68.3%。

n 次测量的算术平均值的标准偏差$S_{\bar{x}}$为

$$S_{\bar{x}} = \frac{S_x}{\sqrt{n}} = \sqrt{\frac{1}{n(n-1)}\sum_{i=1}^{n}(x_i - \bar{x})^2} \tag{1-3-6}$$

由式(1-3-6)可知，算术平均值的标准偏差是 n 次测量中任意一次测量值标准偏差的 $1/\sqrt{n}$。$S_{\bar{x}} < S_x$，因为算术平均值是测量结果的最佳估计值，比任意一次测量值更接近真值，误差更小。如果多次测量的随机误差遵从正态分布，那么真值处于区间$(\bar{x} - S_{\bar{x}}, \bar{x} + S_{\bar{x}})$的概率为 68.3%。

增加测量次数 n，$S_{\bar{x}}$ 将变小。由于$S_{\bar{x}}$与 n 的平方根成反比，当 n 增加到一定值后，$S_{\bar{x}}$ 随之的减少程度就不太明显了。在实际测量工作中，并不是测量次数越多越好。因为增加 n，测量时间必定要延长，这会对保持稳定的测量条件带来困难，同时也会引起观测者疲劳，从而引入新的误差。另外，增加测量次数 n 只能对降低随机误差有利，而与系统误差的减少无关。因此选取测量次数 n 的一般原则是：在随机误差较大的测量中要多测几次，一般实验取 6 ～ 10 次，科学实验可取 10 ～ 20 次；对于分散性小的一般测量，从效率考虑多数可以单次测量。

例 1-2　计算例 1-1 中单次测量结果的标准偏差S_x，以及算术平均值的标准偏差$S_{\bar{x}}$。

解　例 1-1 中任意单次测量结果的标准偏差为

$$S_x = \sqrt{\frac{1}{n-1}\sum_{i=1}^{n}(x_i - \bar{x})^2} = \sqrt{\frac{1}{10-1}\sum_{i=1}^{10}(\delta_i)^2}$$

其中，$\delta_i = x_i - \bar{x}$，所以

$\delta_i = -0.000\,8$ cm，$0.000\,2$ cm，$-0.001\,8$ cm，$0.001\,2$ cm，$-0.000\,8$ cm，$0.000\,2$ cm，$0.002\,2$ cm，$0.000\,2$ cm，$-0.001\,8$ cm，$0.001\,2$ cm

$$S_x = \sqrt{\frac{15.6 \times 10^{-6}}{10-1}} \approx 0.0013\ \text{cm} \approx 0.002\ \text{cm}$$

按算术平均值的标准偏差定义可得

$$S_{\bar{x}} = \frac{S_x}{\sqrt{n}} \approx \frac{0.001\,3}{\sqrt{10}} \approx 0.000\,41\ \text{cm} \approx 0.000\,5\ \text{cm}$$

一般情况下，为了避免计算引入的舍入误差，在计算过程中对中间计算量可取两位有效数字，而对最终的计算结果只取一位有效数字，且只入不舍。

2）多次测量值相同或单次测量的误差估计

在实际工作中，常限于被测对象特别稳定而仪器的灵敏度不够需要多次测量，出现多次测量的值相同，以及工作中有时不需要精确测量而只做单次测量，这时的误差应如何估计呢？

通常，测量结果的误差是系统误差和随机误差的综合，对于多次测量值相同，仪器的灵敏度不够，以致仪器误差“淹没”了随机误差，这时可用仪器误差作为测量结果的评定，对于单次测量也是如此。但必须指出，无论对于多次测量值相同还是单次测量的情况，都必须把产生误差的因素分析清楚；否则，即使是用仪器误差来表征测量结果，也会产生对误差估计不足的失误。例如，用卷尺测量物体长度时，如果测量者倾斜拉尺或卷尺扭曲，这时产生的误差就会比仪器误差大得多，如果仍然用仪器误差来评定测量结果，则会产生测量错误。

仪器误差表征了仪器示值的不确定范围，属于非统计量，鉴于误差以正态分布为基本分布，故在普通物理实验中，以 3 倍标准偏差与仪器误差相对应，即 $3S = \Delta_{仪}$。在实际中都是以仪器出厂技术检定书上的各种技术指标来评定仪器质量的，故 $\Delta_{仪}$ 是一种简化处理。

3. 直接测量结果的不确定度估计

任何测量过程中都存在误差，误差是测量值与真值之差，由于真值不能被确切地知道，误差便无法确定。因此通常需要引入一个表征真值在某一个量值范围内的不能确定程度的估计值，这个估计值就是测量不确定度，简称不确定度。它是测量结果中无法修正的部分，是反映被测量值不能肯定的误差范围的一种评定，不确定度包含 A 类标准不确定度、B 类标准不确定度和合成不确定度。

1）A 类标准不确定度

由于偶然因素的存在，在同一条件下对同一物理量 x 进行多次重复测量，所得测量值 x_1，x_2，…，x_n 是分散的。从分散的测量值出发，用统计的方法评定的不确定度就是 A 类标准不确定度，用 Δ_A 表示。用统计的方法算出平均值的标准偏差$S_{\overline{x}}$，A 类不确定度就取为$S_{\overline{x}}$，即

$$\Delta_A = S_{\overline{x}} = \sqrt{\frac{1}{n(n-1)}\sum_{i=1}^{n}(x_i - \overline{x})^2} \tag{1-3-7}$$

如果多次测量的随机误差遵从正态分布，那么不确定度 Δ_A 表示物理量 x 的随机误差在区间$(-\Delta_A, +\Delta_A)$的概率为 68.3%。

2）B 类标准不确定度

测量中凡是不符合统计规律的不确定度统称为 B 类不确定度。在实际计算时，有的依据计量仪器的说明书或检定书，有的依据仪器的准确度，有的则粗略地依据仪器的最小分度值，以获得仪器的极限误差 Δ，而 B 类标准不确定度为

$$\Delta_B = \frac{\Delta}{k} \tag{1-3-8}$$

式中：k 是一常量。根据概率统计理论对于均匀分布，$k = \sqrt{3}$，不确定度 Δ_B 表示物理量 x 的该项误差在$(-\Delta_B, +\Delta_B)$的概率为 57.7%。

3）合成不确定度

对某一物理量进行测量之后，分别评定其 A 类标准不确定度和 B 类标准不确定度。无论是 A 类评定还是 B 类评定，在合成时应该是等价的，国际上统一采用方根法，即测量结果的合成不确定度为

$$\Delta = \sqrt{\Delta_A^2 + \Delta_B^2} \tag{1-3-9}$$

4. 直接测量结果的表达

一个完整的测量结果不仅包括该测量值的大小和单位，同时还包括它的不确定度。用不确定度来表征测量结果的可信程度，于是测量结果应写成下列标准形式

$$x = (\overline{x} \pm \Delta)\ 单位 \tag{1-3-10}$$

$$E_x = \frac{\Delta}{\overline{x}} \times 100\% \tag{1-3-11}$$

式中：E_x 称为相对误差，用来表示测量结果的准确程度。

例 1-3 已知某游标卡尺 $\Delta_{仪} = 0.05$ mm，初读数为 0.50 mm，用该游标卡尺测量圆柱体直径时的读数如表 1-3-1 所示，试写出测量结果。

表 1-3-1　圆柱体直径的测量值

测量次数	1	2	3	4	5	6
读数 /mm	22.55	22.50	22.55	22.50	22.60	22.55

解　零点修正后，该圆柱体直径的测量值为 $D_i = 22.05$ mm，22.00 mm，22.05 mm，22.00 mm，22.10 mm，22.05 mm，则

$$\overline{D} = \frac{1}{6}(22.05 + 22.00 + 22.05 + 22.00 + 22.10 + 22.05)\ \text{mm} \approx 22.04\ \text{mm}$$

$$S_{\overline{D}} = \sqrt{\frac{1}{n(n-1)}\sum_{i=1}^{n}(D_i - \overline{D})^2} = 0.015\ \text{mm} \approx 0.02\ \text{mm}$$

由式(1-3-7)可得 A 类不确定度为

$$\Delta_A = S_{\overline{D}}$$

由式(1-3-8)可得 B 类不确定度为

$$\Delta_B = \frac{\Delta_{仪}}{\sqrt{3}} \approx 0.03\ \text{mm}$$

所以合成不确定度为

$$\Delta = \sqrt{\Delta_A^2 + \Delta_B^2} \approx 0.04\ \text{mm}$$

测量结果为

$$D = (22.04 \pm 0.04)\ \text{mm}$$

$$E_D = \frac{\Delta}{\overline{D}} \times 100\% \approx 0.18\%$$

1.4　间接测量结果的计算及误差的传递与合成

1. 间接测量结果的计算

设间接测量量与直接测量量具有 $y = f(x_1, x_2, \cdots, x_n)$ 的函数关系，$x_1, x_2, \cdots, x_n$ 为彼此独立的直接测量量。在直接测量中，以算术平均值作为测量结果的最佳估计值，若 $\overline{x}_1, \overline{x}_2, \cdots, \overline{x}_n$ 为各组直接测量的测量结果的最佳估计值，那么间接测量结果的最佳估计值 $\overline{y}$ 可表示为

$$\overline{y} = f(\overline{x}_1, \overline{x}_2, \cdots, \overline{x}_n) \tag{1-4-1}$$

2. 间接测量误差的传递与合成

1) *误差传递的基本公式*

设函数 $y = f(x_1, x_2, \cdots, x_n)$，且 $x_1, x_2, \cdots, x_n$ 为彼此独立的直接测量量，利用全微分公式有

$$\mathrm{d}y = \frac{\partial y}{\partial x_1}\mathrm{d}x_1 + \frac{\partial y}{\partial x_2}\mathrm{d}x_2 + \cdots + \frac{\partial y}{\partial x_n}\mathrm{d}x_n \tag{1-4-2}$$

或对该函数取自然对数后，再利用全微分公式有

$$\frac{\mathrm{d}y}{y} = \frac{\partial \ln y}{\partial x_1}\mathrm{d}x_1 + \frac{\partial \ln y}{\partial x_2}\mathrm{d}x_2 + \cdots + \frac{\partial \ln y}{\partial x_n}\mathrm{d}x_n \tag{1-4-3}$$

式(1-4-2)和式(1-4-3)为误差传递的基本公式，如果间接测量量是直接测量量的和函数或差函数时，一般选择式(1-4-2)计算较为方便，当间接测量量是直接测量量的积函数或商函数时，采用式(1-4-3)计算比较方便。

2）标准偏差传递公式(方根法)

由式(1-4-2)或式(1-4-3)可导出间接测量的标准偏差传递公式，即

$$S_y=\sqrt{\left(\frac{\partial y}{\partial x_1}S_{x_1}\right)^2+\left(\frac{\partial y}{\partial x_2}S_{x_2}\right)^2+\cdots+\left(\frac{\partial y}{\partial x_n}S_{x_n}\right)^2} \tag{1-4-4}$$

或

$$\frac{S_y}{y}=\sqrt{\left(\frac{\partial \ln y}{\partial x_1}S_{x_1}\right)^2+\left(\frac{\partial \ln y}{\partial x_2}S_{x_2}\right)^2+\cdots+\left(\frac{\partial \ln y}{\partial x_n}S_{x_n}\right)^2} \tag{1-4-5}$$

对于式(1-4-4)和式(1-4-5)，如果代入测量列标准偏差和测量值 x_i，计算所得S_y 就是测量列的标准偏差，如果代入算术平均值的标准偏差和平均值 $\bar{x}$，计算所得用$S_{\bar{y}}$ 表示，称为算术平均值的标准偏差。

3）算术合成的误差传递公式

由式(1-4-2)或式(1-4-3)可导出间接测量的算术合成的误差传递公式，即

$$\Delta_y=\left|\frac{\partial y}{\partial x_1}\Delta_{x_1}\right|+\left|\frac{\partial y}{\partial x_2}\Delta_{x_2}\right|+\cdots+\left|\frac{\partial y}{\partial x_n}\Delta_{x_n}\right| \tag{1-4-6}$$

或

$$\frac{\Delta_y}{y}=\left|\frac{\partial \ln y}{\partial x_1}\Delta_{x_1}\right|+\left|\frac{\partial \ln y}{\partial x_2}\Delta_{x_2}\right|+\cdots+\left|\frac{\partial \ln y}{\partial x_n}\Delta_{x_n}\right| \tag{1-4-7}$$

利用算术合成的误差传递公式计算误差，在一定程度上会夸大测量结果的误差，尤其在分项较多的情况下。但在误差分析、实验设计或比较粗略的误差计算中，这样的误差估计是比较简单和稳妥的。

4）不确定度的误差传递公式

由式(1-4-2)或式(1-4-3)可导出间接测量的不确定度的误差传递公式，即

$$\Delta=\sqrt{\left(\frac{\partial y}{\partial x_1}\Delta_{x_1}\right)^2+\left(\frac{\partial y}{\partial x_2}\Delta_{x_2}\right)^2+\cdots+\left(\frac{\partial y}{\partial x_n}\Delta_{x_n}\right)^2} \tag{1-4-8}$$

或

$$\frac{\Delta_y}{y}=\sqrt{\left(\frac{\partial \ln y}{\partial x_1}\Delta_{x_1}\right)^2+\left(\frac{\partial \ln y}{\partial x_2}\Delta_{x_2}\right)^2+\cdots+\left(\frac{\partial \ln y}{\partial x_n}\Delta_{x_n}\right)^2} \tag{1-4-9}$$

例 1-4 已知某金属环的内径$D_1=(2.880\pm0.004)$ cm，外径$D_2=(3.600\pm0.004)$ cm，高度 $h=(2.575\pm0.004)$ cm，求该金属环的体积 V。

解 根据题意得，金属环的平均体积为

$$\overline{V}=\frac{1}{4}\pi(\overline{D}_2^2-\overline{D}_1^2)\,\overline{h}=\frac{\pi}{4}(3.600^2-2.880^2)\ \mathrm{cm}^2\times2.575\ \mathrm{cm}\approx9.436\ \mathrm{cm}^3$$

对金属环的体积取对数及求偏导数，可得

$$\ln\overline{V}=\ln\frac{\pi}{4}+\ln(\overline{D}_2^2-\overline{D}_1^2)+\ln\overline{h}$$

$$\frac{\partial\ln\overline{V}}{\partial\overline{D}_1}=\frac{-2\overline{D}_1}{\overline{D}_2^2-\overline{D}_1^2},\quad \frac{\partial\ln\overline{V}}{\partial\overline{D}_2}=\frac{2\overline{D}_2}{\overline{D}_2^2-\overline{D}_1^2},\quad \frac{\partial\ln\overline{V}}{\partial\overline{h}}=\frac{1}{\overline{h}}$$

利用不确定度的误差传递公式可得

$$\left(\frac{\Delta_V}{\overline{V}}\right)^2=\left(\frac{-2\,\overline{D}_1}{\overline{D}_2^2-\overline{D}_1^2}\Delta_{D_1}\right)^2+\left(\frac{2\,\overline{D}_2}{\overline{D}_2^2-\overline{D}_1^2}\Delta_{D_2}\right)^2+\left(\frac{1}{h}\Delta_h\right)^2$$
$$=\left(\frac{-2\times 2.880}{3.600^2-2.880^2}\times 0.004\right)^2+\left(\frac{2\times 3.600}{3.600^2-2.880^2}\times 0.004\right)^2+\left(\frac{0.004}{2.575}\right)^2$$
$$\approx 64.9\times 10^{-6}$$

$$\frac{\Delta_V}{\overline{V}}\approx 0.81\%$$

$$\Delta_V=\overline{V}\cdot\frac{\Delta_V}{\overline{V}}=9.436\ \text{cm}^3\times 0.0081\approx 0.08\ \text{cm}^3$$

因此，金属环的体积为

$$V=(9.44\pm 0.08)\ \text{cm}^3$$

1.5　实验中的错误与错误数据的处理

实验操作过程中有时会出现各种各样的错误，我们要尽量防止出现错误。

尽早发现实验中的错误是实验得以顺利进行的前提。防止出现错误的关键是，熟悉实验理论和各种实验条件，明确要观察的实验现象，正确使用实验仪器。

尽早发现实验中的错误是实验者应该养成的良好习惯。在观察实验现象的同时，要及时分析思考，确保避免实验过程中出现的各种错误。

数据分析是发现错误的重要方法。例如，测量单摆摆动 50 个周期的时间，测得时间为 98.4 s、96.7 s、97.7 s。从数据可知单摆的周期接近 2 s，但前面两个数据相差 1.7 s，而后两个数据相差 1.0 s，它们都在半个周期以上，显然，这么大的差异是不能用手按秒表稍许提前或滞后的操作不当去解释的，那么只能是在测量过程出现了错误。

常见的判断错误数据的方法主要有两种：拉依达准则和格拉布斯准则。

1. 拉依达准则(Pauta criterion)

在一组数据中，有时会有一两个稍许偏大或者偏小的数值，如果通过简单的数据分析不能判定它是否为错误数据，就要借助误差理论。

在前面关于标准误差的物理意义中已提到对于服从正态分布的随机误差，其任意一次测量的误差出现在区间$(-S_x,+S_x)$的概率为 68.3%，出现在区间$(-3S_x,+3S_x)$的概率为 99.7%。如果用测量列的算术平均替代真值，则测量列中约有 99.7% 的数据应落在区间$(\overline{x}-3S_{\overline{x}},\overline{x}+3S_{\overline{x}})$内。如果某数据出现在此区间之外，则认为它是错误数据，这时应将该数据舍去。这样以测量列标准偏差$S_{\overline{x}}$的 3 倍为界去决定数据的取舍就成为一个剔除错误数据的准则，这个准则称为拉依达准则。

2. 格拉布斯准则(Grubbs criterion)

设测量值 $x_1,x_2,\cdots,x_n$ 近似为正态样本，平均值为 $\overline{x}$，任一次测量值标准偏差为S_x，取统计量 G 为

$$G=\frac{|x_i-\overline{x}|}{S_x}\tag{1-5-1}$$

格拉布斯准则给出G的分布的临界值$G(n,\alpha)$，其中α为检出水平（与置信概率P相关），n为测量次数。如果要求严格，检出水平α可以定得小一些，例如，定$\alpha = 0.01$，那么置信概率$P = 1-\alpha = 0.99$；如果要求不严格，α可以定得大一些，如$\alpha = 0.10$，即$P = 0.90$；通常可以定$\alpha = 0.05$，$P = 0.95$。

若可疑值为x_m，则当

$$\frac{|x_m - \overline{x}|}{S_x} > G(n,\alpha) \tag{1-5-2}$$

时，就判定x_m为高度异常值。

表1-5-1给出不同α，不同测量次数n的临界值$G(n,\alpha)$。

表1-5-1　格拉布斯准则临界值表

n	3	4	5	6	7	8	9	10
$G(n,0.10)$	1.148	1.425	1.602	1.729	1.828	1.909	1.977	2.036
$G(n,0.05)$	1.153	1.463	1.672	1.822	1.938	2.032	2.110	2.176
$G(n,0.01)$	1.155	1.492	1.749	1.944	2.097	2.220	2.323	2.410
n	15	20	25	30	40	50	100	
$G(n,0.10)$	2.247	2.385	2.486	2.583	2.682	2.768	3.017	
$G(n,0.05)$	2.409	2.557	2.663	2.745	2.866	2.956	3.207	
$G(n,0.01)$	2.705	2.884	3.009	3.103	3.240	3.336	3.600	

例1-5　测量某物体的长度，测量10次，测量结果如表1-5-2所示。试用格拉布斯准则发现错误数据，并计算正确的。

表1-5-2　某物体的长度测量结果　　单位：cm

1	2	3	4	5	6	7	8	9	10
5.28	5.23	5.24	5.21	5.20	5.25	5.22	5.45	5.27	5.26

解　计算出：$\overline{x} = 5.26$ cm，$S_x = 0.069$ cm。

第8次测量值5.45 cm可疑，算出

$$G = \frac{|5.45 - 5.26|}{0.069} = 2.754$$

因为$G(10,0.01) = 2.410$，所以$G > G(10,0.01)$，第8次测量值应该判为高度异常值，应舍去。除去后再计算可得

$$\overline{x} = 5.24\ \text{cm},\quad S_x = 0.027\ \text{cm},\quad S_{\overline{x}} = 0.009\ \text{cm}$$

1.6　有效数字及其运算规则

1. 有效数字的定义

在做物理实验的过程中，经常会记录很多数值，并且进行相应的计算，而且测量结果都是存

在一定的误差的，在相应的计算过程中涉及误差传递的问题，那么记录的时候取几位数字？运算后应留几位数字？这就涉及实验数据处理中的重要问题，也就是有效数字的问题。

实验时处理的数值，应是能反映出被测量实际大小的数值，记录并进行相应的运算后保留的应为能传递被测量实际大小信息的全部数字，称为有效数字。有效数字由若干准确数字和一位可疑数字构成。

2. 有效数字的特点

1）有效数字位数与仪器的准确程度有关

一般来说，仪器上显示的数字均应读出（包括最后一位数字的估读）并记录。例如，用一把最小分度为 1 mm 的尺，测得一物体的长度为 4.25 cm，其中，数字 4 和 2 是准确读出的，最后一位数字是凭眼力去估读的，而且只能估读到 0.1 mm，是存在可疑的读数，但还是近似地反映了被测量大小的信息，也应该算作有效数字。由此表明，对同一物理量进行测量时，仪器的准确程度越高，有效数字的位数就越多。

2）有效数字的位数与小数点的位置无关

有效数字位数的多少是由仪器的准确度决定的，不会因单位变换而提高仪器的准确程度。例如，4.25 cm=42.5 mm=0.425 dm=0.042 5 m，全部都是 3 位有效数字，数字前面的“0”不是有效数字。

3）有效数字后面的“0”也是有效数字

当我们用毫米刻度尺去测量某物体的长度时，如果被测物的端点正好与尺的刻度线重合，那么估读位应记为“0”，而不是将其省略不写。例如：应记为 4.30 cm，而不是 4.3 cm；如果记为 4.3 cm，那么按照有效数字的定义，数字 3 就成为可疑数字，则由此推得该仪器的最小刻度是厘米，而这与实际使用的毫米刻度尺不符，为此，“3”后面应该添“0”。

3. 有效数字的科学记数法

在实际实验中，为了避免因数字过大或过小与误差在表达方面的困难，常采用科学记数法，即将有效数字表达为

$$a\times 10^{N} \tag{1-6-1}$$

式中：$1\leqslant a<10$，N 为整数。

例如，43 kV 的电压值，改用 V 作单位，应写成 4.3×10^{4} V，而不应写成 43 000 V，前者为两位有效数字，误差发生在千位上，后者为五位有效数字，误差发生在个位上。

4. 有效数字的运算规则

有效数字的正确运算关系到对实验结果的精确表达，由于运算条件不一样，运算规则也相应地有差别。

(1) 若干个有效数字相加减，应以这些数字中有效数字最末一位位数最高的数为准，其他各数在运算前按“四舍六入，五凑偶”的原则保留到比该数末位数多一位，然后进行加减，其结果的末位数最后仍按“四舍六入，五凑偶”的原则取到与该有效数字末位数相同。

例如，3.14+1 056.76+103−9.852→3.1+1 056.8+103−9.8=1 153.1→1 153，参加运算的各项最后一位最靠前的是 103 的个位，其计算结果的最后一位就保留在个位上。

“四舍六入，五凑偶”原则中“四”是指不大于 4 时舍去，“六”是指不小于 6 时进位，“五”是根

据尾数5后面的数字来定。当尾数5后面的数字均为0时，应当看尾数5的前一位，分两种情况：①5前为奇数时，就应向前进一位；②5前为偶数，则应将尾数舍去(数字0在此时应视为偶数)。当尾数为5，而尾数5后面还有任何不是0的数字时，无论前一位在此时为奇数还是偶数，也无论5后面不为0的数字在哪一位上，都应向前进一位。

例如，应用“四舍六入，五凑偶”原则将下列数据保留3位有效数字：

4.224 9→4.22，4.226 71→4.23，4.245 0→4.24，4.255 0→4.26，4.235 0→4.24，4.205 0→4.20，4.195 0→4.20，4.245 000→4.24，4.255 000→4.26，4.235 01→4.24，4.295 001→4.30，4.235 000 001→4.24。

(2) 若干个有效数字相乘除时，应以这些数字中有效数字位数最少的数为准，其他各数在运算前按“四舍六入，五凑偶”的原则保留到比该数多取一位(包括各种常数)，然后再进行乘除，其结果最后仍按照“四舍六入，五凑偶”的原则取到与该有效数字位数相同。

例如，$19.876\times 50.7\div\pi\rightarrow 19.88\times 50.7\div 3.142=320.7\rightarrow 321$，参加运算的各项以50.7位数最少，有效位数是三位，因此运算过程中可以取四位有效数字，最后结果为三位有效数字。

(3) 若干个有效数字相乘除和相加减时，按照规则(1)和(2)按部就班地进行运算。

例如，计算

$$\frac{8.042\pi}{6.038-6.034}+309.6\rightarrow\frac{8.042\times 3.141\ 6}{6.038-6.034}+309.6\rightarrow\frac{25.265}{0.004}+309.6\rightarrow\frac{25}{4\times 10^{-3}}+309.6$$

$$\rightarrow 6\times 10^{3}+309.6\rightarrow 6\times 10^{3}+0.31\times 10^{3}\rightarrow 6\times 10^{3}$$

(4) 函数的有效数字运算规则。

函数的有效数字运算较有效数字的加减乘除略为复杂，一般情况下要考虑如下三点：①通常函数的有效数字与自变量相同；②若自变量给出了不确定度，计算过程中可以比自变量多保留一位有效数位，再用误差传递公式计算函数的不确定度，最终由不确定度决定有效数字位数；③若自变量未给出不确定度，可以采用量具的最小分度值来表示，然后同样通过误差传递公式计算函数不确定度，再得到函数有效数字数位。

例1-6 已知$x=60°13'\pm 1'$，计算$y=\sin x$。

解 $\overline{y}=\sin 60°13'=\sin 1.050\ 9=0.867\ 87$

$$S_x=1'=\frac{\pi}{180}\times\frac{1}{60}=0.000\ 3$$

$$S_y=\frac{\mathrm{d}y}{\mathrm{d}x}\times S_x=\cos 1.050\ 9\times 0.000\ 3=1.4\times 10^{-4}\approx 2\times 10^{-4}$$

$$y=(8.679\pm 0.002)\times 10^{-1}，或者\ y=0.867\ 9\pm 0.000\ 2$$

例1-7 已知$x=63.7$，计算$y=\ln x$。

解 题中没有明确告知自变量x的误差，取最小分度，即$S_x=0.1$，则

$$S_y=\frac{\mathrm{d}y}{\mathrm{d}x}\times S_x=\frac{S_x}{x}=\frac{0.1}{63.7}\approx 0.002$$

也就是函数y的误差位为千分位，那么函数y的计算结果应取小数点后3位，即

$$y=\ln x=\ln 63.7=4.154$$

1.7　物理实验中常用的数据处理方法

测量获得了大量的实验数据，而要通过这些数据来得到可靠的实验结果或物理规律，则需要学会正确的数据处理方法。本节将介绍在物理实验中常用的列表法、作图法、逐差法和最小二乘法等数据处理的基本方法。

1. 列表法

在记录和处理实验测量数据时，经常将数据以表格的形式列出，它可以简单而明确地表示出有关物理量之间的对应关系，便于随时检查分析测量结果是否正确合理，及时发现问题，也利于计算和分析误差。通过列表法有助于找出有关物理量之间的规律性，得出定量的结论或经验公式等。一个好的表格，有时能简化运算手续，反映实验的大致过程，因此，列表法是实验人员、工程技术人员最常使用的一种方法。

列表时，一般应遵循下列规则：

(1) 表格应简单明了，便于看出有关物理量之间的关系，便于处理数据；

(2) 在表格中均应标明各物理量的符号与意义，并在标题栏中标明符号的单位，不要重复地标在各个数字上；

(3) 表格中数据要正确反映测量结果的有效数字，不能随意涂改；

(4) 在必要时，应对表格中某些项目加以说明，并计算出平均值、标准误差和相对误差等。

例 1-8　用千分尺测量钢丝直径，如表 1-7-1 所示。

表 1-7-1　钢丝的直径

次　数	初读数/mm	末读数/mm	直径 D/mm	$\overline{D}$/mm	S_D/mm
1	0.002	3.147	3.145	3.145	0.001
2	0.004	3.148	3.144		
3	0.003	3.149	3.146		
4	0.001	3.145	3.144		
5	0.003	3.149	3.146		

2. 作图法

1) 作图规则

(1) 作图务必用坐标纸。

常用的坐标纸有直角坐标纸、对数坐标纸、极坐标纸等，应根据不同的需要选用合适坐标纸。原则上，测量数据中的可靠数字在图中应是可靠的，数据中有误差的一位在图中也可以是估计的，有时也根据实际需要，把图纸适当放大些，但不能过大，过大会使原本光滑的图线呈现折线或偏离太远。

(2) 确定坐标轴、标明分度值。

通常，横坐标表示自变量，纵坐标表示因变量，并标注坐标轴所表示的物理量的名称及单位。分度值的标定应能方便地从图上读取数据，一般以选定的比例标出若干等距离的整齐的数值标度。标度的数值的位数应与实验数据有效数字位数一致。在确定坐标轴、标明分度值时，应以所作图线较对称地充满整个图纸为标准，相应放大或缩小横纵坐标轴的比例。坐标轴的起点不一定从零值算起。选定比例时，应使最小分格代表“1”“2”“5”，不要用“3”“6”“7”“9”等表示一个单位，既方便读数，又不容易出错。

(3) 标点连线。

根据测量数据，找到每个实验点在坐标纸上的位置，然后用铅笔画“×”标出各点坐标，要求与测量数据对应的坐标准确地落在“×”的交叉点上。若在一张纸上要画几条图线时，可选其他记号以示区别，如用“⊙”“＋”“△”等记号。然后，将记号相同的数据点连接成光滑的曲线或直线，使所测数据点均匀分布于曲线或者直线的两侧。校正曲线要通过校正点连成折线。对于偏离曲线较远的数据点，应进行仔细分析后，决定取舍或者重新测定。

(4) 图注与说明。

要求在图纸的明显位置注明图纸的名称，并进行简短的说明，标明作者姓名、日期、班级等。

2) 用图解法求未知量

所作图形本质上就是一种看得见的函数关系，因此，结合图形的几何意义与物理意义，就能方便地求出相应的未知量。最常见的是由直线图求斜率和截距，获取相应物理量的大小。

3) 图线的线性化

图线的线性化即曲线的改直。线性问题最容易研究，而且也研究得最透彻，因此在许多情况下力求将曲线图变成直线图。

例如，$y = Ax^m$，其中，A、m 是常数，若测得一组数据$(x_i\ ,y_i)$，求 A、m 的大小值？

两边取对数，可得 $\log y = m\log x + \log A$，作 $\log y \sim \log x$ 图，曲线图变为直线图，由图直线的斜率和截距很容易得到 A、m 的大小值。

4) 作图法的优缺点

(1) 直观。这是作图法的最大优点之一，可根据曲线形状，很直观地表示在一定条件下，某一物理量与另一物理量之间的相互关系，找出物理规律。

(2) 简便。在测量精度要求不高时，由曲线形状探索函数关系，作图法比其他数据处理方法要简便。

(3) 可以发现某些测量错误。若在图纸上发现个别点偏离特别大，可提醒实验者重新核对。

(4) 在图线上，可以直接读出没有进行测量的对应于某 x 的 y 值(内插法)。在一定条件下，也可以从图线的延伸分部读出测量数据范围以外的点(外推法)。

(5) 作图法有其局限性。特别是受图纸大小的限制，不能严格建立物理量之间函数关系，同时受到人为主观性进行的描点、连线的影响，不可避免地会带来误差。

3. 逐差法

逐差法是对等间距测量的有序数据进行逐项或相等间隔项相减得到结果的一种方法。它计算简便，并可充分利用测量数据，及时发现差错，总结规律，是物理实验中常用的一种数据处理方法。

在使用逐差法时，要求自变量 x 是等间距变化的，被测物理量的函数形式可以写成 x 的多项式，即

$$y = \sum_{m=0}^{m} a_m x^m \tag{1-7-1}$$

例如，在拉伸法测弹簧的劲度系数的实验中，设在实验中等间隔地在弹簧下加砝码(如每次加 0.5 g)，共加 9 次，分别记下对应的弹簧下端点的位置 $L_0, L_1, L_2, \cdots, L_9$。把所测的数据逐项相减，即

$$\Delta L_1 = L_1 - L_0$$
$$\Delta L_2 = L_2 - L_1$$
$$\vdots$$
$$\Delta L_9 = L_9 - L_8$$

观察 $\Delta L_1, \Delta L_2, \cdots, \Delta L_9$ 是否基本相等。若是基本相等，就验证了外力与弹簧的伸长量之间的函数关系是线性的，即

$$\Delta F = k\Delta L$$

若采用相邻一次逐差，则每加 0.5 g 砝码时弹簧的平均伸长量为

$$\begin{aligned}\Delta \overline{L} &= \frac{\Delta L_1 + \Delta L_2 + \cdots + \Delta L_9}{9} \\ &= \frac{(L_1 - L_0) + (L_2 - L_1) + \cdots + (L_9 - L_8)}{9} \\ &= \frac{L_9 - L_0}{9}\end{aligned}$$

从上式可以看出，中间的测量值全部抵消了，只有始末两次测量值起作用，这在数据处理中是完全不允许的。为了保证多次测量的优点，通常可将等间隔所测量的值分成前后两组，前一组为 L_0, L_1, L_2, L_3, L_4，后一组为 L_5, L_6, L_7, L_8, L_9，将前后两组的对应项相减为

$$\Delta L'_1 = L_5 - L_0$$
$$\Delta L'_2 = L_6 - L_1$$
$$\vdots$$
$$\Delta L'_5 = L_9 - L_4$$

再取平均值

$$\Delta \overline{L'} = \frac{(L_5 - L_0) + (L_6 - L_1) + \cdots + (L_9 - L_4)}{5}$$

由此可见，与相邻逐差求平均方法不同，这时每个数据都用上了。还要注意，最后的 $\Delta \overline{L'}$ 是增加 5 次砝码弹簧的平均伸长量。

如果测量数据数 n 是偶数，前后一半一组，若 n 是奇数，可让中间的数据在前后组各使用一次。

4. 最小二乘法

最小二乘法是一系列近似计算中最为准确的一种，采用最小二乘法能从一组同精度的测量值中确定最佳值。最佳值是各测量值的误差的平方和为最小的那个值，或能使估计曲线最好地拟合各测量点，使该曲线到各测量点的偏差的平方和达到最小。由一组实验数据找出一条最佳的拟合直线(或曲线)，所得的变量之间的相关函数关系称为回归方程。所以最小二乘法线性拟合亦称为最小二乘法线性回归。

最小二乘法所依据的原理是在最佳拟合直线上，各相应点的值与测量值之差的平方和应比

在其他的拟合直线上的都要小。

假设所研究的变量只有 x,y,且它们之间存在着线性相关关系,是一元线性方程

$$y=A_0+A_1x \tag{1-7-2}$$

实验测量的一组数据为 $x:x_1,x_2,x_3,\cdots,x_n;y:y_1,y_2,y_3,\cdots,y_n$。

需要解决的问题是根据所测得的数据,如何确定式(1-7-2)中的常数A_0 和A_1。实际上,相当于作图法求直线的斜率和截距。假设 x 和 y 是在等精度条件下测量的,且 y 有偏差,记为$\varepsilon_1,\varepsilon_2,\varepsilon_3,\cdots,\varepsilon_n$,把实验数据$(x_1,y_1),(x_2,y_2),\cdots,(x_n,y_n)$ 代入(1-7-2) 式后得

$$\begin{cases}\varepsilon_1=y_1-y=y_1-A_0-A_1x_1\\ \varepsilon_2=y_2-y=y_2-A_0-A_1x_2\\ \quad\vdots\\ \varepsilon_n=y_n-y=y_n-A_0-A_1x_n\end{cases} \tag{1-7-3}$$

其一般式为

$$\varepsilon_i=y_i-y=y_i-A_0-A_1x_i \tag{1-7-4}$$

式中:ε_i 的大小与正负表示实验点在直线两侧的分散程度,ε_i 的值与A_0、A_1 的数值有关。根据最小二乘法的思想,如果有A_0、A_1 值使得

$$\sum_{i=1}^{n}\varepsilon_i^2=\sum_{i=1}^{n}(y_i-A_0-A_1x_i)^2 \tag{1-7-5}$$

最小,那么式(1-7-2) 就是所拟合的直线公式。

对A_0 和A_1 求一阶偏导数,且使其为零可得

$$\begin{cases}\dfrac{\partial}{\partial A_0}\left(\sum\limits_{i=1}^{n}\varepsilon_i^2\right)=-2\sum\limits_{i=1}^{n}(y_i-A_0-A_1x_i)=0\\ \dfrac{\partial}{\partial A_1}\left(\sum\limits_{i=1}^{n}\varepsilon_i^2\right)=-2\sum\limits_{i=1}^{n}[(y_i-A_0-A_1x_i)x_i]=0\end{cases} \tag{1-7-6}$$

令

$$\begin{cases}\overline{x}=\dfrac{1}{n}\sum\limits_{i=1}^{n}x_i\\ \overline{y}=\dfrac{1}{n}\sum\limits_{i=1}^{n}y_i\\ \overline{x^2}=\dfrac{1}{n}\sum\limits_{i=1}^{n}x_i^2\\ \overline{xy}=\dfrac{1}{n}\sum\limits_{i=1}^{n}x_iy_i\end{cases} \tag{1-7-7}$$

代入式(1-7-6) 中可得

$$\begin{cases}\overline{y}-A_0-A_1\overline{x}=0\\ \overline{xy}-A_0\overline{x}-A_1\overline{x^2}=0\end{cases} \tag{1-7-8}$$

解方程组可得

$$\begin{cases}A_1=\dfrac{\overline{xy}-\overline{x}\cdot\overline{y}}{\overline{x^2}-\overline{x}^2}\\ A_0=\overline{y}-A_1\overline{x}\end{cases} \tag{1-7-9}$$

1.8　物理实验的基本程序

本书所包括的物理实验项目，多数是测量某一物理量的数值，也有研究某物理量随另一物理量变化规律的。对同一物理量，大多可用不同的方法来测量，但是，无论实验的内容如何，也不论采用哪种实验方法，实验的基本程序是相同的。

1. 实验前的预习

实验课的时间有限，而学习使用仪器和测量读数的任务又比较重，对该次实验课中所涉及的实验原理、实验内容如果不事先预习，效果是不好的。如果做实验前连实验原理都不了解，那么实验时，就不知道要研究什么问题、要测量哪些物理量、用什么方法，也估计不到实验中将会出现什么现象，只是被动地接受教师引导，机械地按照教材所规定的步骤进行操作。用这种呆板的方式做实验，虽然也能测得实验数据，但不了解它们的物理意义，更不了解数据之间的内在联系，不会根据所测去推求实验的最后结果，也达不到实验所要求的目的。因此，为了在规定的课时内高质量完成实验课任务，必须认真做好预习。

通过预习，要求理解实验目的和实验原理、了解实验过程、使用哪些仪器、要测量哪些数据、有哪些注意事项、实验成败的关键是什么等。实验的注意事项主要是指实验中容易发生的问题和影响实验正确进行的因素，对于完成实验具有不可忽视的重要性。最后在预习的基础上，按照一定的格式，用自己的语言写出预习报告。

2. 课堂实验操作

这是实验课的主体，预习中考虑的问题能否有助于实验过程顺利进行，从预习实验仪器使用说明书到上手操作能否顺利实现，数据能否完整无误的记录等，都需要在课堂实验操作过程中完成。

在课堂上，首先要仔细听教师用简短的语言分析实验原理、本次实验的关键要领和各种注意事项；其次要参照实物了解仪器的调整及使用方法；最后再将仪器安装、布排调整好。实验操作中，要严格遵守操作规程进行，切忌盲目操作，要认真思考和安排好实验操作程序，不要一上来就急于求成，因为一些关键性步骤的疏忽或错误，会导致整个实验的失败。在实验过程中，出现异常情况应立即停止实验并进行分析。

实验操作中，基本是一人一组仪器，这时，应培养自己独立操作和分析问题的能力。有的实验项目需要配合进行或因仪器设备不够而两人合做，这种情况下要互相尊重、互相启发，不能由一人包办代替而另外一人充当“观察员”，应当既有分工又有合作，两人轮流进行实验操作，以达到实验预期的效果。

实验测试中，不要单纯追求顺利地测好数据，要养成对实验仔细观察和对所测数据随时进行分析判断的习惯，这样才能及时发现和纠正错误。对实验中遇到的故障要积极思考，尽可能自己排除。要如实记录实验的原始数据，实验数据的记录应做到整齐、清洁而有条理，养成列表法记录数据的习惯，便于计算和复核。若发现有测量错误，则应当重新进行测量，不能任意编造数据，拼凑结果。

实验结束后，一定要及时将仪器电源关掉，整理好实验仪器，并在离开实验室时，关闭电、水总开关。

3. 写实验报告

实验报告是实验者对实验操作的全面总结。实验是有目的和要求的，作为总结的报告，要对实验目的和要求给以回答。要用简明文字、数字和图表将实验过程和实验结果真实地反映出来。写实验报告时应做到文字通顺、字迹端正，对所写的各个栏目不要泛泛而谈，可以参考教材，但应有自己的组织加工，取精舍繁。写实验报告也是学习的过程，绝不是抄写记录和计算结果，而是要思索，在思索中提高科学素养，增强独立进行实验的能力。

完整的实验报告通常应包含下面几个部分。

(1) 实验名称。

(2) 实验目的。

(3) 实验原理：应抓住核心问题用自己的语言简明扼要写出，必要的仪器图应画出。

(4) 仪器(标明使用的仪器型号、规格)。

(5) 实验内容(简洁说明实验步骤和方法)。

(6) 数据记录表格。

(7) 数据处理(包括作图)及结果表达。

(8) 误差分析与讨论：包括解答思考题，说明误差产生的原因，特别是误差较大时要做出合理的解释，最后谈谈本实验的心得体会。

第 2 章　验证性基础实验

实验 2.1　基 本 测 量

【实验目的】

(1) 掌握游标卡尺及螺旋测微器的原理。

(2) 正确使用米尺、游标卡尺、螺旋测微器。

(3) 练习做好记录和计算不确定度。

【实验仪器】

米尺、游标卡尺、螺旋测微器、被测物(薄片、圆柱体、圆筒)、电子天平。

【实验原理】

1. 米尺

米尺的最小分度值一般为 1 mm,使用米尺测量长度时,可以准确读到毫米这一位上,毫米以下的一位要凭眼力去估读。在使用米尺进行测量时,为了避免因米尺端边磨损而引入的误差,一般不从“0”刻度线开始;为了避免因米尺具有一定厚度,观察者视线方向不同而引入的误差,必须使待测物与米尺刻度线紧贴;为了减少因米尺刻线不均匀而引入的误差,可以选择不同的测量起点对待测物进行多次测量。

2. 游标卡尺

米尺不能进行精度较高的测量,为了提高测量精度,可以使用游标卡尺,如图 2-1-1 所示。

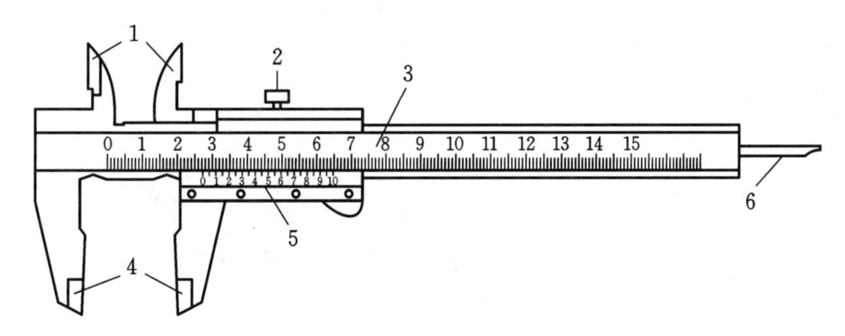

图 2-1-1　游标卡尺

1—内量爪;2—紧固螺钉;3—主尺;4—外量爪;5—游标;6—深度尺

游标卡尺主要由主尺和游标两部分构成。主尺实质上是一个毫米刻度尺,游标可以沿导轨紧贴主尺而滑动;外量爪用来测量厚度、高度和外径;内量爪用来测量内径;深度尺用来测量孔径的深度;紧固螺钉用来锁紧游标,固定量值读数。使用游标卡尺时,一般左手拿待测物体,右手持尺,轻轻将物体卡住后，再读取数据。在使用过程中，应特别注意保护量爪不被磨损，不允许用游标卡尺测量粗糙的物体，更不允许被夹紧的物体在卡口内挪动。测量前应注意游标零线是否与主尺零线对齐，如果没有对齐，则表示有初读数。当游标的零线在主尺零线的左边时，初读数取负数，反之取正值。实际测量时要将游标卡尺的读数减去初读数，才得到物体的真实长度。

常用的游标卡尺有 0～100 mm、0～150 mm、0～200 mm、0～300 mm 等多种规格，测量精度根据游标读数值有 0.1 mm、0.05 mm、0.02 mm 等几种。

游标副尺上有 n 个分格，它和主尺上的 $n-1$ 个分格的总长度相等，一般主尺上每一分格的长度为 1 mm，设游标上每一个分格的长度为 x，则有 $nx=n-1$，主尺上每一分格与游标上每一分格的差 $1-x=1/n=\delta$(mm)，因而 δ 是游标卡尺的最小读数，即游标卡尺的最小分度值(精度值)。若游标上有 20 个分格，则该游标卡尺的分度值为 1/20 mm＝0.05 mm，这种游标卡尺称为 20 分游标卡尺；若游标上有 50 个分格，其分度值为 1/50 mm＝0.02 mm，这种游标卡尺称为 50 分游标卡尺。用游标卡尺测量长度时的读数方法：先从主尺上读出游标“0”刻度线所在的整数分度值L_0(mm)，再看游标上与主尺对齐的刻度线的序数(格数)m，于是物体长度的测量值为 $L=L_0+m\delta$。对于游标卡尺的测量误差，一般选取游标卡尺的最小分度值为其仪器误差。图 2-1-2 所示为 50 分游标卡尺测量图例，读数为(83.00＋23×0.02) mm＝83.46 mm。

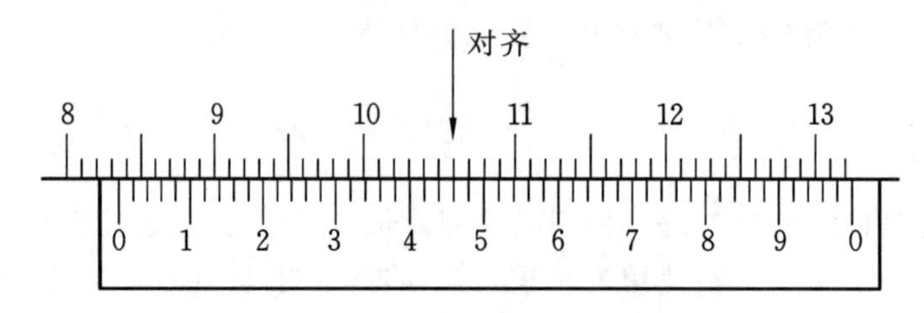

图 2-1-2　游标卡尺读数方法

3. 螺旋测微器

螺旋测微器又称为千分尺，是比游标卡尺更精密的测量仪器。常用的螺旋测微器如图 2-1-3 所示，主要部分是一根精密螺杆和与它配套的螺母部分组成，螺距为 0.5 mm，螺杆后连接一个可旋转的微分套筒，微分套筒上附有沿圆周的微分筒刻度，共 50 个分格，微分套筒每旋转一周，螺杆前进(或后退)一个螺距即 0.5 mm。微分套筒每转动一个分度，螺杆沿轴线方向运动 0.5/50 mm，即移动 0.01 mm。

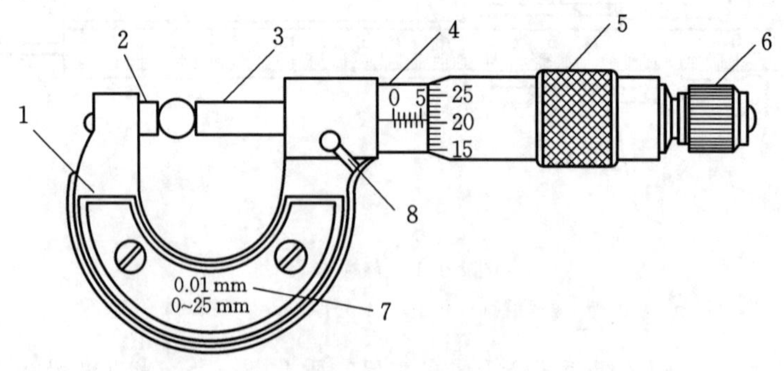

图 2-1-3　螺旋测微器

1—弓架；2—测量砧台；3—测量螺杆；4—螺母套筒；5—微分套筒；6—棘轮；7—分度值；8—锁紧手柄

用螺旋测微器测量长度时，倒转棘轮，将待测物体放在测量砧台和测量螺杆之间，然后再转动棘轮，听到“咯、咯……”的声音时(表示待测物体已被夹紧)即停止转动。读数时，先读出螺母套筒上没有被微分套筒的前沿遮住的刻度值；再读出螺母套筒上横线所对准的微分套筒上的读数，并读出估读数，二者之和即为最后的读数。如图 2-1-4 所示，螺旋测微器的读数从左到右分别为 4.235 mm、4.738 mm、1.977 mm。

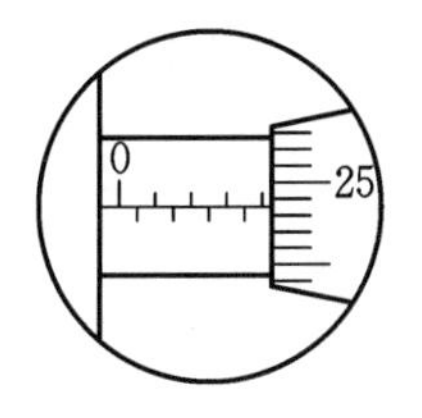

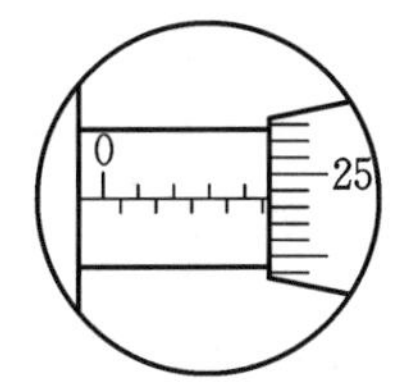

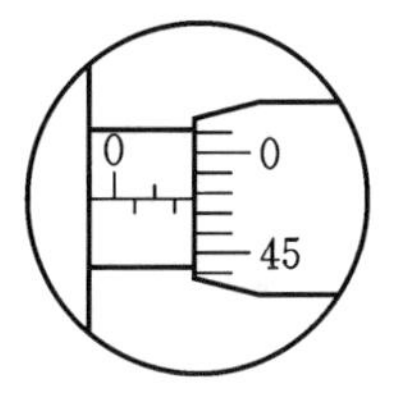

图 2-1-4　螺旋测微器读数示例图

因为螺母套筒上的刻度线有一定宽度，当螺母套筒上横线所对准微分套筒上的读数在“0”上下时极易读错，务必特别注意。通常微分套筒上的“0”线在横线上方时，尽管螺母套筒上的一条刻度线似乎已经看到，但读数时不能考虑进去，否则读数将误加 0.500 mm。

螺旋测微器在使用一段时间后，零点会发生变化。所以测量时必须先记下初读数。具体方法是：在测量砧台和螺杆之间不放入任何物体，旋转棘轮，当听到“咯、咯……”的响声时停止转动(每次测量时响声应保持一致，两声或者三声)。此时微分套筒上的“0”刻度线不一定与螺母套筒上的横线对准。这时所对应的读数称为初读数。应注意初读数有正负之分。初读数是系统误差，测量物体长度时所读出的数值应减去这个初读数后，才是物体的长度。

【实验内容】

(1) 用合适的测量工具测量薄片的长度、宽度和厚度，重复测量 6 次。

(2) 用游标卡尺测量圆柱体的直径和高，重复测量 6 次。

(3) 用游标卡尺测量如图 2-1-5 所示的金属圆筒的内外径d_1、d_2、d_3和高h_1、h_2、h_3，重复测量 6 次。用电子天平称出其质量 m。

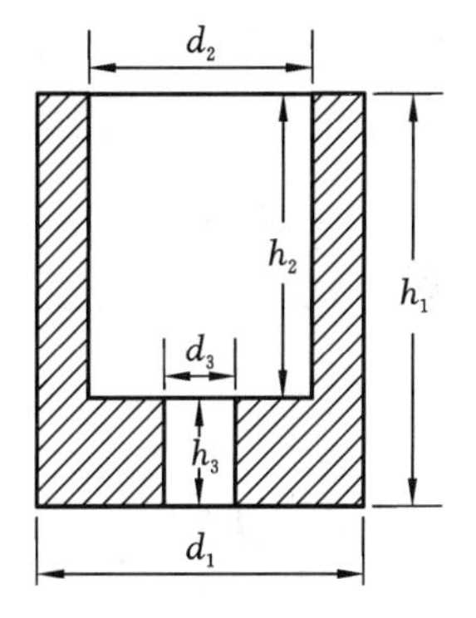

图 2-1-5　圆筒剖面图

【数据记录与处理】

1. 薄片尺寸的测量

测量薄片的长度用米尺，测量薄片的宽度用游标卡尺，测量薄片的厚度用螺旋测微器。参照表2-1-1 完成实验数据的记录，并根据第一章所学内容计算其平均值、标准差、总不确定度，最后写出完整的测量值表达式。

表 2-1-1　薄片尺寸测量数据　　单位：mm

次数 \ 读数	长度 A	宽度 B	厚度 C
1			
2			
3			

续表

读数 次数	长度 A	宽度 B	厚度 C
4			
5			
6			
平均值			
标准差			
总不确定度			
测量值			

游标卡尺分度值=________mm，螺旋测微器初读数=________mm。

2. 圆柱体体积的测量

(1) 参照表 2-1-2 完成实验数据的记录。

表 2-1-2 圆柱体体积测量数据 单位：mm

读数 次数	直径 D	高度 h
1		
2		
3		
4		
5		
6		
平均值		
标准差		
总不确定度		
测量值		

游标卡尺分度值=________mm。

(2) 计算圆柱体的体积。

圆柱体的平均体积为：$\overline{V}=\frac{1}{4}\pi\overline{D}^2\ \overline{h}=$________$\text{mm}^3$。

圆柱体误差：$\delta_{\overline{V}}=\sqrt{\left(\frac{\pi}{2}\overline{D}\overline{h}\delta_{\overline{D}}\right)^2+\left(\frac{\pi}{4}\overline{D}^2\ \delta_{\overline{h}}\right)^2}=$________$\text{mm}^3$。

圆柱体体积：$V=\overline{V}\pm\delta_{\overline{V}}=$________ ± ________$\text{mm}^3$。

3. 圆筒密度的测量

（1）参照表 2-1-3 完成实验数据的记录。

表 2-1-3　圆筒密度测量数据　　长度单位：mm，质量单位：g

次数＼读数	直径d_1	直径d_2	直径d_3	深度h_1	深度h_2	深度h_3	质量 m
1							
2							
3							
4							
5							
6							
平均值							

（2）计算圆筒的密度。

$V_1=\frac{1}{4}\pi\,\overline{D}_1^2\,\overline{h}_1=$________mm^3；

$V_2=\frac{1}{4}\pi\,\overline{D}_2^2\,\overline{h}_2=$________mm^3；

$V_3=\frac{1}{4}\pi\,\overline{D}_3^2\overline{h}_3=$________mm^3；

$V=V_1-V_2-V_3=$________mm^3；

$\rho=\frac{m}{V}=$________kg/m^3。

【注意事项】

（1）使用螺旋测微器进行测量时，不要过分转紧棘轮，听到“咯、咯”两声就停止转动。

（2）使用游标卡尺进行测量时，绝不允许把被夹紧的物体在测量爪的卡口内挪动。

【思考题】

（1）螺旋测微器的零点读数的正负号是怎么确定的？怎样对测量值进行修正？

（2）分析造成实验误差的主要原因有哪些。

实验 2.2　重力加速度的测定

【实验目的】

（1）熟悉磁悬浮导轨和智能测试仪的调整和使用。

（2）通过测定加速度，深刻理解匀加速直线运动的规律。

（3）测定重力加速度，学习消减系统误差的方法。

【实验仪器】

磁悬浮导轨、光电门(2套)、磁悬浮滑块、智能测试仪。

【实验原理】

实验所用仪器装置如图2-2-1所示。其中,磁悬浮导轨实际上是一个槽轨,长约1.2 m,在槽轨底部沿中心轴线嵌入钕铁硼(NdFeB)磁钢,在其上方的滑块底部也嵌入磁钢,形成两组带状磁场。磁场极性相反,上下之间产生斥力,使滑块悬浮在导轨上运行。此外,在导轨的基板上安装了带有角度刻度的标尺,可根据实验要求,把导轨设置成不同角度的斜面。

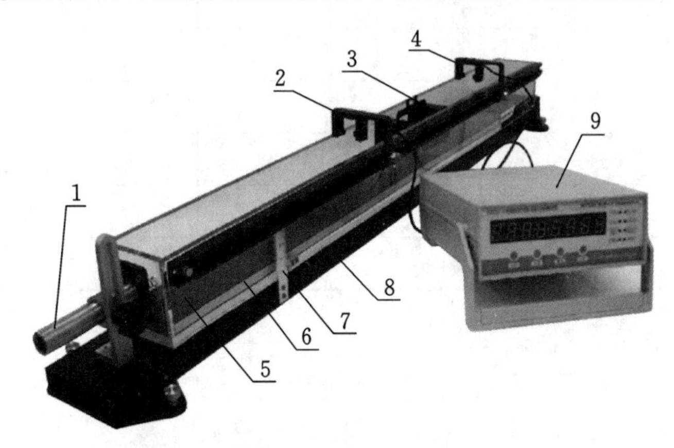

图2-2-1 磁悬浮导轨和智能测试仪装置图

1—手柄;2—光电门1;3—磁悬浮滑块;4—光电门2;5—导轨;6—标尺;7—角度尺;8—基板;9—智能测试仪

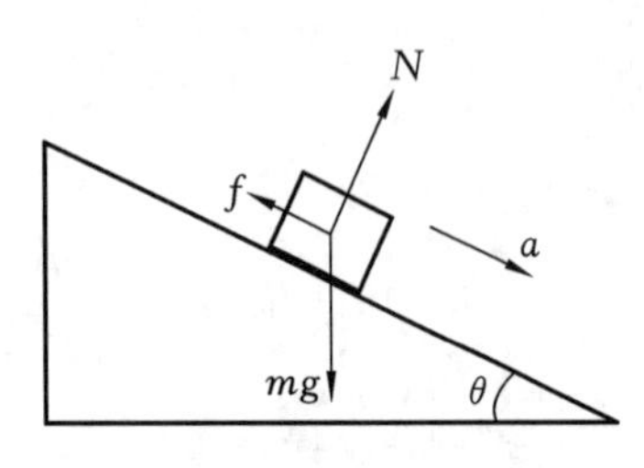

图2-2-2 滑块沿斜面下滑的受力分析

当物体沿光滑斜面下滑时,如果忽略空气阻力,则可视其作匀变速直线运动,其加速度可表示为$a=g\sin\theta$(g为重力加速度,θ为斜面倾角)。当滑块在倾斜的磁悬浮导轨中运动时,摩擦力和磁场的不均匀性对滑块可产生作用力,对运动物体有阻力f的作用,此时滑块的运动仍然是匀变速直线运动,滑块的受力分析如图2-2-2所示。

考虑导轨给滑块的阻力,此时滑块的总加速度为

$$a=g\sin\theta-a_f \tag{2-2-1}$$

式中:a_f为阻力f产生的加速度。在实验中测得导轨对滑块的阻力加速度a_f的大小,以及在某倾角θ时滑块下滑的加速度a,则有

$$g=\frac{a+a_f}{\sin\theta} \tag{2-2-2}$$

即为重力加速度的测量值。

在式(2-2-1)中,a_f也可作为与动摩擦力有关的加速度的修正值。在不同倾角的斜面中,滑块的加速度各不相同。在不同倾角下可以得到

$$a_1=g\sin\theta_1-a_{f_1} \tag{2-2-3a}$$

$$a_2=g\sin\theta_2-a_{f_2} \tag{2-2-3b}$$

$$a_3=g\sin\theta_3-a_{f_3} \tag{2-2-3c}$$

$$\vdots$$

在一定的小角度范围($\theta \leqslant 3^\circ$)内，滑块所受到的阻力 f 近似相等，且 $f \ll mg\sin\theta$，即

$$a_{f_1} \approx a_{f_2} \approx a_{f_3} \approx \cdots = \overline{a_f} \ll g\sin\theta$$

由方程组(2-2-3)消去a_f，可得

$$g = \frac{a_2 - a_1}{\sin\theta_2 - \sin\theta_1} = \frac{a_3 - a_2}{\sin\theta_3 - \sin\theta_2} = \cdots \qquad (2\text{-}2\text{-}4)$$

此即为实验所测得的重力加速度的修正值。

【实验内容】

1. 磁悬浮导轨的调节

(1) 调节磁悬浮导轨的底座螺栓，观察水平仪，使导轨水平。

(2) 将两个光电门固定安装在导轨上合适的位置(两个光电门的距离可以是任意的，但应大于 50 cm)。

(3) 打开智能测试仪电源，设置为加速度工作模式(即模式 0，此时加速度指示灯长亮)，按下“开始”按钮。

(4) 将滑块放置导轨内，用手轻推一下滑块，让其以一定的初速度开始运动并依次经过两个光电门，测量并记录滑块的阻力加速度。

(5) 用不同的力度和初速度重复多次，记录阻力加速度并计算其平均值。

2. 重力加速度的测定

(1) 抬高导轨手柄并固定，使导轨倾斜形成斜面，记录角度尺的读数。

(2) 将磁悬浮滑块由导轨顶端位置释放，经过两个光电门，记录测试仪所显示的加速度数值。

(3) 改变导轨的倾角，重复以上步骤，记录相应的斜面倾角和加速度值。

(4) 根据式(2-2-2)和式(2-2-4)分别计算重力加速度及其修正值，并与当地重力加速度的标准值进行比较(计算相对误差)。

【数据记录与处理】

1. 数据记录

参照表 2-2-1、表 2-2-2 完成实验数据的记录。

表 2-2-1　滑块的阻力加速度测量数据　　单位：$\mathrm{cm/s^2}$

次数	1	2	3	4	5	6	7	8	9	10
a_f										
$\overline{a_f}$										

表 2-2-2　斜面角度与加速度测量数据　　单位：$\mathrm{cm/s^2}$

θ_i	1.0°	1.5°	2°	2.5°	3.0°
$\sin\theta_i$					
a_i					

2. 重力加速度计算

由表 2-2-1 可得滑块的阻力加速度

$$\overline{a_f} = \frac{1}{10}\sum_{i=1}^{10} a_{f_i}$$

由表 2-2-2 数据，根据式(2-2-2)，计算得到不同斜面倾角下的重力加速度测量值及其平均值

$$g_i = \frac{a_i + \overline{a_f}}{\sin\theta_i}$$

$$\overline{g_{测}} = \frac{1}{5}\sum_{i=1}^{5} g_i$$

由表 2-2-2 数据，根据式(2-2-4)，计算得到重力加速度修正值及其平均值

$$g_1 = \frac{a_2 - a_1}{\sin\theta_2 - \sin\theta_1}$$

$$g_2 = \frac{a_3 - a_2}{\sin\theta_3 - \sin\theta_2}$$

$$\vdots$$

$$g_4 = \frac{a_5 - a_4}{\sin\theta_5 - \sin\theta_4}$$

$$\overline{g_{修}} = \frac{1}{4}(g_1 + g_2 + g_3 + g_4)$$

3. 相对误差计算

将实验结果与本地区重力加速度的公认值$g_0 = 9.797\ \mathrm{m/s^2}$ 相比较，计算出相对误差。

$$E_{测} = \frac{|\overline{g_{测}} - g_0|}{g_0} \times 100\% = \_\_\_\_\_\_\_\_$$

$$E_{修} = \frac{|\overline{g_{修}} - g_0|}{g_0} \times 100\% = \_\_\_\_\_\_\_\_$$

【注意事项】

(1) 导轨勿震动或重压，以免变形。

(2) 轨面及滑块不得磕碰，滑块应轻拿轻放，严防滑块失落地上，损坏变形。

(3) 轨面及滑块内表面应保持干燥、清洁，不得用手擦摸，并定期用无水酒精清洗。

(4) 实验开始前，导轨水平放置，将滑块放入导轨，轻推一下滑块，观察其运动过程，选择摩擦力较小的滑块进行实验。

(5) 完成实验后，应及时取出滑块，不可长时间放置在导轨内，防止滑轮被磁化。

【思考题】

本实验中，若没有水平仪，如何检测磁悬浮导轨是否水平？

实验 2.3　验证动量守恒定律

【实验目的】

(1) 熟悉磁悬浮导轨的调整和使用，熟悉磁悬浮滑块的使用。

(2) 熟悉智能测试仪的使用方法。

(3) 观察弹性碰撞和完全非弹性碰撞现象。

(4) 验证碰撞过程中动量守恒定律。

【实验仪器】

磁悬浮导轨、磁悬浮滑块、光电门(2 套)、智能测试仪。

【实验原理】

如果某一力学系统不受外力,或外力的矢量和为零,则系统的总动量保持不变,这就是动量守恒定律。在本实验中,是用磁悬浮导轨上两个滑块的碰撞来验证动量守恒定律的,实验装置如图 2-3-1 所示。

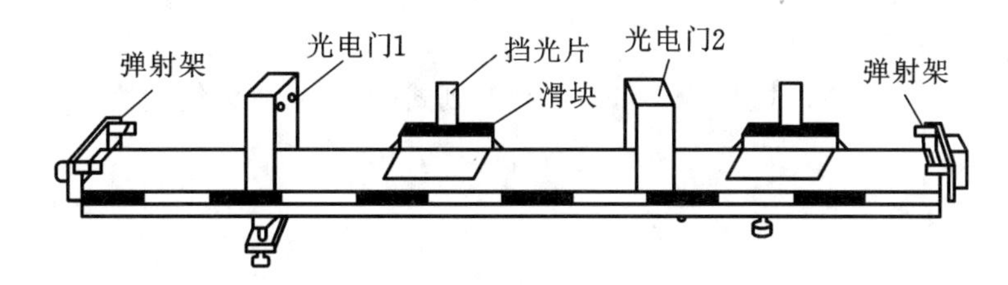

图 2-3-1　验证动量守恒定律实验装置示意图

若水平导轨上滑块与导轨之间的摩擦力忽略不计,则两个滑块在碰撞时除受到相互作用的内力外,在水平方向不受外力的作用,因而碰撞时动量守恒。设两滑块的质量分别为m_1和m_2,碰撞前的速度为v_{10}和v_{20},相碰后的速度为v_1 和v_2。根据动量守恒定律,有

$$m_1 v_{10} + m_2 v_{20} = m_1 v_1 + m_2 v_2 \tag{2-3-1}$$

测出两滑块的质量和碰撞前后的速度,就可验证碰撞过程中动量是否守恒。

需要特别注意的是,式(2-3-1)中各速度均为代数值,各 v 值的正负号取决于速度的方向与所选取的坐标轴方向是否一致。

牛顿曾提出"弹性恢复系数"的概念,其定义为碰撞后的相对速度与碰撞前的相对速度的比值,一般称为恢复系数,用 e 表示,即

$$e = \frac{v_2 - v_1}{v_{20} - v_{10}} \tag{2-3-2}$$

$e=1$ 为完全弹性碰撞,$e=0$ 为完全非弹性碰撞,一般 $0<e<1$,为非完全弹性碰撞。滑块上的弹簧是钢制的,e 的值在 0.95～0.98,它虽然接近 1,但是其差异也是明显的,因此不能实现完全弹性碰撞。

实验分两种情况进行。

1. 弹性碰撞

两滑块的相碰端装有缓冲弹簧,它们的碰撞可以看成是弹性碰撞。在碰撞过程中除了动量守恒外,它们的动能完全没有损失,也遵守机械能守恒定律,有

$$\frac{1}{2} m_1 v_{10}^2 + \frac{1}{2} m_2 v_{20}^2 = \frac{1}{2} m_1 v_1^2 + \frac{1}{2} m_2 v_2^2 \tag{2-3-3}$$

令m_2 在碰撞前静止,即 $v_{20}=0$,由式(2-3-1)和式(2-3-3)可得

$$\begin{cases} v_1=\dfrac{(m_1-m_2)v_{10}}{m_1+m_2} \\ v_2=\dfrac{2m_1v_{10}}{m_1+m_2} \end{cases} \tag{2-3-4}$$

(1) 若两个滑块质量相等，$m_1=m_2=m$，则 $v_1=0$，$v_2=v_{10}$，即两个滑块将彼此交换速度。

(2) 若两个相撞的物体质量不相等，$m_1\neq m_2$，当$m_1>m_2$ 时，两滑块相碰后，两者沿相同的速度方向(与 v_{10}方向相同)运动；当$m_1<m_2$ 时，两者相碰后运动的速度方向相反，m_1 将反向，速度应为负值。

2. 完全非弹性碰撞

在两个滑块的两个碰撞端分别装上尼龙搭扣，碰撞后两个滑块粘在一起以同一速度运动就可成为完全非弹性碰撞。

即 $v_1=v_2=v$，令m_2 在碰撞前静止，即 $v_{20}=0$，则式(2-3-1)可以简化为

$$m_1v_{10}=(m_1+m_2)v \tag{2-3-5}$$

得

$$v=\frac{m_1}{m_1+m_2}v_{10} \tag{2-3-6}$$

当$m_1=m_2=m$ 时，$v=\frac{1}{2}v_{10}$，即两滑块扣在一起后，质量增加一倍，速度为原来的一半。

【实验内容】

1. 磁悬浮导轨的调节

(1) 调节磁悬浮导轨的底座螺栓，观察水平仪，使导轨水平。

(2) 将两个光电门固定安装在导轨上合适的位置(两个光电门的距离可以是任意的，但应大于 50 cm)。

2. 完全弹性碰撞

(1) 在两个滑块上各放一开口挡光片。把其中一个滑块放在两个光电门之间并处于静止，另一个滑块放在两光电门之外，并推动一下，测出各滑块碰撞前后的速度，重复 6 次。

(2) 计算碰撞前后的动量之比，验证在误差范围内是否为 1；并计算 e，验证 e 在误差范围内是否为 1。

3. 完全非弹性碰撞

(1) 将两个滑块相碰端粘贴尼龙搭扣，去掉静止滑块上的挡光片。按上述实验方法测量碰撞前后两个滑块的速度，重复 6 次。

(2) 计算碰撞前后的动量之比，验证在误差范围内是否为 1；并计算 e，验证 e 在误差范围内是否为 0。

【数据记录与处理】

$m_1=$________g；$m_2=$________g。

1. 完全弹性碰撞

参照表 2-3-1 完成实验数据的记录。

表 2-3-1　完全弹性碰撞测量数据　速度单位:m/s,动量单位:kg·m/s

次数	碰撞前					碰撞后					百分偏差
	v_{10}	p_{10}	v_{20}	p_{20}	$p_0=p_{10}+p_{20}$	v_1	p_1	v_2	p_2	$p=p_1+p_2$	$\frac{p_0-p}{p_0}\times 100\%$
1											
2											
3											
4											
5											
6											

2. 完全非弹性碰撞

参照表 2-3-2 完成实验数据的记录。

表 2-3-2　完全非弹性碰撞测量数据　速度单位:m/s,动量单位:kg·m/s

次数	碰撞前					碰撞后					百分偏差
	v_{10}	p_{10}	v_{20}	p_{20}	$p_0=p_{10}+p_{20}$	v_1	p_1	v_2	p_2	$p=p_1+p_2$	$\frac{p_0-p}{p_0}\times 100\%$
1											
2											
3											
4											
5											
6											

【注意事项】

(1) 导轨勿震动或重压,以免变形。

(2) 导轨轨面及滑块不得磕碰,滑块应轻拿轻放,严防滑块失落地上,损坏变形。

(3) 导轨轨面及滑块内表面应保持干燥、清洁,不得用手擦摸,并定期用无水酒精清洗。

(4) 实验开始前,导轨水平放置,将滑块放入导轨,轻推一下滑块,观察其运动过程,选择摩擦力较小的滑块进行实验。

(5) 完成实验后,应及时取出滑块,不可长时间放置在导轨内,防止滑轮被磁化。

【思考题】

(1) 实验中怎样实现系统所受的合外力为零?

(2) 在导轨上只用一个滑块可否验证动量守恒定律?

实验 2.4　气体比热容比的测定

【实验目的】

(1) 观测热力学过程中状态变化及基本物理规律。

(2) 测定空气的比热容比。

【实验仪器】

DH4602 气体比热容比测定仪、螺旋测微器、天平。

【实验原理】

气体的定压比热容C_p与定容比热容C_V之比称为比热容比，即 $\gamma=C_p/C_V$，在热力学过程特别是绝热过程中是一个很重要的参数。测定的方法有多种，这里介绍一种较新颖的方法，通过测定物体在特定容器中的振动周期来计算 γ 值。实验装置如图 2-4-1 所示，振动物体小球的直径比玻璃管直径仅小 0.01～0.02 mm，它能在此精密的玻璃管中上下移动，在瓶子的壁上有一小口，并插入一根细管，通过它各种气体可以注入烧瓶中。

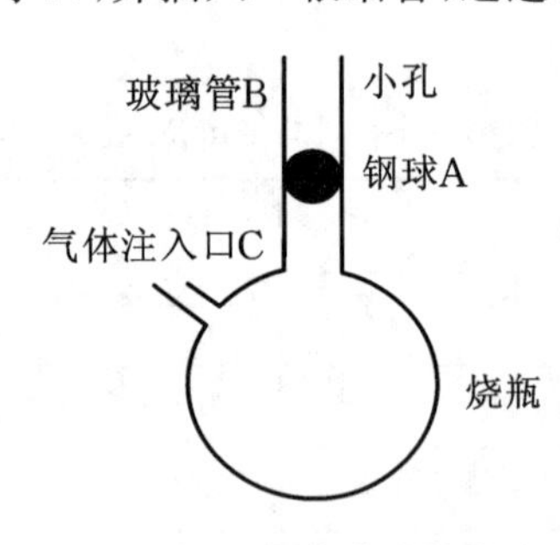

图 2-4-1　测气体比热容比实验装置示意图

钢球 A 的质量为 m，半径为 r(直径为 d)，当瓶子内压力 p 满足下面条件时钢球 A 处于力平衡状态。这时

$$p=p_0+\frac{mg}{\pi r^2} \tag{2-4-1}$$

式中：p_0 为大气压强。为了补偿由于空气阻尼引起振动物体 A 振幅的衰减，通过 C 口一直注入一个小气压的气流，在精密玻璃管 B 的中央开设有一个小孔。当振动物体 A 处于小孔下方的半个振动周期时，注入气体使容器的内压力增大，引起物体 A 向上移动，而当物体 A 处于小孔上方的半个振动周期时，容器内的气体将通过小孔流出，使物体下沉。以后重复上述过程，只要适当控制注入气体的流量，物体 A 能在玻璃管 B 的小孔上下作简谐振动，振动周期可利用光电计时装置来测得。

若物体偏离平衡位置一个较小距离 x，则容器内的压力变化为 $\mathrm{d}p$，物体的动力学方程为

$$m\frac{\mathrm{d}^2x}{\mathrm{d}t^2}=\pi r^2\mathrm{d}p \tag{2-4-2}$$

因为物体振动过程相当快，所以可以看作是绝热过程，绝热方程为

$$pV^\gamma=\text{常数} \tag{2-4-3}$$

将绝热方程式(2-4-3)求全微分可得

$$\mathrm{d}p=-\frac{p\gamma\mathrm{d}V}{V} \tag{2-4-4}$$

式中：$\mathrm{d}V=\pi r^2x$。将式(2-4-4)代入式(2-4-2)可得

$$\frac{\mathrm{d}^2x}{\mathrm{d}t^2}+\frac{\pi^2r^4p\gamma}{mV}x=0 \tag{2-4-5}$$

此式即为简谐振动的特征方程。在式(2-4-5)中，令

$$\omega^2=\frac{\pi^2 r^4 p\gamma}{mV} \tag{2-4-6}$$

即

$$\omega=\sqrt{\frac{\pi^2 r^4 p\gamma}{mV}}=\frac{2\pi}{T} \tag{2-4-7}$$

式中：T 为简谐振动的周期。因此可得比热容比 γ 为

$$\gamma=\frac{4\ mV}{T^2 pr^4}=\frac{64\ mV}{T^2 p d^4} \tag{2-4-8}$$

式(2-4-8)中的质量 m 可以用天平测出，钢球直径 d 可用螺旋测微器测出，周期 T 可由 DH4602 气体比热容比测定仪直接读出，压强 p 由气压计读出，烧瓶容积是一确定值，因而就可算出 γ 值。由气体运动论可知，γ 值与气体分子的自由度数有关，单原子气体只有 3 个平动自由度，双原子气体除上述 3 个平动自由度外还有 2 个转动自由度。多原子气体则具有 3 个平动自由度和 3 个转动自由度，比热容比 γ 与自由度 i 的关系为

$$\gamma=\frac{i+2}{i}$$

理论上可得出

单原子气体(Ar，He)　　$i=3$，　$\gamma=1.67$

双原子气体(N_2，H_2，O_2)　　$i=5$，　$\gamma=1.40$

多原子气体(CO_2，CH_4)　　$i=6$，　$\gamma=1.33$

【实验内容】

(1) 使用前检查仪器是否稳定，玻璃容器应垂直放置，以免小球振动时碰到管壁，造成测量误差。垂直度可以通过调节玻璃容器本身和底座上的三个螺钉来实现。

(2) 气泵的输出通过输气软管接入玻璃容器，连接时注意不要漏气，否则小球不能上下振动。

(3) 光电门的输出插头接到测定仪的后面板的专用插座上。气泵的电源插头接到测定仪的后面板的二芯插座上，通过接通测定仪的前面板的气泵电源开关，可以接通或关闭气泵的电源。

(4) 接通电源(打开后面板上的电源开关)，调节气泵上气量调节旋钮，使小球在玻璃管中以小孔为中心上下振动。注意：气流过大或过小会造成钢球不以玻璃管上的小孔为中心上下振动，调节时需要用手挡住玻璃管上方，以免气流过大将小球冲出管外，造成钢球或瓶子损坏。

(5) 打开周期计时装置，程序预置周期为 $T=30$(默认值)。小球来回经过光电门的次数为 $N=2T+1$ 次，根据具体要求，若要设置 50 次，先按“置数”开锁，再按“上调”(或“下调”)改变周期 T，再按“置数”锁定。此时，即可按“执行”开始计时，信号灯不停闪烁，即为计时状态，这时数显表示计周期的个数。当小球经过光电门的周期次数达到设定值，数显表头将显示具体时间，单位为 s。需要再执行“50”周期时，无须重新设置，只要按“返回”即可回到上次刚执行的周期数“50”，再按“执行”，便可以第二次计时。当按“复位”或“断电”再开机时，程序从头预置 30 次周期，需要重复上述步骤。本计时器的周期设定范围为 0～99 次，计时范围为 0～99.99 s，分辨率为 0.01 s。

(6) 将次数设置为 50 次，按“执行”后即可自动记录振动 50 次周期所需的时间。若不计时或不停止计时，可能是光电门位置放置不正确，造成钢球上下振动时未挡光，或者是外界光线过

强,此时要适当挡光。

(7) 重复以上步骤 5 次。

(8) 用螺旋测微器和天平分别测出钢球的直径 d 和质量 m,其中对直径重复测量 5 次。

【数据记录与处理】

1. 数据记录

参照表 2-4-1、表 2-4-2 完成实验数据的记录。

表 2-4-1 振动周期测量数据 单位:s

测量次数	1	2	3	4	5
$50T$					
T					

表 2-4-2 钢球直径测量数据 单位:mm

测量次数	1	2	3	4	5
直径 d					

钢球质量 $m=$ ________ g。

2. 数据处理

(1) 钢球直径及其不确定度、钢球质量如下。

平均直径:$\bar{d}=$ __________ mm。

不确定度:$\Delta_d=$ __________ mm。

直径结果表达式:$d=$ __________ mm。

(2) 在忽略容器体积 V、大气压 p 测量误差的情况下,估算空气的比热容比及其结果表达,即

$$V=(1\ 450\pm5)\text{cm}^3$$

$$p=1.013\times10^5\ \text{N/m}^2$$

$$\gamma=\bar{\gamma}\pm\Delta_\gamma=\underline{\qquad\qquad}$$

【注意事项】

(1) 本实验装置主要由玻璃制成,操作时要特别小心,以免损坏实验仪器。

(2) 钢球的直径仅比玻璃管内径小 0.01 mm 左右,因此钢球表面不允许擦伤。平时钢球停留在玻璃管的下方(用弹簧托住),若要将其取出,只需要在它振动时,用手指将玻璃管壁上的小孔堵住,稍稍加大气流量,钢球便会上浮到管子上方开口处,就可以方便地取出,或将此管由瓶上取下,将钢球倒出来。

(3) 实验中,玻璃容器应垂直放置并固定,以免钢球振动时碰到管壁,造成测量误差。

(4) 调节气泵时,应让气量缓慢增大,避免突然增大气量以致钢球冲出管外,造成仪器损坏。

【思考题】

(1) 注入气体量的多少对小球的运动情况有没有影响?

(2) 在实际问题中,物体振动过程并不是理想的绝热过程,这时测得的值比实际值大还是小?为什么?

实验 2.5　*LRC* 电路的暂态过程研究

【实验目的】

(1) 研究 *LRC* 电路的暂态特性。

(2) 理解 *L*、*R*、*C* 元件在电路中的作用。

(3) 掌握示波器的使用。

【实验仪器】

CA9020F 双踪示波器、*LRC* 电路试验仪。

【实验原理】

LRC 电路的暂态过程就是当电源接通或断开后的瞬间，电路中的电流和电压呈现非稳定的变化过程。实验研究 *RC* 串联电路、*RL* 串联电路、*LRC* 串联电路在暂态过程中的瞬时特性，研究与之相关联的过电压和过电流现象，对于进一步认识这种电路的工作机制，防止暂态过程产生损害和利用这一过渡过程获得更有用的高电压和大电流有不可替代的作用。

1. *RC* 串联电路

图 2-5-1 中，电阻 *R* 和电容 *C* 串联，当开关 K 置于位置 1 时，有

$$RI+\frac{q}{C}=E \tag{2-5-1}$$

成立，式(2-5-1)也可写作

$$R\frac{\mathrm{d}q}{\mathrm{d}t}+\frac{q}{C}=E \tag{2-5-2}$$

电容器上储存的电荷量为

$$q=Q(1-\mathrm{e}^{-t/\tau}) \tag{2-5-3}$$

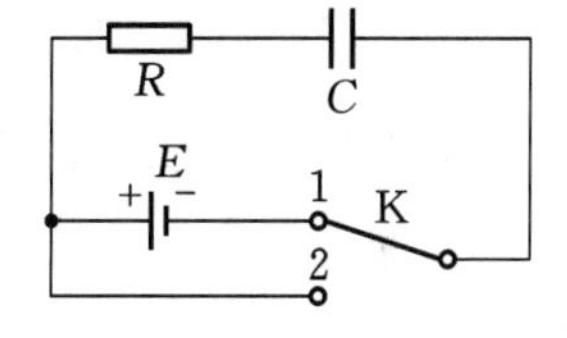

图 2-5-1　*RC* 串联电路原理示意图

式中：$\tau=RC$ 称为 *RC* 电路的时间常数，单位为 s；*Q* 为电容器充满时的电荷量，单位为 C。

由式(2-5-3)得出电容和电阻两端的电压和时间的关系为

$$U_C=q/C=E(1-\mathrm{e}^{-t/\tau}) \tag{2-5-4}$$

$$U_R=E\,\mathrm{e}^{-t/\tau} \tag{2-5-5}$$

当开关 K 置于位置 2 时，有

$$R\frac{\mathrm{d}q}{\mathrm{d}t}+\frac{1}{C}q=0 \tag{2-5-6}$$

根据电荷守恒定律 $q(0)=Q=EC$，得

$$q=Q\,\mathrm{e}^{-t/\tau} \tag{2-5-7}$$

$$U_C=E\,\mathrm{e}^{-t/\tau} \tag{2-5-8}$$

$$U_R=-E\,\mathrm{e}^{-t/\tau} \tag{2-5-9}$$

研究后可知：

(1) *RC* 串联电路中的电容所储存的电荷量不能突变，因此其两端的电压也不能突变，但电

阻两端的电压能够突变。

(2) RC 串联电路中的过渡时间 τ 与 RC 有关，τ 值大，过渡时间长，电路电压变化缓慢。

2. RL 串联电路

在图 2-5-2 中，当开关 K 置于位置 1 时，有

$$L\frac{\mathrm{d}I}{\mathrm{d}t}+RI=E \tag{2-5-10}$$

电路中瞬时电流为

$$I=I_{\mathrm{m}}(1-\mathrm{e}^{-t/\tau}) \tag{2-5-11}$$

式中：$\tau=L/R$ 称为 RL 串联电路的时间常数，单位为 s；$I_{\mathrm{m}}=E/R$ 为电路中瞬时最大电流，单位为 A。同样可以得到电路中电流和各元件上的瞬时电压为

$$I=I_{\mathrm{m}}\,\mathrm{e}^{-t/\tau} \tag{2-5-12}$$

$$U_{\mathrm{R}}=E(1-\mathrm{e}^{-t/\tau}) \tag{2-5-13}$$

$$U_{\mathrm{L}}=E\,\mathrm{e}^{-t/\tau} \tag{2-5-14}$$

研究后可知：

(1) RL 串联电路中的电流不能突然变化，而线圈两端的电压能够突变；

(2) RL 串联电路中，电压、电流的变化快慢与时间参量 τ 有关。

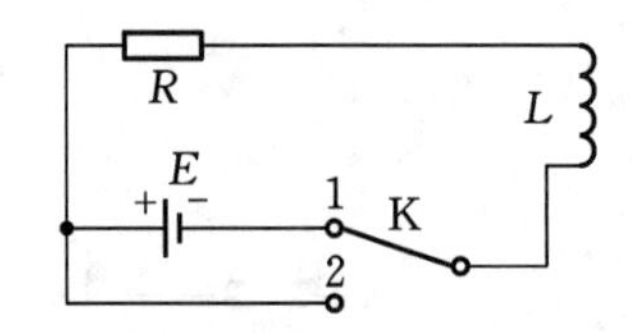

图 2-5-2　RL 串联电路原理示意图

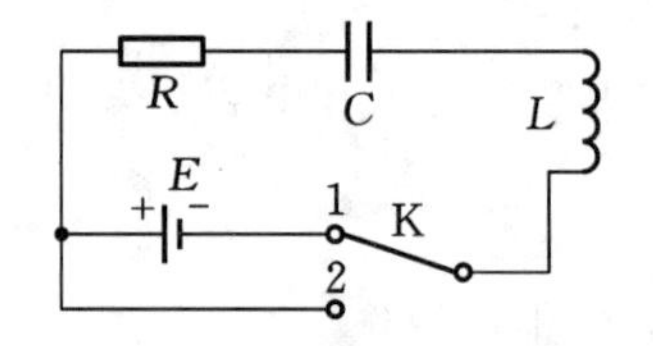

图 2-5-3　LRC 串联电路原理示意图

3. LRC 串联电路

在图 2-5-3 中，开关 K 置于位置 1，电源 E 对电路中的电容 C 充电。当电容充满时，将开关置于位置 2。此时有

$$U_{\mathrm{C}}+U_{\mathrm{L}}+U_{\mathrm{R}}=0 \tag{2-5-15}$$

即

$$U_{\mathrm{C}}+L\frac{\mathrm{d}I}{\mathrm{d}t}+IR=0 \tag{2-5-16}$$

因为

$$I=\frac{\mathrm{d}q}{\mathrm{d}t}=C\frac{\mathrm{d}U_{\mathrm{C}}}{\mathrm{d}t} \tag{2-5-17}$$

可以得到

$$LC\frac{\mathrm{d}^2U_{\mathrm{C}}}{\mathrm{d}t^2}+RC\frac{\mathrm{d}U_{\mathrm{C}}}{\mathrm{d}t}+U_{\mathrm{C}}=0 \tag{2-5-18}$$

电路中电容上电压 U_{C} 的变化规律为以下三种情况（见图 2-5-4）。

(1) 当 $R^2<4L/C$ 时，$U_{\mathrm{C}}=U\,\mathrm{e}^{-t/\tau}\sin(\omega t+\varphi)$，其中

$$\omega=\frac{1}{\sqrt{LC}}\sqrt{1-\frac{R^2C}{4L}},\quad \tau=\frac{2L}{R},\quad U=E \tag{2-5-19}$$

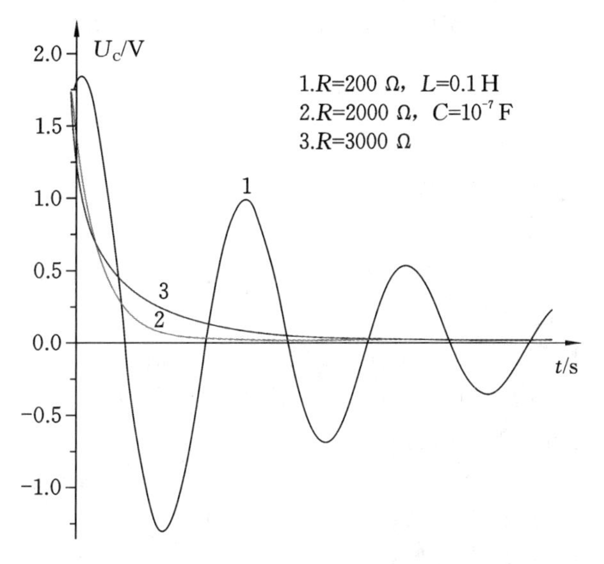

图 2-5-4　三种状态下 U_C 与 t 的关系示意图

这表明,U_C的衰减很慢,电路中电压与电流相互转换的规律接近于自由振荡,称这种状态为欠阻尼状态。

(2) 当$R^2=4L/C$ 时,$U_C=U(1+t)e^{-t/\tau}$,称这种状态为临界阻尼状态。

显然电路处于这种状态时,电路中的电压和电流刚好能够完全转换后就停止工作,能够比较快地达到某个指示值或者回到零点。

(3) 同样的,当$R^2>4L/C$ 时,有

$$U_C=U(e^{-t/r_1}+e^{-t/r_2}),\quad r_1=\tau+\sqrt{\tau^2-\omega^2},\quad r_2=\tau-\sqrt{\tau^2-\omega^2} \tag{2-5-20}$$

电路中的电压或电流在开关置于位置 2 时,很快释放完毕,电路不再工作,称这种状态为过阻尼状态。

【实验内容】

1. RC 电路暂态过程的观测

在图 2-5-5 中,S 为示波器,F 为方波发生器,方波发生器自动控制加到电容上的电压的极性和大小,在示波器上可以观察到电容充放电的过程,电容两端及电阻两端的电压变化规律如图 2-5-6 所示。

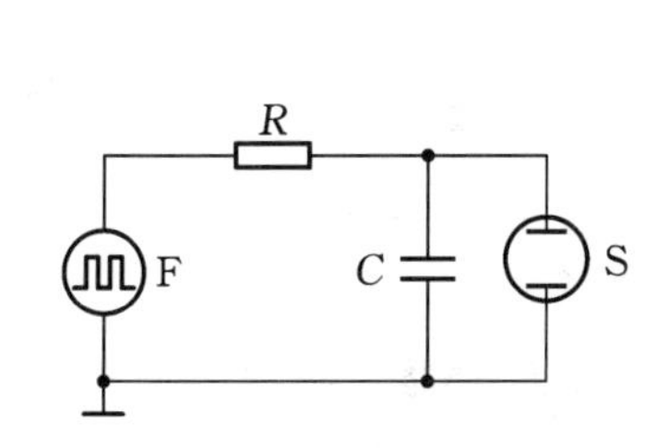

图 2-5-5　RC 暂态过程实验电路图

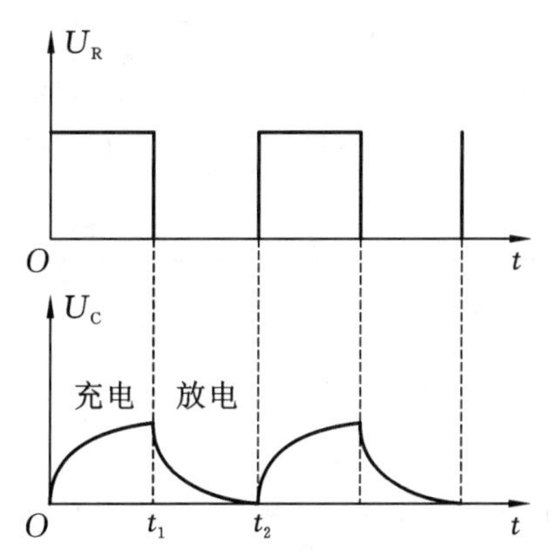

图 2-5-6　方波与电容充放电示意图

(1) 观察U_C波形,方波信号使用 500 Hz,取不同的时间常数 RC,用示波器观察电容两端电压的波形,描绘波形并分析波形的差异。

(2) 描绘如下波形:

① $C=0.2\ \mu F$,$R=1\ k\Omega$,U_C波形;

② $C=0.2\ \mu F$,$R=5\ k\Omega$,U_C波形;

③ $C=0.2\ \mu F$,$R=10\ k\Omega$,U_C波形。

根据以上波形,分析波形的差异,说明时间常数变化对波形有什么样的影响。

2. *RL* 电路暂态过程的观测

参照前述的观察步骤和方法观察不同 RL 的U_R波形并描绘。

(1) 观察U_R波形,方波信号使用 500 Hz,取不同的时间常数 L/R,用示波器观察电阻两端电压的波形,描绘波形并分析波形的差异。

(2) 描绘如下波形:

① $L=100\ mH$,$R=1\ k\Omega$,U_R波形;

② $L=100\ mH$,$R=2\ k\Omega$,U_R波形;

③ $L=100\ mH$,$R=5\ k\Omega$,U_R波形。

根据以上波形,分析波形的差异,说明时间常数变化对波形有什么样的影响。

3. *LRC* 电路暂态过程的观测

(1) 观测三种阻尼状态,方波信号使用 500 Hz,$L=100\ mH$,$C=0.001\ \mu F$,改变电阻的数值,在示波器上观测三种阻尼状态的波形。(参考值 $L=100\ mH$,$C=0.001\ \mu F$,$f=500\ Hz$。临界阻尼 R 约为 $R=\sqrt{\frac{4L}{C}}=20\ 000\ \Omega$)

(2) 描绘如下波形:

① $L=100\ mH$,$C=0.001\ \mu F$,$R=1\ k\Omega$,U_C波形;

② $L=100\ mH$,$C=0.001\ \mu F$,$R=10\ k\Omega$,U_C波形;

③ $L=100\ mH$,$C=0.001\ \mu F$,$R=20\ k\Omega$,U_C波形;

④ $L=100\ mH$,$C=0.001\ \mu F$,$R=50\ k\Omega$,U_C波形。

将以上 4 条曲线画在同一个图上(类似图 2-5-4),根据以上波形,分析波形的差异,说明每条曲线分别是哪种阻尼状态。

【数据记录与处理】

1. *RC* 电路暂态过程的观测

测量时间常数 τ:取 $C=0.2\ \mu F$,$R=1\ k\Omega$ 的U_C波形,从示波器上根据波形查出其半衰期$\tau_{半实验值}$(U_C值上升到最大值的一半或衰减为最大值的一半时的时间),根据公式$\tau_{实验值}=\tau_{半实验值}/\ln 2$,得出时间常数$\tau_{实验值}$,与其计算值$\tau_{计算值}=RC$ 相比较,计算其相对误差。将所得数据填入表 2-5-1。

表 2-5-1 时间常数τ测量数据

$\tau_{半实验值}$/ms	$\tau_{实验值}$/ms	$\tau_{计算值}$/ms	相对误差

2. *RL* 电路暂态过程的观测

测量时间常数 τ:取 $L=100\ mH$,$R=1\ k\Omega$ 的U_R波形,从示波器上根据波形查出其半衰期

$\tau_{半实验值}$(U_R值上升到最大值的一半或衰减为最大值的一半时的时间),根据公式$\tau_{实验值}=\tau_{半实验值}/\ln 2$,得出时间常数$\tau_{实验值}$,与其计算值$\tau_{计算值}=L/R$相比较,计算其相对误差。将所得数据填入表 2-5-2。

表 2-5-2　时间常数τ测量数据

$\tau_{半实验值}$/ms	$\tau_{实验值}$/ms	$\tau_{计算值}$/ms	相对误差

3. *LRC* 电路暂态过程的观测

测量欠阻尼振荡周期 T:取 $L=100\ \text{mH}$,$C=0.001\ \mu\text{F}$,$R=1\ \text{k}\Omega$ 时的U_C波形,测出其 2 个周期的时间 t,求出周期$T_{实验值}=t/2$,与计算值$T_{计算值}=2\pi/\omega(\omega=1/\sqrt{LC})$相比较,计算相对误差。将所得数据填入表 2-5-3。

表 2-5-3　欠阻尼振荡周期 T 测量数据

t/ms	$T_{实验值}$/ms	$T_{计算值}$/ms	相对误差

【思考题】

(1) 时间常数 τ 的物理意义是什么?

(2) *RL* 电路暂态过程中通过电感线圈的电流和 *RC* 电路暂态过程中加在电容两端的电压能否突变?

(3) 根据实验观察,说明 *LRC* 电路的暂态过程三种状态的波形是怎样演变的?在幅度、衰减形式和衰减快慢方面有哪些变化?

实验 2.6　分光计的调节及三棱镜顶角和折射率的测定

【实验目的】

(1) 了解分光计的结构及各组成部件的作用,掌握分光计的调整原理和调节方法。

(2) 测定三棱镜的顶角。

(3) 测量三棱镜的折射率。

【实验仪器】

分光计、三棱镜、双面反射镜、低压汞灯电源、汞灯等。

【实验原理】

1. 分光计的结构和调整

1) 分光计的结构

分光计是测定角度的精密仪器,又称为光学测角仪。很多物理量(如折射率、波长、色散率等)的测量值均可转化为光的偏向角问题,故分光计是光学实验的基本测量仪器。

常用分光计的结构如图 2-6-1 所示，它主要由平行光管、望远镜、载物台和读数装置四部分组成。平行光管用来发射平行光，望远镜用来接收平行光，载物台用来放置三棱镜、平面镜、光栅等物体，读数装置用来测量角度。

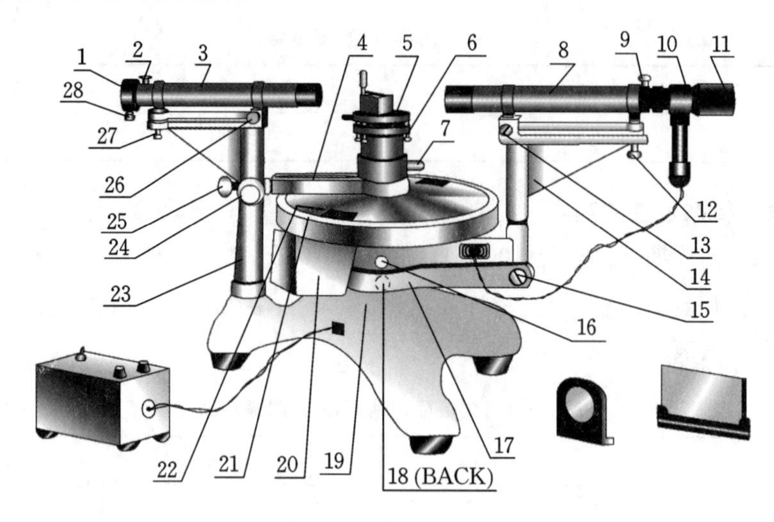

图 2-6-1　分光计结构示意图

1—狭缝装置；2—狭缝装置止动螺钉；3—平行光管；4—制动架 2；5—载物台；6—载物台调平螺钉(3 只)；7—载物台与游标盘止动螺钉；8—望远镜；9—目镜止动螺钉；10—阿贝式自准直目镜；11—目镜调焦手轮；12—望远镜光轴俯仰调节螺钉；13—望远镜光轴水平调节螺钉；14—支臂；15—望远镜微调螺钉；16—刻度盘与望远镜止动螺钉；17—制动架 1；18—望远镜止动螺钉(在刻度盘右侧下方)；19—底座；20—转座；21—刻度盘；22—游标盘；23—立柱；24—游标盘微调螺钉；25—游标盘止动螺钉；26—平行光管光轴水平调节螺钉；27—平行光管光轴俯仰调节螺钉；28—狭缝宽度调节手轮

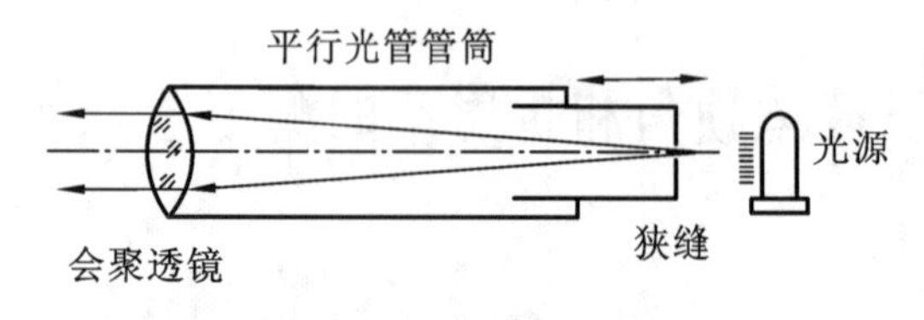

图 2-6-2　平行光管结构示意图

(1) 平行光管。

平行光管的作用是产生平行光，它由可相对滑动的两个套筒组成。外套筒的一端装有消色差透镜组，另一端装有一宽度可调的狭缝及套筒，可调节狭缝和透镜之间的距离，当狭缝恰好位于透镜的焦平面上时，用灯照亮狭缝，则平行光管出射平行光，如图 2-6-2 所示。

(2) 望远镜。

望远镜是用来观察和确定光线行进方向的，由目镜、物镜和分划板组成，其结构如图2-6-3所示。分划板位于目镜和物镜之间，板的下半部粘有一块 45°全反射小棱镜，板面上刻有准线，如图 2-6-3(a)所示。小棱镜紧贴分划板的面上镀有不透光的薄膜，并在薄膜上刻出一个透光的小十字。如果把分划板调整到目镜的焦平面上，则通过目镜就可以看到清晰的准线和下部的小的十字窗。小的十字窗与分划板上方的十字准线是中心对称的。

当照明小灯泡的绿光从望远镜筒下方射入后，经 45°小棱镜的反射，透过空心十字窗从物镜射出平行光。在物镜前放一平面镜，经平面镜反射回来的平行光，再经过物镜聚焦在分划板平面上，形成空心十字的像(绿色)。这种物屏经过透镜和平面镜组合所成的像在物屏本身的方法，就是所谓的自准法。如果平面镜镜面恰好与望远镜的光轴垂直，那么绿色十字的像将落在

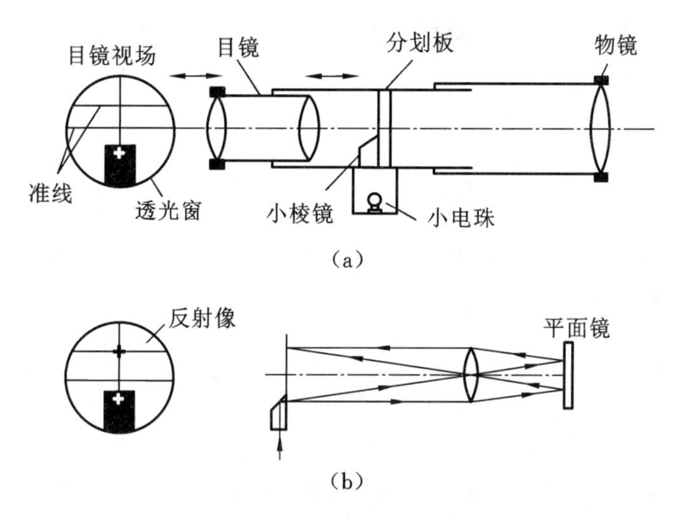

图 2-6-3　望远镜结构示意图

与空心十字对称的位置上，即分划板上方的准线交叉处，如图 2-6-3(b)所示。

(3) 载物台。

载物台是双层结构的，可绕中心主轴转动。其上层放置待测对象或光学元件，两层之间有 3 个互成 120°的调平螺钉，通过对 3 个螺钉的高度的调整，可调节上层平台的倾斜度。松开载物台止动螺钉，可使平台沿仪器主轴升降，以适应不同的被测对象。

(4) 读数装置。

读数装置由刻度盘和游标盘两部分组成，用来读取角度值。刻度盘分为 360°，最小分度为半度(30′)，半度以下的角度可借助游标准确读出。游标等分为 30 格，正好跟刻度盘上的 29 小格等长，因此游标上 1 小格与刻度盘上 1 小格两者之差为 1′，即分光计最小分度为 1′。角游标的读法与游标卡尺类似，以游标零线为基准，先读出大数(大于 30′的部分)，再利用游标读出小数(小于 30′的部分)，大数跟小数之和即为测量结果。例如，图 2-6-4 所示位置的读数为 24°30′+18′=24°48′。

由于刻度盘和游标盘装配时不可能完全重合，而且轴套之间也存在间隙，故望远镜绕轴的实际转角与度盘读数会出现"偏心差"。为消除因偏心而引起的误差，在游标盘同一条直径的两端各装一个读数游标。测量时两个游标都应读数，用双游标消除偏心差，如图 2-6-5 所示。

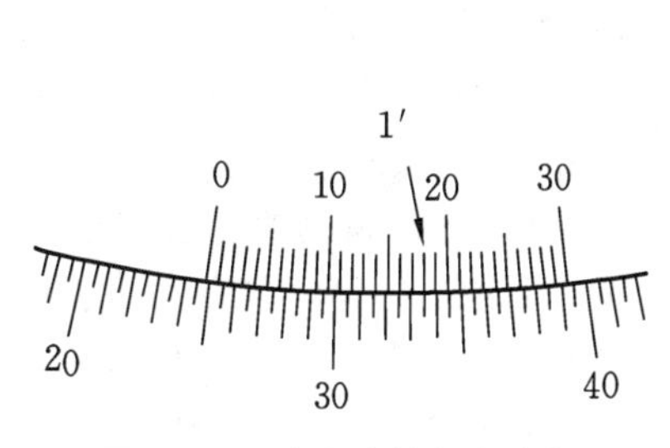

图 2-6-4　分光计的角度读数

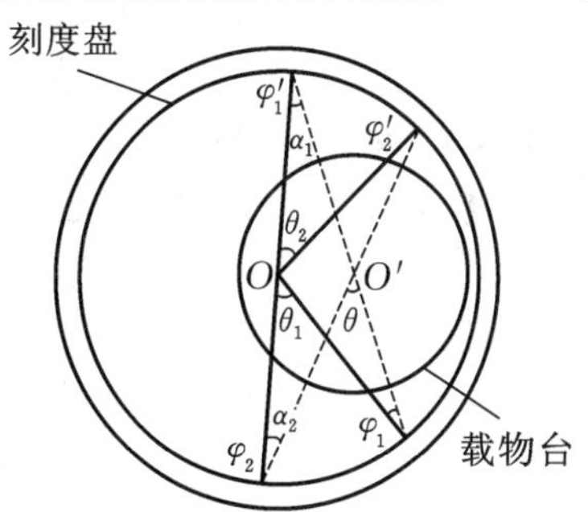

图 2-6-5　双游标消除偏心差示意图

图 2-6-5 中，外圆表示刻度盘，其中心在 O，内圆表示载物台，其中心在 O'。两个游标与载物台固连，并且在其直径两端，与刻度盘圆弧相接触。通过 O' 的虚线表示两个游标零线的连

线。假定载物台从φ_1转到φ_2，实际转过的角度为θ，而刻度盘上的读数为φ_1、φ_1'、φ_2、φ_2'，计算得到的转角为$\theta_1=\varphi_2-\varphi_1$，$\theta_2=\varphi_2'-\varphi_1'$。根据几何定理：$\alpha_1=\frac{1}{2}\theta_1$，$\alpha_2=\frac{1}{2}\theta_2$，而$\theta=\alpha_1+\alpha_2$，故载物台实际转过的角度

$$\theta=\frac{1}{2}(\theta_1+\theta_2)=\frac{1}{2}[(\varphi_2-\varphi_1)+(\varphi_2'-\varphi_1')] \tag{2-6-1}$$

由式(2-6-1)可见，两个游标读数的平均值即为载物台实际转过的角度，因而使用两个游标的读数装置，可以消除偏心差。

2）分光计调节原理

由分光计结构看出，分光计观测系统由三个平面组成。

(1) 待测光路平面，由平行光管产生的平行光和经待测光学元件折射(或反射)后的光路确定。

(2) 观察平面，由望远镜绕分光计主轴旋转时形成。只有当望远镜光轴与转轴垂直时，观察平面才是一个平面，否则将形成一个以望远镜光轴为母线的圆锥面。

(3) 读值平面，读取数据的平面，由主刻度盘和游标内盘绕中心转轴旋转时形成。

调整好分光计就是调节这三个平面互相平行，或三个平面均垂直于主转轴。

3）分光计的调整

在进行调整前，应先熟悉所使用的分光计中下列部件的位置：①目镜调焦(看清分划板准线)手轮(图 2-6-1 中 11)；②望远镜调焦(看清物体)时用的目镜止动螺钉(图 2-6-1 中 9)；③望远镜光轴俯仰调节螺钉(图 2-6-1 中 12)；④控制载物台转动的止动螺钉(图 2-6-1 中 7)；⑤调整载物台水平状态的螺钉(图 2-6-1 中 6，有 3 个)；⑥控制游标盘转动的止动螺钉(图 2-6-1 中 25)；⑦调整平行光管上狭缝宽度的手轮(图 2-6-1 中 28)；⑧调整平行光管俯仰倾斜度的螺钉(图 2-6-1 中 27)；⑨平行光管调焦的狭缝套筒止动螺钉(图 2-6-1 中 2)；⑩刻度盘与望远镜止动螺钉(图 2-6-1 中 16)，望远镜止动螺钉(图 2-6-1 中 18)。

然后按如下步骤进行调节：

(1) 目测粗调。由于望远镜的视场较小，往往一开始看不到反射像，因此首先用目视法进行粗调。根据眼睛的粗略估计，调节望远镜垂直微调螺钉、平行光管垂直微调螺钉以及载物台下的 3 个调平螺钉，使三者大致垂直于分光计主轴(望远镜、平行光管、载物台基本水平)。这一步粗调是以下细调的前提，也是细调成功的保证。

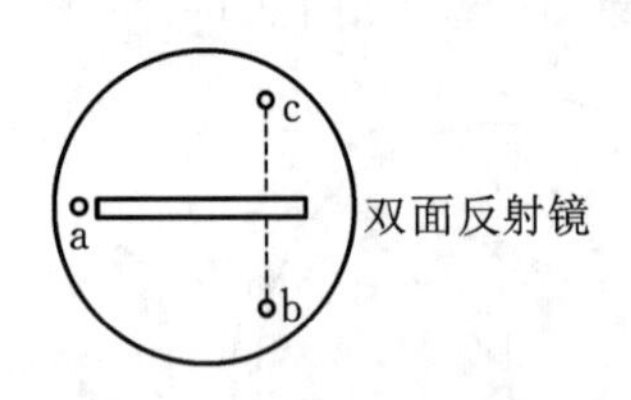

图 2-6-6 双面反射镜放置示意图

a、b、c—调平螺钉

(2) 用自准法调节望远镜。调节目镜调焦手轮，清晰观察到分划板上的准线，并做到左右移动眼睛时准线无位移(无视差)；转动载物台使载物台下面 3 个调平螺钉对应上面 3 条 120°等分线；将双面反射镜按照图 2-6-6 所示方位放置在载物台上，反射镜跟其中一条等分线平行。这样放置是出于这样的考虑：若要调节平面镜的俯仰，只需要调节载物台下的螺钉 b 或 c 即可，而螺钉 a 的调节与平面镜的俯仰无关。接通小灯电源，可在目镜视场中看到如图 2-6-3(a)所示的准线和带有绿色的小十字窗口。旋转望远镜，使之正对着反射镜，一般情况下，可以在视场中看到光线透过小十字窗口经物镜、反射镜返回到分划板上的像。如果看不到亮十字，说明从望远镜射出的光没有被平面镜反射回望远镜中。此时稍微转动载物台，沿望远镜外侧从上往下观察并找到平面镜内的亮十字，确定光线是往上还是往下，相对应的调节反射镜的

俯仰，并转动载物台，让反射光返回望远镜中，此时应该能看到分划板上面的像，这个像有可能是模糊的。然后先调物镜与分划板间的距离，再转动目镜调焦手轮，使得从目镜中既能看清准线，又能看清亮十字的像，然后用目镜止动螺钉将目镜锁紧。此时望远镜已对无穷远聚焦，即适合观察平行光。

(3) 调节望远镜光轴，使其与分光计的中心轴相垂直。平行光管与望远镜的光轴各代表入射光和出射光的方向。为了测准角度，必须分别使它们的光轴与刻度盘平行。刻度盘在制造时已垂直于分光计的中心轴，因此，当望远镜光轴与分光计的中心轴垂直时，就达到了与刻度盘平行的要求。具体调整方法如下：

平面镜仍竖直置于载物台上，使望远镜分别对准平面镜前后两个镜面，利用自准法可以分别观察到两个亮十字的反射像。如果望远镜光轴与分光计的中心轴相垂直，而且平面镜反射面又与中心轴平行，则转动载物台时，从望远镜中可以两次观察到由平面镜前后两个面反射回来的亮十字像与分划板准线的上部十字线完全重合，如图 2-6-7(c)所示。若望远镜光轴与分光计中心轴不垂直，平面镜反射面也不与中心轴相平行，则转动载物台时，从望远镜观察到的两个亮十字反射像必然不会同时与分划板准线的上部十字线重合，而是一个偏低，一个偏高，甚至只能看到一个。这时需要认真分析，确定调节措施，切不可盲目乱调。重要的是必须先粗调，从望远镜外面目测，调节到从望远镜外侧能观察到两个亮十字像；然后再细调，从望远镜视场中观察，无论以平面镜的哪一个反射面对准望远镜，均能观察到亮十字像。若从望远镜中看到准线与亮十字像不重合，它们的交点在高低方向相差一段距离，如图 2-6-7(a)所示，此时调节望远镜光轴俯仰调节螺钉使差距减小为 $s/2$，如图 2-6-7(b)所示；另一半距离由调节载物台下的前面的调平螺钉来完成，使准线的上部十字线与亮十字线重合，如图 2-6-7(c)所示。再将载物台旋转 180°，使望远镜对着平面镜的另一面，采用同样方法调节，如此重复调整，直至转动载物台时，从平面镜前后两个表面反射回来的亮十字像都能与分划板准线的上部十字线重合为止。常称这种方法为各半调整法，这时望远镜光轴和分光计的中心轴相垂直。

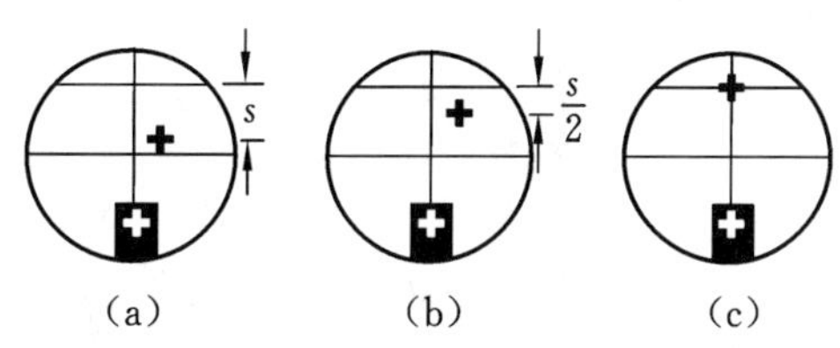

图 2-6-7　各半调节法

经过上述的调节，望远镜光轴与载物台平面中调平螺钉 bc 决定的方向平行，且与分光计中心轴垂直。但还不能说观察平面与待测平面已平行，还需要对调平螺钉 a 进行调节。将图 2-6-6中双面反射镜的位置旋转 90°，即与 a 点所对应的 120°等分线垂直放置。转动望远镜或载物台，使望远镜正对着反射镜。此时在望远镜视场中应该可以看到绿十字像，如果看不到，采用前面用自准法调节望远镜的方法，确定反射光线的高低。然后只调节调平螺钉 a，使得绿十字像与分划板准线上部十字线重合，在此调节过程中不需要使用各半调节法(也就是不要调节望远镜光轴俯仰调节螺钉)。转动载物台 180°，肯定能在望远镜中看到绿十字像在上划线位置。至此，可以认为望远镜观察平面与载物台平面平行，且与分光计主轴垂直。

(4) 调节平行光管产生平行光。用已调节好的望远镜来调节平行光管。当平行光管射出平行光时，则狭缝成像于望远镜物镜的焦平面上，在望远镜中就能清楚地看到狭缝像，并与准线无视差。取下载物台上的平面镜，关掉望远镜中的照明小灯，用汞灯照亮狭缝，从望远镜中观察来自平行光管的狭缝像，同时调节平行光管狭缝与其透镜间的距离，直到看见清晰的狭缝像为止，然后调节缝宽，使望远镜视场中的缝宽约为 1 mm。看到清晰的狭缝像后，转动狭缝(但前后不能移动)成水平状态，调节平行光管光轴俯仰调节螺钉，使狭缝水平像被分划板上中央十字线

(即下准线)的水平线上、下平分,这时平光管的光轴已与分光计中心轴相垂直,再把狭缝转至铅直位置并需保持狭缝像最清晰而且无视差。

至此,分光计已全部调节好,使用时必须注意分光计上除刻度盘止动螺钉及其微调螺钉外,其他螺钉不能任意转动,否则将破坏分光计的工作条件,要重新调节。

2. 自准法测三棱镜顶角原理

如图 2-6-8 所示,三棱镜 BC 为磨砂面,AB 和 AC 均为抛光面,AB 和 AC 两面的夹角 A 称为三棱镜的顶角。将三棱镜固定在载物台上,以 AB 和 AC 两面代替反射镜,若望远镜分别垂直于 AB 和 AC,根据几何原理,望远镜从位置 1 到位置 2 的转角为 $\theta=180°-A$,测出 θ 后,则 $A=180°-\theta$。

3. 平行光法测三棱镜顶角原理

如图 2-6-9 所示。将三棱镜固定在载物台上,使顶角 A 正对平行光管,则平行光管射出的平行光束将在 AB 和 AC 两个抛光面发生反射。根据几何原理,两发射光束之间的夹角 $\theta=2A$,测出 θ 后,则 $A=\theta/2$。

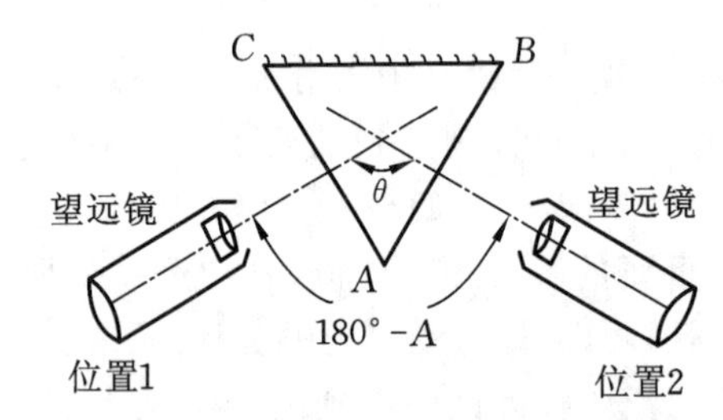

图 2-6-8 自准法测三棱镜顶角示意图

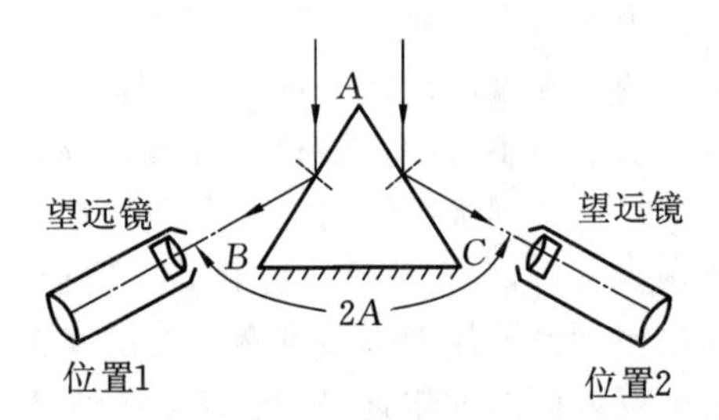

图 2-6-9 平行光法测三棱镜顶角示意图

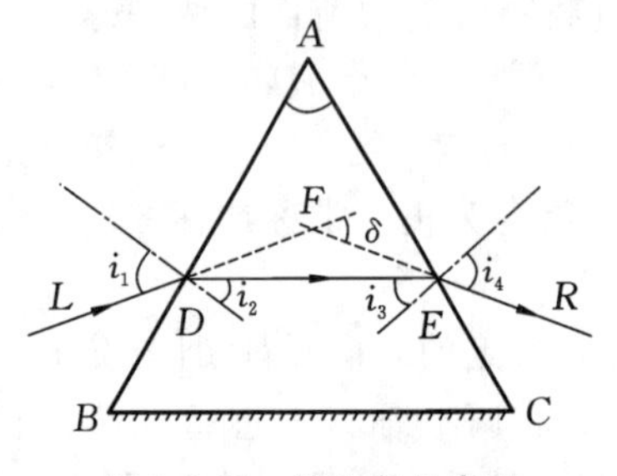

图 2-6-10 偏向角示意图

4. 用最小偏向角法测定三棱镜的折射率

如图 2-6-10 所示,在三棱镜中,入射光线 LD 与出射光线 ER 之间的夹角 δ 称为棱镜的偏向角,这个偏向角与入射角有关。由图 2-6-10 可知:顶角 $A=i_2+i_3$,偏向角 $\delta=(i_1-i_2)+(i_4-i_3)=(i_1+i_4)-A$,由于 i_4 是 i_1 的函数,因此 δ 实际上只随 i_1 变化,可以证明,当 $i_1=i_4$ 时,δ 达到最小,这个最小的 δ 称为最小偏向角,用 $\delta_{\min}$ 表示。则三棱镜的折射率可以用下式表示

$$n=\frac{\sin i_1}{\sin i_2}=\frac{\sin\frac{1}{2}(\delta_{\min}+A)}{\sin\frac{A}{2}} \tag{2-6-2}$$

若测出三棱镜的最小偏向角 $\delta_{\min}$ 和顶角 A,则可计算出三棱镜的折射率 n。

【实验内容】

1. 调节分光计使之处于正常工作状态

(1) 熟悉分光计各部件,调整螺钉的位置,目测粗调。

(2) 用自准法调整望远镜,使之适合观察平行光。

(3) 用各半调节法调节望远镜光轴,使其与分光计的中心轴相垂直。

(4) 调节平行光管,产生平行光。

2. 用自准法测量三棱镜顶角

(1) 按图 2-6-8 所示在载物台上放置三棱镜,使三棱镜在载物台上居中,顶角 A 及另外两角下方正好是平台的三个调平螺钉。为了便于读数,应调节游标盘,使两个游标分居在望远镜、平行光轴线的两侧,再将游标盘止动螺钉拧紧。

(2) 调整三棱镜的 AB、AC 两抛光面,使其分别垂直于望远镜光轴。通过分光计的调节,望远镜已垂直于仪器主轴,千万不要调节垂直微调螺钉。若 AB、AC 两面不垂直于望远镜,是因为安放三棱镜时动了平台等原因所致。一般来讲,旋转望远镜使之正对 AB 或 AC,应能观察到十字反射像,通过调节平台调平螺钉,使十字像呈现在上划线交叉位置处。当 AB、AC 两面均垂直于望远镜时,即可进行测量。

(3) 按图 2-6-8 所示将望远镜旋转到位置 1,当 AC 面垂直于望远镜时,应拧紧望远镜止动螺钉,记录左右游标的读数$\varphi_{1左}$和$\varphi_{1右}$。再将望远镜旋转到位置 2,同样的步骤,记录左右游标的读数$\varphi_{2左}$和$\varphi_{2右}$,重复测量 3 次,计算出望远镜从位置 1 转到位置 2 的平均值$\bar{\theta}$,最后由$A=180°-\theta$计算出顶角 A。记录数据,计算顶角 A 的平均值及其不确定度,其中 $\Delta_{仪}=1'$。

3. 用平行光法测量三棱镜顶角

(1) 按图 2-6-9 所示放置三棱镜,使顶角 A 尽量接近平台中心,并正对平行光管光轴,用光源照亮平行光管,平行光照射 AB、AC 两抛光面并发生反射。旋转望远镜,分别在 AB、AC 面观察狭缝的反射像。当狭缝像偏高或者偏低时,调节平行光管垂直微调螺钉,使狭缝像在分划板上居中,才能进行测量。

(2) 旋转望远镜到位置 1,使狭缝像均匀分布在视场中垂直准线两侧,拧紧望远镜止动螺钉,记录读数$\varphi_{1左}$和$\varphi_{1右}$。再将望远镜旋转到位置 2,同样的步骤,记录读数$\varphi_{2左}$和$\varphi_{2右}$,重复测量 3 次,计算出望远镜从位置 1 转到位置 2 的平均值$\bar{\theta}$,并由 $A=\theta/2$ 计算出顶角 A。记录数据,计算顶角 A 的平均值及其不确定度,其中 $\Delta_{仪}=1'$。

4. 测量三棱镜的最小偏向角,计算折射率

(1) 将三棱镜放置在载物台上,使三棱镜 AC 面与平行光管入射光夹角约为45°,如图 2-6-11 所示。

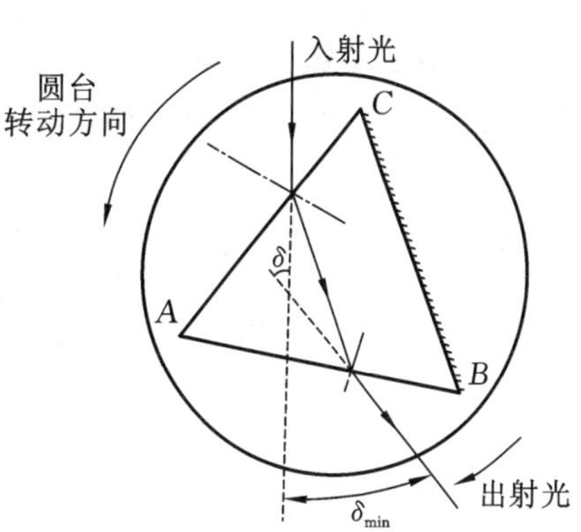

图 2-6-11　最小偏向角测定示意图

(2) 根据折射定律可知,从 AB 面折射出的光线将偏向 BC 面(三棱镜的底面),将望远镜从三棱镜 B 角附近朝AC 面观察,慢慢找到狭缝像,并使像在分划板上居中。慢慢转动载物台(三棱镜与之连动),使狭缝像往偏向角减小的方向移动。这一过程中,如果狭缝像移出望远镜视场,则必须转动望远镜以跟踪狭缝像,当棱镜转动到某一位置时,该狭缝像不再转动,如果棱镜继续沿原方向转动,则可以看到该狭缝像往相反的方向移动,亦即偏向角反而变大,狭缝像反向移动的转折位置就是棱镜的最小偏向角的位置,仔细调节,找出狭缝像开始反向移动的确切位置。反复观察至少 2 次,再进行测量。

(3) 在望远镜正对偏向角最小的位置(转折位置),拧紧望远镜止动螺钉,记录读数$\varphi_{1左}$和$\varphi_{1右}$,反复测量 3 次。

(4) 取下三棱镜,使望远镜正对平行光管,调节狭缝像,使其居中,记录读数$\varphi_{2左}$和$\varphi_{2右}$,计算最小偏向角δ_{min}的数值。

(5) 将$\delta_{\min}$及顶角 A 的平均值代入式(2-6-2),计算三棱镜的折射率 n 并写出结果表达式。

【数据记录与处理】

1. 用自准法测量三棱镜顶角

参照表 2-6-1 完成实验数据的记录。

表 2-6-1 自准法测顶角测量数据

读数 次数	望远镜位置 1		望远镜位置 2		θ
	左游标$\varphi_{1左}$	右游标$\varphi_{1右}$	左游标$\varphi_{2左}$	右游标$\varphi_{2右}$	
1					
2					
3					

2. 用平行光法测量三棱镜顶角

参照表 2-6-2 完成实验数据的记录。

表 2-6-2 平行光法测顶角测量数据

读数 次数	望远镜位置 1		望远镜位置 2		θ
	左游标$\varphi_{1左}$	右游标$\varphi_{1右}$	左游标$\varphi_{2左}$	右游标$\varphi_{2右}$	
1					
2					
3					

3. 测量三棱镜的最小偏向角

参照表 2-6-3 完成实验数据的记录。

表 2-6-3 最小偏向角测量数据

读数 次数	转折位置		移去三棱镜后狭缝像位置		$\delta_{\min}$
	左游标$\varphi_{1左}$	右游标$\varphi_{1右}$	左游标$\varphi_{2左}$	右游标$\varphi_{2右}$	
1					
2					
3					

【注意事项】

(1) 做本实验应在充分预习的前提下进行,切勿漫无目的地乱调螺钉。

(2) 望远镜、平行光管上的镜头、三棱镜、平面镜的镜面不能用手摸、揩。如发现有尘埃时,应该用镜头纸轻轻揩擦。三棱镜、平面镜不可碰磕或跌落,以免损坏。

(3) 分光计为精密仪器,各活动部分均应小心操作。当轻轻推动可转动部件(如望远镜、游标盘)而无法转动时,切记不可强制其转动,以免磨损仪器的转轴。为避免这种情况出现,应在每次转动望远镜和游标盘前,先看一下止动螺钉是否放松。

(4) 调节狭缝宽度时,千万不能使其闭拢,以免使狭缝受到严重损坏。

(5) 在游标读数过程中,由于望远镜可能位于任何方位,故应注意望远镜转动过程中是否越过了刻度零点。如越过刻度零点,则必须按 $\theta=360°-|\varphi_2-\varphi_1|$ 计算望远镜转角。例如,当望远镜由位置 1 转到位置 2 时,双游标的读数如表 2-6-4 所示。

表 2-6-4　双游标的读数

望远镜位置	左游标	右游标
1	$\varphi_{1左}=155°12'$	$\varphi_{1右}=334°45'$
2	$\varphi_{2左}=275°48'$	$\varphi_{2右}=95°25'$

由左游标读数可得望远镜转角为

$$\theta_{左}=|\varphi_{2左}-\varphi_{1左}|=120°36'$$

由于右游标越过了刻度盘零点,则望远镜转角为

$$\theta_{右}=360°-|\varphi_{2右}-\varphi_{1右}|=120°40'$$

所以望远镜的实际转角为

$$\theta=\frac{1}{2}(\theta_{左}+\theta_{右})=120°38'$$

【思考题】

(1) 调节望远镜光轴,使其垂直于仪器中心轴时,可能看到如下两类现象:

① 由平面镜两个镜面反射的绿十字像都在准线的上方;

② 由平面镜两个镜面反射的绿十字像,一个在准线上方,一个在准线下方。

分析说明两者主要是由望远镜和载物台的倾斜而引起的;怎样调节能迅速使两个面反射的像的水平线都与准线上方的水平线重合。

(2) 若平面镜两次反射的绿十字像,一个偏高上水平线的距离为 a,另一个偏下 $5a$,此时应该如何调节?

实验 2.7　光栅的衍射

【实验目的】

(1) 了解光栅的主要特性,观察光栅的衍射光谱,掌握光栅的衍射规律。

(2) 进一步熟悉分光计的调节和使用。

(3) 学会测定光栅的光栅常数、角色散率和汞原子光谱部分特征波长。

【实验仪器】

分光计、光栅、低压汞灯电源、双面反射镜等。

【实验原理】

1. 光栅分光原理及光栅方程

光栅是根据多缝衍射原理制成的分光元件,由一组数目很多、排列紧密、均匀的平行狭缝

(或刻痕)所构成。光栅可以把入射光中不同波长的光分开,光栅的分辨本领比棱镜的大,利用这个特性可制成单色仪及高精度光谱仪。光栅的种类很多,从结构上分有平面光栅、阶梯光栅和凹面光栅等几种,同时又分为用于透射光衍射的透射光栅和用于反射光衍射的反射光栅两类。本实验选用透射式全息光栅。

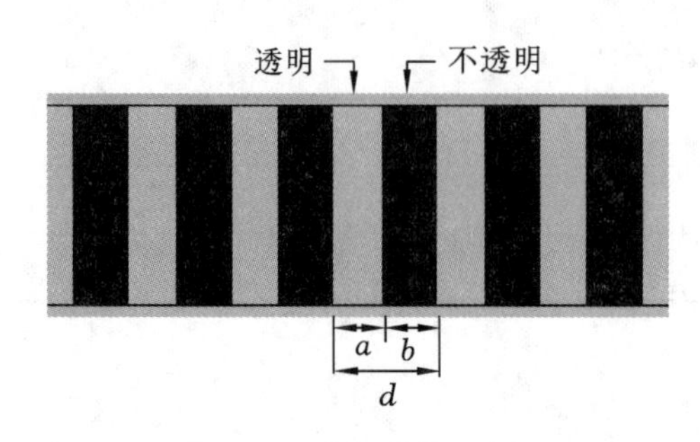

图 2-7-1 光栅结构示意图

全息光栅是利用全息照相技术摄制而成的,即在光学平板玻璃上形成一组排列密集、平行、等宽、黑白相间的条纹。光线照射在光栅面上时,只能从两条黑纹之间透明的狭缝中通过。因此,全息光栅实际上是一排密集、均匀而平行的狭缝。设 a 为透明狭缝的宽度,b 为不透明条纹的宽度,$d=a+b$ 为相邻两狭缝上相应两点之间的距离,称为光栅常数,是光栅最重要的参数。光栅结构示意图如图 2-7-1 所示。

根据夫琅和费衍射理论,若以单色平行光垂直照射在光栅面上,则光线将在各个狭缝处发生衍射,所有缝的衍射又彼此发生干涉,而这种干涉条纹定域于无穷远处。若在光栅后面用一面聚透镜,则在透镜焦平面上会形成一系列被相当宽暗区隔开的明条纹,如图 2-7-2 所示。

按照光栅衍射理论,衍射光谱中明条纹的位置由下式决定

$$d\sin\varphi_k=k\lambda \quad (k=0,\pm1,\pm2,\cdots) \tag{2-7-1}$$

式(2-7-1)就是光栅方程,d 为光栅常数,λ 为入射光波长,k 为明条纹(光谱线)级数,φ_k 是 k 级明条纹的衍射角(即衍射光与光栅平面法线之间的夹角)。由光栅方程可以看出,若已知光栅常数 d,测出 k 级衍射明条纹的衍射角 φ_k,即可求出光波波长 λ;反之,若已知 λ,亦可求出光栅常数 d。

如果入射光不是单色光,则由光栅方程可以看出,波长 λ 不同,其衍射角 φ 也各不相同,于是复色光被分解。而在中间 $k=0$、$\varphi_k=0$ 处,各色光仍重叠在一起,形成中央明条纹,称为零级谱线。在中央明条纹两侧对称地分布着 $k=\pm1,\pm2,\cdots$ 等各级谱线,各光谱线都按波长大小的顺序依次排列成一组彩色谱线,称为光栅光谱,如图 2-7-3 所示。在同级谱线中,从短波向长波散开,衍射角逐渐增大,这样就把复色光分解为单色光。

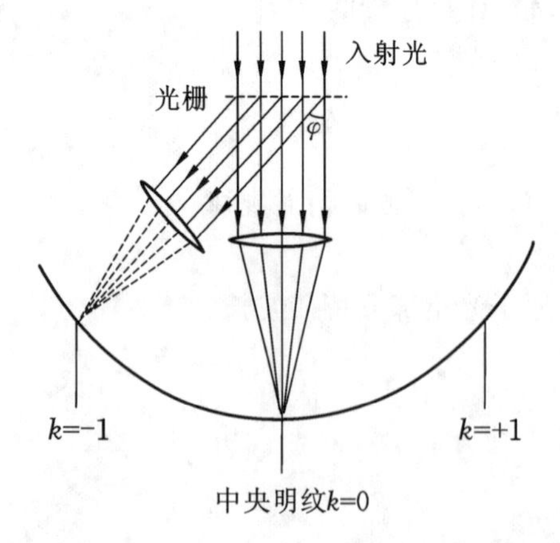

图 2-7-2 单色光光栅衍射光谱示意图

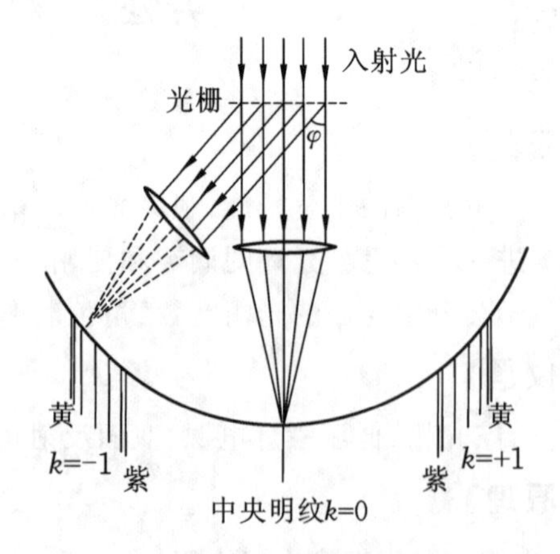

图 2-7-3 复色光光栅衍射光谱示意图

2. 光栅的分辨率

如果在波长 λ 的光谱线附近，有另外一条波长为 $\lambda+\Delta\lambda$ 的光谱线，则两条谱线的距离视 $\Delta\lambda$ 的大小而定，$\Delta\lambda$ 越大，两条线分得越开，定义分辨率为

$$R=\frac{\lambda}{\Delta\lambda} \tag{2-7-2}$$

式中：$\Delta\lambda$ 为两条刚能被分辨的谱线的波长差，λ 为他们的平均波长。按瑞利准则，两条谱线恰能被分开的条件是，其中一条谱线的极强应落在另一条谱线的极弱上。由此可得分辨率

$$R=\frac{\lambda}{\Delta\lambda}=kN \tag{2-7-3}$$

式中：N 为光栅的总刻线数。一般衍射级数 k 不会很高，所以，要提高分辨率就要增加光栅的刻线数。对一定宽度的光栅而言，其光栅常数 d 越小，分辨本领就越大。

3. 光栅的角色散率

从光栅方程可知，衍射角 φ 是波长的函数，这就是光栅的角色散作用。衍射光栅的角色散率定义为

$$D=\frac{\Delta\varphi}{\Delta\lambda} \tag{2-7-4}$$

式中：$\Delta\varphi$ 为同级两谱线衍射角之差，$\Delta\lambda$ 为两谱线波长之差。角色散率 D 是光栅、棱镜等分光元件的重要参数，它表征单位波长间隔内两单色光光谱线之间的角距离。对光栅方程进行微分，D 又可表示成

$$D=\frac{\Delta\varphi}{\Delta\lambda}=\frac{k}{d\cos\varphi} \tag{2-7-5}$$

由式(2-7-5)可知，光栅光谱具有的特点：光栅常数 d 越小(即每毫米所含光栅刻线数目越多)，角色散率越大；高级数的光谱比低级数的光谱有较大的角色散率；在衍射角 φ 很小时，$\cos\varphi\approx1$，角色散率 D 可看作一常数，此时衍射角 φ 与波长 λ 成正比，故光栅光谱又称为匀排光谱。

【实验内容】

1. 调节分光计

(1) 放置反射镜，调整望远镜，使其适合观察平行光。

(2) 使望远镜光轴垂直于分光计转轴。

(3) 平行光管产生平行光且光轴垂直于分光计转轴。

2. 调节光栅

(1) 松开游标盘止动螺钉，转动游标盘使得读数游标在左右两侧，松开平台止动螺钉，按图 2-7-4 所示，在载物台上放置全息光栅。

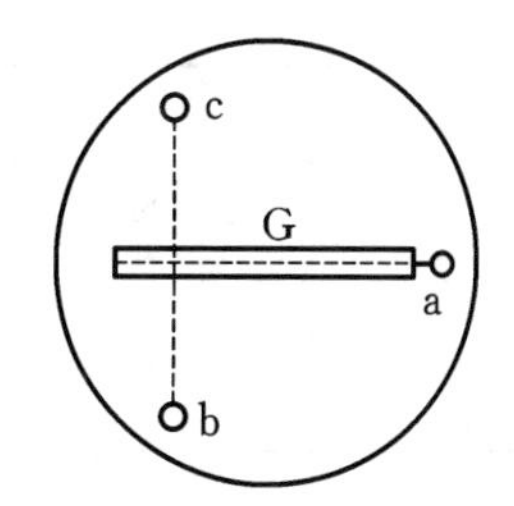

图 2-7-4　光栅放置位置示意图

(2) 使望远镜正对光栅，在分划板上找到从光栅面反射回来的十字像，若反射像没有与分划板的上十字刻线重合，则说明光栅面没有与望远镜光轴垂直，因望远镜已垂直于仪器主轴，故只能调节平台调平螺钉 b 或 c。将平台连同光栅旋转 180°，再调节调平螺钉 c 或 b，反复调节直至光栅两面如同双面反射镜两面一样均垂直于望远镜光轴。拧紧平台止动螺钉和游标盘止动螺钉。

(3) 调节光栅刻痕与主转轴平行。松开望远镜止动螺钉,旋转望远镜观察光栅光谱线,调节载物台调平螺钉 a,使望远镜中看到的叉丝交点始终处在各级谱线的同一高度。

(4) 调节平行光管的狭缝宽度,狭缝宽度以能够分辨出两条紧靠的黄色谱线为准。

3. 测量衍射角,计算光栅常数

用望远镜观察各条谱线,然后以绿色光谱线的波长 $\lambda=546.07$ nm 为已知,测出其第一级 ($k=\pm1$)的衍射角 θ,重复测 3 次取平均值,代入光栅方程求出光栅常数 d。

4. 测量光波波长

选择汞灯光谱中的紫色光谱进行测量,一般视场中可以观察到两条紫色的谱线,选取外侧光强较强的谱线,其波长 $\lambda=435.84$ nm,测出相应于 $k=\pm1$ 级谱线的衍射角,重复测量 3 次,将已测出的光栅常数 d 代入光栅方程,可计算出相应的光波波长,算出波长平均值并与标准值进行比较。

5. 计算光栅的角色散率

用同样的方法,测出 $k=\pm1$ 的两条黄线的衍射角 θ_1 和 θ_2,算出 $\Delta\varphi=\bar{\theta}_2-\bar{\theta}_1$,汞灯光谱中双黄线的波长差 $\Delta\lambda=2.06$ nm,求出角色散率 D。

【数据记录与处理】

1. 测量衍射角,计算光栅常数

参照表 2-7-1 完成实验数据的记录。

表 2-7-1 光栅常数测量数据

读数 \ 次数	望远镜位置 1		望远镜位置 2		θ	$\bar{\theta}$	d
	左游标 $\varphi_{1左}$	右游标 $\varphi_{1右}$	左游标 $\varphi_{2左}$	右游标 $\varphi_{2右}$			
1							
2							
3							

2. 测量光波波长

参照表 2-7-2 完成实验数据的记录。

表 2-7-2 光波波长测量数据

读数 \ 次数	望远镜位置 1		望远镜位置 2		θ	$\bar{\theta}$	λ
	左游标 $\varphi_{1左}$	右游标 $\varphi_{1右}$	左游标 $\varphi_{2左}$	右游标 $\varphi_{2右}$			
1							
2							
3							

3. 计算光栅的角色散率

参照表 2-7-3 完成实验数据的记录。

表 2-7-3　光栅角色散率测量数据

次数＼读数	望远镜位置 1		望远镜位置 2		θ_1	$\bar{\theta}_1$
	左游标$\varphi_{1左}$	右游标$\varphi_{1右}$	左游标$\varphi_{2左}$	右游标$\varphi_{2右}$		
1						
2						
3						

次数＼读数	望远镜位置 1		望远镜位置 2		θ_2	$\bar{\theta}_2$
	左游标$\varphi_{1左}$	右游标$\varphi_{1右}$	左游标$\varphi_{2左}$	右游标$\varphi_{2右}$		
1						
2						
3						

根据表 2-7-3 中的数据计算出 $\Delta\varphi=\bar{\theta}_2-\bar{\theta}_1=$________，$\Delta\lambda=2.06\ \text{nm}$，$D=\dfrac{\Delta\varphi}{\Delta\lambda}=$________。

【注意事项】

（1）分光计应按操作规程正确使用。

（2）光栅表面禁止用手指或者其他物体触摸，注意光栅的拿法。

【思考题】

（1）比较棱镜和光栅的分光原理，并分析这两种光谱的特点。

（2）在使用光栅方程时，入射光应满足什么条件？实验中是如何实现的？

实验 2.8　等厚干涉现象的观测

【实验目的】

（1）观察和研究等厚干涉现象及其特点。

（2）掌握利用牛顿环测定透镜曲率半径的方法。

（3）熟悉读数显微镜的使用方法。

【实验仪器】

牛顿环仪、钠灯、读数显微镜。

【实验原理】

光的干涉是重要的光学现象之一，它为光的波动性提供了有力的实验证据。根据光的干涉理论，产生光的干涉现象需要用到相干光源，即用频率相同、振动方向相同和相位差恒定的光源。当一束单色光照射到透明薄膜上时，分别经膜的上、下两表面反射的光将会在相遇处产生干涉。反射光在相遇时的光程差取决于薄膜的厚度，即同一级次干涉条纹所对应的薄膜厚度相同，这就是所谓的等厚干涉。等厚干涉现象应用非常广泛，如用来精确测量微小尺度、角度或它们的微小变化；检验表面的平整度、平行度；研究零件内应力的分布等。

1. 牛顿环

当把一个曲率半径 R 较大的平凸透镜的凸面置于一块光学平板玻璃上，在透镜凸面和平板玻离间就形成了自中心向外厚度不等的空气薄膜，如图 2-8-1 所示。用单色光垂直照射透镜表面时，入射光将在薄膜上下两表面反射，产生具有一定光程差的两束相干光，在反射光中就可以观察到等厚干涉图样。由于空气膜在距接触点距离相等的各处厚度相等，所以形成的等厚干涉图样是以接触点为圆心的一系列明、暗相间的同心圆环，如图 2-8-2 所示。此现象最早由牛顿发现，但他主张光的微粒学说，未曾对此现象做出合理的解释。为了纪念他，对上面所述形成的一圈圈的干涉条纹称为“牛顿环”。

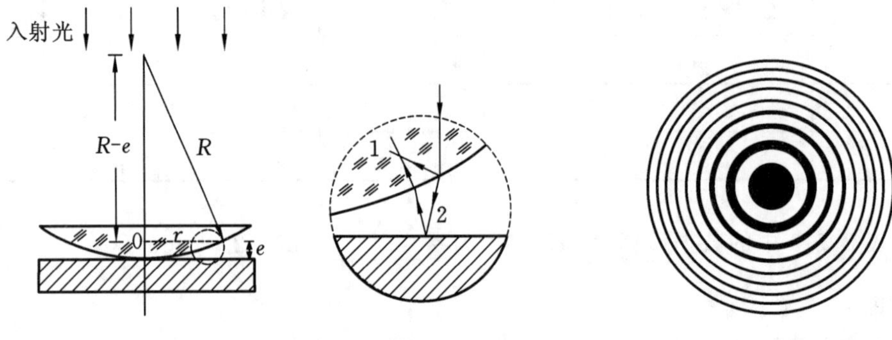

图 2-8-1　牛顿环形成光路示意图　　　　图 2-8-2　牛顿环图形

如果波长为 λ 的单色平行光垂直入射到空气薄膜表面时，则一部分反射(图 2-8-1 中光束 1)，另一部分透射，透射光继续前进达到下表面并在下表面再次发生反射和折射(图 2-8-1 中光束 2)。两束光 1、2 是从同一束光分出来的，因而它们具有相干性。第 k 级条纹对应的两束光的光程差为

$$\delta=2ne+\frac{\lambda}{2} \tag{2-8-1}$$

式中：$\lambda/2$ 是由于光从光疏媒质入射到光密媒质，在交界面上反射时发生“相位突变”而引起的附加光程差，n 是薄膜介质的折射率，对于空气 $n=1$，故有

$$\delta=2e+\frac{\lambda}{2} \tag{2-8-2}$$

由图 2-8-1 可知，$R^2=r^2+(R-e)^2$，化简后得到

$$r^2=2Re-e^2 \tag{2-8-3}$$

因为空气薄膜厚度 $e\ll R$，则在式(2-8-3)中可略去二阶小量e^2，于是有

$$e=\frac{r^2}{2R} \tag{2-8-4}$$

将式(2-8-4)值代入式(2-8-2)可得

$$\delta=\frac{r^2}{R}+\frac{\lambda}{2} \tag{2-8-5}$$

为了便于测量，只研究暗条纹，由干涉条件可知，当

$$\delta=\frac{r^2}{R}+\frac{\lambda}{2}=(2k+1)\frac{\lambda}{2}\ (k=0,\pm1,\pm2,\pm3,\cdots)$$

时，干涉条纹为暗条纹，其中 k 为干涉级次，可得

$$r_k^2=kR\lambda \tag{2-8-6}$$

原则上，只要测出某一级干涉条纹（亮纹或暗纹）的半径 r_k，并数出干涉级次 k，就可利用式（2-8-6）求出透镜的曲率半径。但实际上，由于灰尘的存在和机械压力使玻璃变形，导致接触处不是一个理想点，而是一个不太清晰的暗或亮的圆斑。中心不一定是 $k=0$ 的暗纹中心，甚至可能不对应于 $k=0$。这就给实际测量带来了困难：①干涉环的圆心位置不能确定，测 r_k 无起点；②无法确定所测圆心的 k。通常可采用转换测量法，以避开对 k 和半径 r_k 的绝对测量。

设第 m 环半径为 r_m，第 n 环半径为 r_n，分别代入式（2-8-6），并将两式相减，于是得到

$$R=\frac{r_m^2-r_n^2}{\lambda(m-n)} \tag{2-8-7}$$

因为测量半径不准确，改测暗纹直径，将式（2-8-7）改写为

$$R=\frac{D_m^2-D_n^2}{4\lambda(m-n)} \tag{2-8-8}$$

只要测得 D_m 和 D_n，并数出环纹序数之差 $m-n$，即可利用式（2-8-8）求出透镜曲率半径 R。

2. 劈尖

将两块光学平板玻璃叠在一起，在一端放入一薄片（或细丝），则在两玻璃板间形成一空气劈尖，如图 2-8-3 所示。当用单色光垂直照射时，在劈尖薄膜的上、下两表面反射的两束光发生干涉，形成一组与玻璃板交线相平行的等间距明暗相间的等厚干涉条纹，如图 2-8-4 所示。显然，发生干涉的两束光的光程差为

$$\delta=2e+\frac{\lambda}{2} \tag{2-8-9}$$

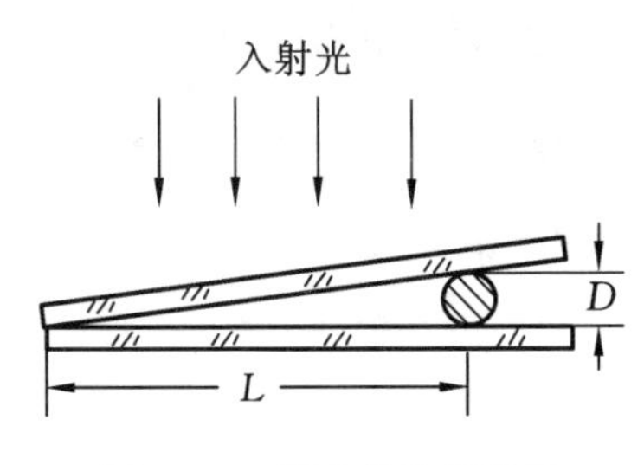

图 2-8-3　劈尖结构示意图

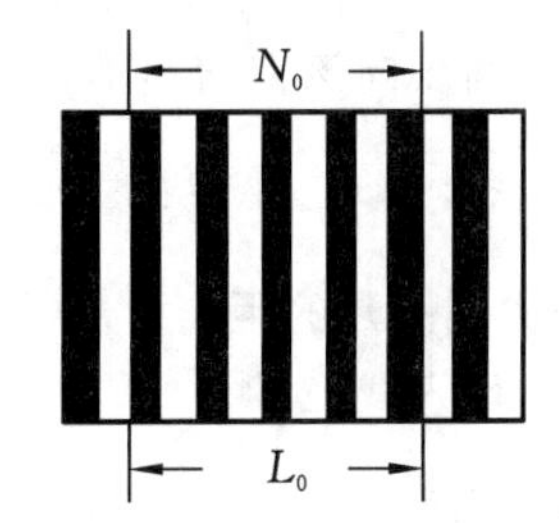

图 2-8-4　劈尖干涉条纹示意图

当 $\delta=(2k+1)\frac{\lambda}{2}(k=0,1,2,3,\cdots)$ 时为干涉暗条纹，与 k 级暗纹相对应的空气层的厚度为 $e_k=k\frac{\lambda}{2}$，如果由劈尖棱（$k=0$，$e_0=0$）开始数干涉暗纹到薄片（或细丝）处，暗纹总数为 k，其对应 e_k 即为厚度。一般 k 值较大，计数容易出错，可从空气劈尖范围内条纹最清晰的任一位置开始，测出 n 条暗纹的间距 S，再测出劈尖棱边到薄片之间的距离 L，由式（2-8-10）可求出薄片（或细丝）的厚度为

$$e_k=\frac{n}{S}\cdot L\cdot\frac{\lambda}{2}=\frac{nL\lambda}{2S} \tag{2-8-10}$$

【实验内容】

1. 实验仪器粗调

打开钠光灯电源，预热 10 分钟，然后开始以下粗调。

(1) 调节牛顿环仪的三个调节螺钉，使干涉圆环中心基本上处在牛顿环仪的中心。注意：不要拧得太紧，以免使接触处严重变形。

(2) 调节读数显微镜的目镜，使在目镜中能清晰地看到叉丝；调整目镜筒，使目镜分划板上的横线与读数显微镜主标尺平行。

(3) 摇动读数显微镜测微鼓轮手柄，使显微镜筒的指标线对向主标尺中间。

(4) 将牛顿环仪的中心大致放在读数显微镜物镜下方。

2. 实验仪器细调

(1) 精调反射镜的位置，使从钠灯发出的单色光经反射镜后垂直照射到牛顿环仪上。同时观察目镜视场，使得整个视场最亮，调节读数显微镜方位，使整个视场有均匀的光亮。

(2) 细调读数显微镜的调焦旋钮，使视场中能清晰地看到明暗相间的干涉条纹。

(3) 适当移动牛顿环仪，使牛顿环中心基本与叉丝中心相重合。

3. 测量牛顿暗纹直径

转动测微鼓轮，先使镜筒向左移动，一边转动测微鼓轮，同时在视场里面观察读数条纹级次的改变，一直数到第 35 环，再反向转到第 30、29、28、27、26、10、9、8、7、6 环，并使分划板纵线依次与以上各环外侧相切，顺次记录读数显微镜的位置读数；沿着同一方向继续转动测微鼓轮，使显微镜跨过圆心并使分划板纵线依次与圆心右侧的第 6、7、8、9、10、26、27、28、29、30 环的内侧相切，顺次记录读数显微镜的位置读数。

4. 利用劈尖测微小厚度

(1) 将劈尖置于显微镜载物台上，调节显微镜至能看清劈尖干涉条纹。

(2) 将十字叉丝的竖线向某一方向推移到某条干涉条纹处，记下此时显微镜读数 x，然后转动鼓轮，使显微镜继续向该方向移动，直至十字叉丝的竖线移过 30 条干涉条纹，记下此时读数 x'，则 $N_0=30$，$L_0=x-x'$。重复测量 5 次，取平均值 $\overline{L_0}$，则单位长度中所含的条纹数 $n=\dfrac{N_0}{\overline{L_0}}$。

(3) 测出劈尖到薄片的距离 L，重复测量 3 次，取平均值 $\overline{L}$。

(4) 将 n 和 $\overline{L}$ 代入式(2-8-10)，计算待测厚度 $\overline{e}$。

【数据记录与处理】

1. 数据记录(钠光波长 $\lambda=589.3$ nm)

参照表 2-8-1 和表 2-8-2 完成实验数据的记录。

表 2-8-1　凸透镜的曲率半径测量数据　　单位：mm

环数	$X_{环左}$	$X_{环右}$	D_m	D_m^2	环数	$X_{环左}$	$X_{环右}$	D_n	D_n^2	$D_m^2-D_n^2$
30					10					
29					9					
28					8					
27					7					
26					6					
$\overline{D_m^2-D_n^2}=$ ________ mm²					$R=\dfrac{D_m^2-D_n^2}{4(m-n)\lambda}=$ ________ m					

表 2-8-2　微小厚度测量数据　　单位：mm

<table>
<tr><td>N_0</td><td>L_0</td><td>L_0</td><td>L_0</td><td>L_0</td><td>L_0</td><td>$\overline{L}_0$</td></tr>
<tr><td>30</td><td></td><td></td><td></td><td></td><td></td><td></td></tr>
<tr><td colspan="2">L</td><td colspan="2">L</td><td colspan="2">L</td><td>$\overline{L}$</td></tr>
<tr><td colspan="2"></td><td colspan="2"></td><td colspan="2"></td><td></td></tr>
</table>

2. 数据处理

(1) 用逐差法处理数据：将以上数据分成五组，即$D_{26}^2-D_6^2$、$D_{27}^2-D_7^2$、$D_{28}^2-D_8^2$、$D_{29}^2-D_9^2$、$D_{30}^2-D_{10}^2$，取它们的平均值；将$m-n=20$、$\overline{D_m^2-D_n^2}$以及$\lambda=589.3$ nm 代入式(2-8-8)中，计算曲率半径$\overline{R}$，写出结果表达式。

(2) 将$n=\dfrac{N_0}{L_0}$和$\overline{L}$代入式(2-8-10)，计算待测厚度$\overline{e}=$________ mm。

【注意事项】

(1) 牛顿环仪上的螺钉不能过分拧紧，否则不仅零级暗纹成为很大的圆面，而且可能压碎平凸透镜和平面玻璃。

(2) 适当调节读数显微镜主立杆的高度，避免向下旋转调焦手轮时，显微镜物镜或者反射镜压碎牛顿环仪。

(3) 测量中，测微鼓轮应沿一个方向旋转，不得一进一退，以免引入螺距空程差。

【思考题】

(1) 从牛顿环仪出来的透射光形成的干涉圆条纹与反射光形成的干涉圆条纹有何不同？

(2) 在测量过程中，叉丝中心与牛顿环纹中心是否一定要重合？若不重合对测量结果有无影响？为什么？

实验 2.9　单缝衍射的光强分布

【实验目的】

(1) 观察单缝衍射现象，加深对夫琅和费衍射理论的理解。

(2) 测绘单缝衍射的相对光强分布，测量单缝宽度。

【实验仪器】

激光器、接收屏、衍射屏、光学导轨、数字检流计。

【实验原理】

1. 夫琅和费衍射

光在传播过程中遇到障碍物时将绕过障碍物，改变光的直线传播，传到障碍物后方的阴影区，称为光的衍射。当障碍物的大小与光的波长相近时，如狭缝、小孔、小圆屏等，就能观察到明显的光的衍射现象。衍射通常分为两类：一类是满足衍射屏（障碍物）离光源或接收屏的距离为有限远的衍射，称为菲涅尔衍射；另一类是满足衍射屏与光源和接收屏的距离都是无限远的衍射，即照射到衍射屏上的入射光和离开衍射屏的衍射光都是平行光的衍射，称为夫琅和费衍射。菲涅尔衍射解决具体问题时，计算较为复杂。而夫琅和费衍射的特点是，只用简单的计算就可以得出准确的结果。夫琅和费衍射可以用两个汇聚透镜来实现，如图 2-9-1 所示。本实验中采用方向性很好的氦氖激光作为光源，可满足夫琅和费衍射的远场条件，从而省去衍射屏前后的透镜。

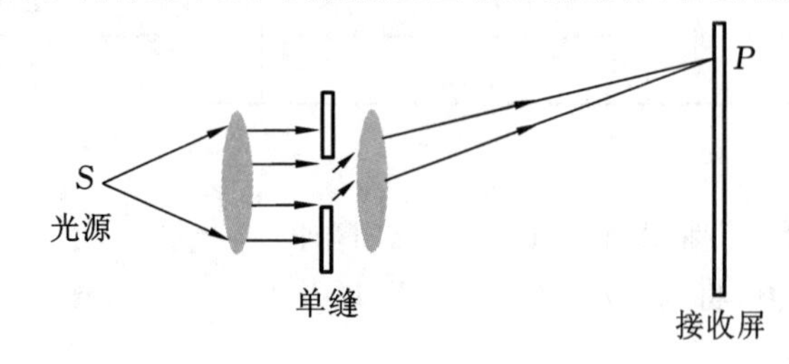

图 2-9-1 单缝衍射光路图

2. 惠更斯-菲涅耳原理

惠更斯-菲涅耳原理：波在传播的过程中，从同一波阵面上各点所发出的子波是相干波，在传播过程中相遇时，可相互叠加产生干涉现象，空间各点波的强度由各子波在该点的相干叠加所决定。实验中用散射角极小的激光器产生激光束，通过一条很细的狭缝（0.1～0.3 mm），在狭缝后大于 0.5 m 的地方放上观察屏，就可看到衍射条纹，它实际上就是夫琅和费衍射条纹。当激光照射在单缝上时，根据惠更斯-菲涅耳原理，单缝上每一点都可看成是向各个方向发射球面子波的新波源。由于子波叠加的结果，在屏上可以得到一组平行于单缝的明暗相间的条纹。

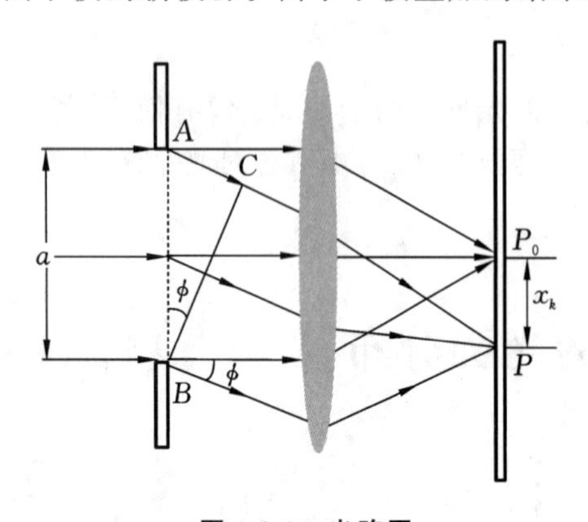

图 2-9-2 光路图

如图 2-9-2 所示，设单缝宽度 $AB=a$，单缝到接收屏之间的距离是 L，衍射角为 ϕ 的光线汇聚到屏上 P 点，并设 P 点到中央明纹中心 P_0 的距离为 x_k。由图 2-9-2可知，从 A、B 出射的光线到 P 点的光程差为

$$AC=a\sin\phi \tag{2-9-1}$$

式中：ϕ 为光轴与衍射光线之间的夹角，称为衍射角。

如果子波在 P 点引起的光振动完全相互抵消，光程差是半波长的偶数倍（半波带分析法），在 P 点处将出现暗纹。所以，暗纹形成的条件是

$$a\sin\phi=2k\frac{\lambda}{2}\ (k=\pm1,\pm2,\cdots) \tag{2-9-2}$$

在两个第一级（$k=\pm1$）暗纹之间的区域（$-\lambda<a\sin\phi<\lambda$）为中央明纹。由式（2-9-2）可以看出，当入射光的波长一定时，缝宽 a 越小，衍射角 ϕ 越大，在屏上相邻条纹的间隔也越大，衍射效果越显著；反之，a 越大，各级条纹衍射角 ϕ 越小，条纹向中央明纹靠拢。a 无限大，衍射现象消失。

3. 单缝衍射的光强分布

根据惠更斯-菲涅耳原理可以推出，当入射光波长为 λ，单缝夫琅和费衍射的光强分布为

$$I=I_0\frac{\sin^2u}{u^2} \tag{2-9-3}$$

$$u=\frac{\pi a\sin\phi}{\lambda} \tag{2-9-4}$$

式中：I_0 为中央明纹中心处的光强度，u 为单缝边缘光线与中心光线的相位差。根据上面的光

强公式，可得单缝衍射的特征如下。

（1）中央明纹。在 $\phi=0$ 处，$I=I_0$，对应最大光强，称为中央主极大，中央明纹角宽度应由 $k=\pm1$ 的两个暗条纹的衍射角所确定，即中央亮条纹的角宽度为 $\Delta\phi=\frac{2\lambda}{a}$。

（2）任何两相邻暗条纹间的衍射角的差值 $\Delta\phi=\pm\frac{\lambda}{a}$，即暗条纹是以 P_0 点为中心等间隔左右对称分布的。

（3）次级明纹。在两相邻暗纹间存在次级明纹，它们的宽度是中央亮条纹宽度的一半。这些亮条纹的光强最大值称为次极大。求 I 为极值的各点，即可得出明纹条件。令

$$\frac{\mathrm{d}}{\mathrm{d}u}\left(\frac{\sin^2 u}{u^2}\right)=0$$

推得

$$u=\tan u$$

图解法求得

$$u=0,\quad \pm1.43\pi,\quad \pm2.46\pi,\quad \pm3.47\pi,\cdots$$

即

$$\sin\phi=0,\quad \pm1.43\frac{\lambda}{a},\quad \pm2.46\frac{\lambda}{a},\quad \pm3.47\frac{\lambda}{a},\cdots$$

可见，用半波带分析法求出的明纹条件只是近似准确的。把上述的值代入式(2-9-4)中，可求得各级次明纹中心的强度为

$$I=0.047I_0,\quad 0.016I_0,\quad 0.008I_0,\cdots$$

从上面特征可以看出，各级明纹的光强随着级次 k 的增大而迅速减小，而暗纹的光强亦分布其间，单缝衍射图样的相对光强分布如图 2-9-3 所示。

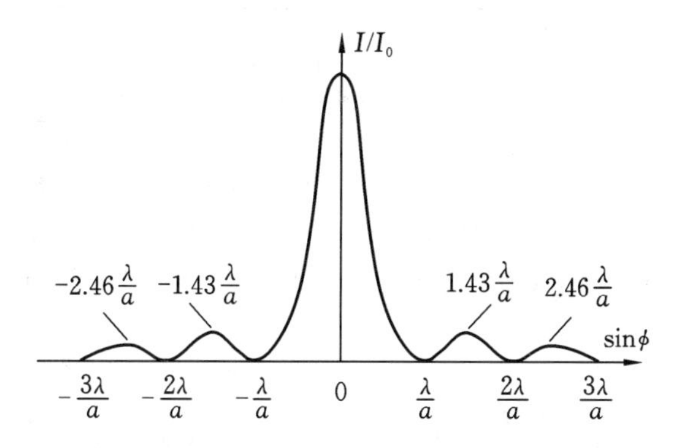

图 2-9-3　单缝衍射相对光强分布

【实验内容】

（1）布置好光路，顺序为激光器、狭缝、接收器、数字检流计。接收屏与单缝之间的距离大于 1 m。开启检流计，预热。

（2）调整仪器同轴等高。调节激光束与导轨平行，使激光垂直照射在单缝平面上。观察单缝衍射现象，改变单缝宽度，观察衍射条纹的变化，观察各级明条纹的光强变化。

（3）测量衍射条纹的相对光强。

① 调节狭缝宽度，使形成的衍射条纹宽度约为 5 mm，且条纹最亮，而数字检流计的读数最大，记录此时的最大光强I_0。

② 调节接收器底座的平移螺杆，观察检流计的读数。测量时，从一侧衍射条纹的第三个暗纹中心开始，记下此时鼓轮读数，同方向转动鼓轮，中途不要改变转动方向。每移动 0.2 mm，读取一次检流计读数，一直测到另一侧的第三个暗纹中心。记录光电流大小 I 和坐标位置 x_k。要特别注意衍射光强的每一极的极大值（最亮点）和极小值（最暗点）所对应的坐标的测量。

（4）单缝宽度 a 的测量。

由于 $L>1$ m，因此衍射角很小，有 $\phi\approx\sin\phi\approx\tan\phi\approx\frac{x_k}{L}$，则暗纹生成条件式(2-9-2)可简化为 $a\phi=k\lambda$，则

$$a=\frac{k\lambda}{\phi}=\frac{Lk\lambda}{x_k} \tag{2-9-5}$$

根据式(2-9-5)，测量所需数据，可计算单缝宽度。

【数据记录与处理】

参照表 2-9-1 完成实验数据的记录。

表 2-9-1　单缝衍射测量数据

$\lambda=$________nm，$I_0=$________A，$L=$________m

x_k/mm							
I/A							
I/I_0							
x_k/mm							
I/A							
I/I_0							

（1）取最大光强处为 x 轴坐标原点，以坐标为横轴，相对光强为纵轴，在坐标纸上作 I/I_0-x_k 曲线。由图中找出各次极大的相对光强，分别与理论值进行比较。

（2）从所描出的分布曲线上，确定 $k=\pm1,\pm2,\pm3$ 时的暗纹位置 x_k，将 x_k 值与 L 值代入式(2-9-5)中，计算单缝宽度 a。

【注意事项】

（1）对于 1～2 mW 的氦氖激光器，激光电源的输出电流一般不能大于 6 mA，应使输出电流稳定。观察时，眼睛不能正对激光束，以免灼伤。

（2）可调单缝的两个刀口十分精密，单缝宽度减小到即将合拢时，千万不要再减小，否则会损坏刀口。

【思考题】

（1）光的干涉和衍射有什么异同？

（2）当缝宽增加一倍时，衍射花样的光强和条纹宽度将怎样改变？如缝宽减半，又怎样改变？

（3）如果单缝到接收屏的距离改变，衍射图样和相对光强分布线有何变化？

实验 2.10　迈克尔逊干涉仪的应用

【实验目的】

（1）了解迈克尔逊干涉仪的基本结构，掌握迈克尔逊干涉仪的调节和使用方法。

（2）观察干涉条纹，加深对等倾干涉原理的理解。

（3）测定单色光（激光）的波长。

【实验仪器】

迈克尔逊干涉仪、He-Ne 激光器光源。

【实验原理】

迈克尔逊干涉仪是用分振幅方法产生双光束以实现光的干涉的仪器。迈克尔逊与莫雷使用该仪器完成了相对论研究中具有重要意义的“以太”漂移实验，实验结果否定了“以太”的存在，为爱因斯坦建立狭义相对论奠定了基础。在近代物理学和近代计量科学中，迈克尔逊干涉仪不仅可以观察光的等厚、等倾干涉现象，精密地测定光波波长、微小长度、光源的相干长度等，还可以测量气体、液体的折射率等。

实验室最常用的迈克尔逊干涉仪的基本结构如图 2-10-1 所示。

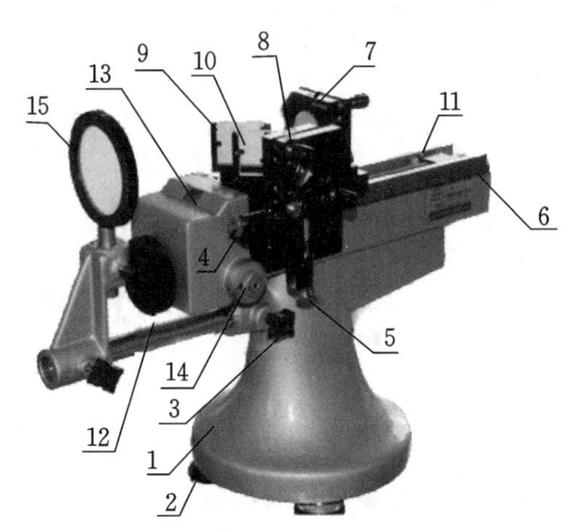

图 2-10-1　迈克尔逊干涉仪的基本结构

1—底座；2—水平调节螺钉脚；3—支架杆调节旋钮；4—水平拉簧螺钉；5—垂直拉簧螺钉；6—导轨架；7—动镜 M_1；8—定镜 M_2；9—分光板 G_1；10—补偿板 G_2；11—主尺（导轨背面）；12—粗调鼓轮；13—读数窗口；14—微调鼓轮；15—观察屏

迈克尔逊干涉仪中，M_1、M_2 是一对精密磨光的平面反射镜，分别装在相互垂直的两个臂上，反射镜 M_2 位置固定（称为定镜），M_1 位置固定在滑块上，可通过转动粗调鼓轮、微调鼓轮沿臂长方向移动（称为动镜）。在该方向上附有主尺，其位置可通过主尺、粗调鼓轮上方读数窗口及微调鼓轮示数读出，其读数原理与千分尺读数原理相同。粗调鼓轮转动一周，动镜 M_2 沿臂长方向上移动 1 mm，鼓轮上刻有 100 个刻度，因此粗调鼓轮每转动一个小刻度相当于动镜沿臂长方向移动 0.01 mm，微调鼓轮转动一周，相当于粗调鼓轮转动一个小刻度，鼓轮上也刻有 100 个刻度，因此微调鼓轮转动一个小刻度，相当于动镜移动了 0.00 01 mm，加上一位估读位，可读到 0.000 01 mm 位。反射镜 M_1、M_2 的方位可通过其后面的三个螺钉来调节，在反射镜 M_2 的下方还有两个互相垂直的拉簧螺丝用于微调 M_2 的方位。

分光板 G_1 与补偿板 G_2 是一对平行玻璃板，与 M_1、M_2 均成 45°放置。G_1 的一个表面镀有半反射半透射薄膜，使射到其上的光线分为光强度近似相等的反射光和透射光，故称 G_1 为分光板。G_2 是材料和厚度都和 G_1 相同的玻璃板，称为补偿板。

1. 原理及等效光路图

实验进行时，光源 S(He-Ne 激光器)正对 M_2 放置，光路图如图 2-10-2 所示。光源 S 发出的光射入 G_1 板，在半反射面上分成两束光：光束 1 经 G_1 板内部折向 M_1 镜，经 M_1 反射后返回，再次穿过 G_1 板，到达光屏 E；光束 2 透过半反射面，穿过补偿板 G_2 射向 M_2 镜，经 M_2 反射后，再次穿过 G_2，由 G_1 下表面反射到达光屏 E。两束光相遇发生干涉。其中，补偿板 G_2 的材料和厚度都和 G_1 板的相同。考虑到光束 1 两次穿过玻璃板，G_2 的作用是使光束 2 也两次经过玻璃板(补偿光程作用)。

为清楚起见，光路可简化为图 2-10-3 所示，观察者自 E 处向 G_1 板看去，透过 G_1 板，除直接看到 M_1 镜之外，还可以看到 M_2 镜在 G_1 板的反射像 M_2'，M_1 镜与 M_2' 构成空气薄膜。事实上 M_1、M_2 镜所引起的干涉，与 M_1、M_2' 之间的空气层所引起的干涉等效。两个相干的单色点光源所发出的球面波在相遇的空间处处皆可产生干涉现象，这种干涉称为非定域干涉。点光源产生的非定域干涉图样，可以用迈克尔逊干涉仪来观测。

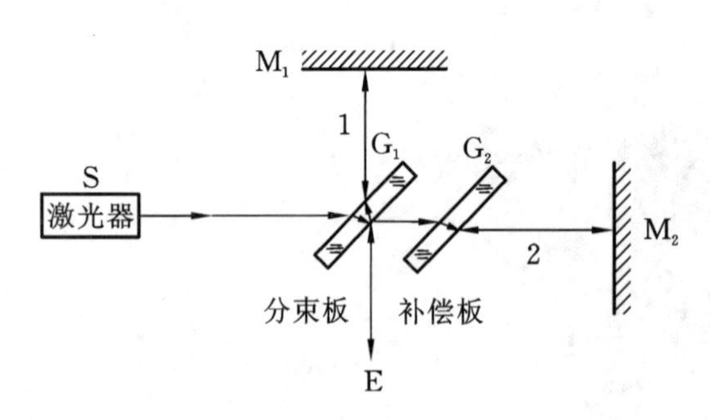

图 2-10-2　迈克尔逊干涉仪原理图

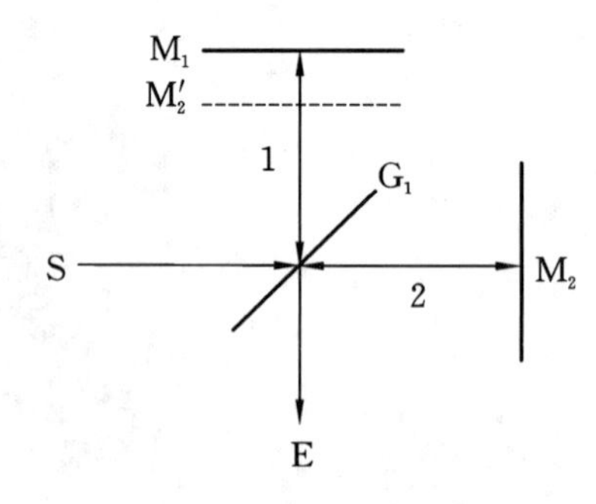

图 2-10-3　迈克尔逊干涉仪的光路简图

2. 点光源产生的非定域干涉条纹及激光波长的测量

激光经短透镜会聚后成为一点光源 S，水平入射到分光板上，经 M_1、M_2 反射后产生的干涉现象等效于两个虚光源 S_1、S_2' 发出的光产生的干涉，如图 2-10-4 所示。S_1、S_2' 分别是点光源经 G 被 M_1、M_2 反射所成的像，虚光源 S_1、S_2' 发出的光由于是同一束光分出的两束光，具有相干性，在其相遇的空间处处相干，因此是非定域干涉。用观察屏观察干涉条纹时，在不同的位置可以观察到不同的干涉条纹(如圆、椭圆、双曲线、直线)，在迈克尔逊干涉仪的实际情况下，放置屏的空间是有限的，一般能观察到圆和椭圆形状。当把观察屏放在垂直于 S_1、S_2' 的连线上时，观察到的条纹是一组同心圆。

由 S_1、S_2' 到达观察屏上任一点 P 时，两束光的光程差为

$$\Delta L=\overline{S_2'P}-\overline{S_1P} \tag{2-10-1}$$

当 $r \ll Z$ 时，有

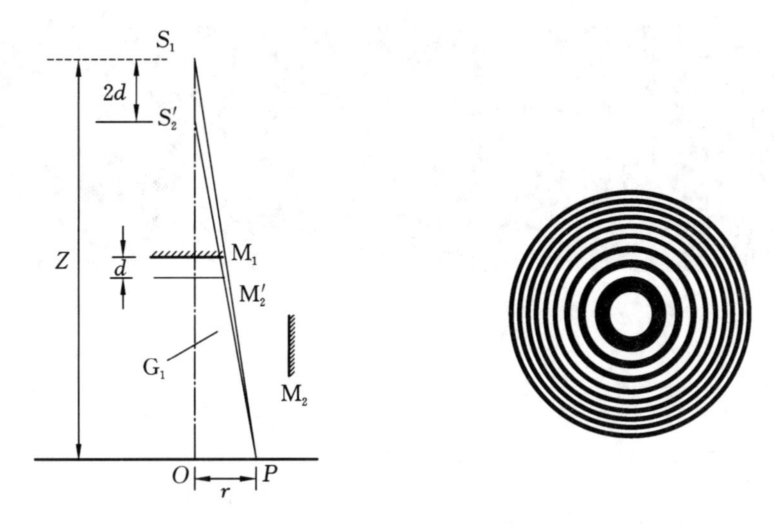

图 2-10-4　点光源的非定域干涉原理(左)及干涉条纹图样(右)

$$\Delta L=2d\cos\theta\approx 2d\left(1-\frac{r^2}{2Z^2}\right) \tag{2-10-2}$$

出现亮条纹的位置满足条件

$$2d\left(1-\frac{r_k^2}{2Z^2}\right)=k\lambda \tag{2-10-3}$$

由式(2-10-3)可知：

(1) r_k越小，k 越大，即靠近中心的干涉条纹干涉级次高，靠近边缘的干涉条纹干涉级次低。

(2) 改变动镜 M_1 的位置，两束光的光程差发生变化，因此干涉条纹也发生变化。当 M_1、M_2'之间的距离 d 增大时，对于同一级干涉，r_k 也增大，条纹向外扩展，圆心处有条纹“吐出”，当其间的距离减小时，条纹向中心“吞进”，中心条纹消失。“吐出”或“吞进”一条干涉条纹动镜位置的变化为 $\lambda/2$，设“吐出”或“吞进”N 个干涉圆环时动镜位置的变化量为 Δd，则有

$$\Delta d=N\cdot\frac{\lambda}{2} \tag{2-10-4}$$

由式(2-10-4)可知，改变动镜的位置，测出“吐出”或“吞进”N 个干涉圆环对应动镜位置的变化量 Δd，就可以算出激光的波长。

(3) 相邻两条干涉条纹之间的距离为

$$\Delta r=r_{k-1}-r_k\approx\frac{\lambda Z^2}{2r_kd} \tag{2-10-5}$$

如图 2-10-5 所示，越靠近中心(r_k越小)，Δr 越大，即干涉条纹中间稀边缘密；d 越小，Δr 越大，即减小 M_1、M_2'之间的距离，条纹变疏，增大 M_1、M_2'之间的距离，条纹变密；Z 越大，Δr 越大，即点光源、观察屏距分光镜越远，条纹越疏。

3. 扩展光源产生的等倾干涉条纹

用扩展光源照射，当 M_1、M_2'平行时，被 M_1、M_2'反射的两束光互相平行，若用透镜接收这两束光，则这两束光在透镜的焦平面上相遇发生干涉，如图 2-10-6 所示。

两束光光程差为

$$\Delta L=2d\cos\theta \tag{2-10-6}$$

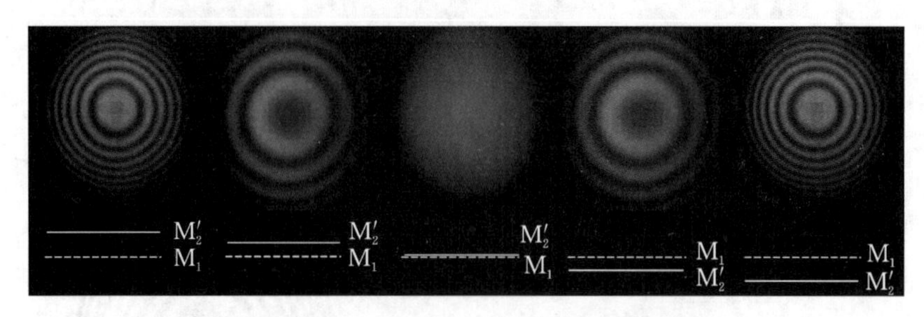

图 2-10-5　动镜位置对干涉图样的影响

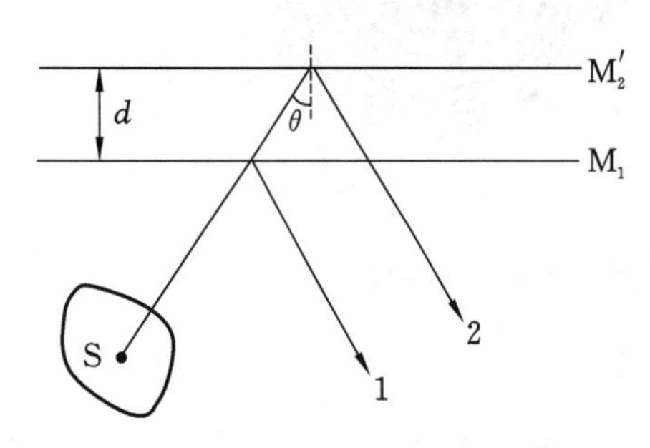

图 2-10-6　等倾干涉光程计算

出现亮条纹的位置为

$$2d\cos\theta=k\lambda \tag{2-10-7}$$

由式(2-10-7)可知：

(1) 在 d 一定时，倾角相同的入射光束对应同一级干涉条纹，因此称为等倾干涉，倾角相同的光在透镜的焦平面上对应同一干涉圆环，因此其干涉条纹为一组同心圆。用聚焦于无穷远的眼睛直接观察或放置一会聚透镜，在其后焦平面上用观察屏可观察到等倾干涉条纹。

(2) 中心干涉圆环干涉级次高，当 d 增加时，条纹从中心涌出向外扩展，d 减小时，条纹向中心涌入，每涌出或涌入一条干涉条纹 d 增加或减小了 $\lambda/2$。

(3) 相邻两条干涉圆环之间的距离为

$$\Delta\theta_k\approx\frac{\lambda}{2d\theta_k} \tag{2-10-8}$$

越靠近中心的干涉圆环，$\Delta\theta_k$ 越大，条纹越疏，即干涉条纹中间疏边缘密；d 越小，$\Delta\theta_k$ 越大，即条纹随着 d 的变化而变化；当 d 增大时，条纹变疏，当 d 减小时，条纹变疏。

4. 扩展光源产生的等厚干涉条纹

用扩展光源照射，当 M_1、M_2' 之间有一小的夹角时，被 M_1、M_2' 反射的两束光在镜面附近相遇发生干涉，如图 2-10-7 所示。

在入射角不大的情况下，其光程差为

$$\Delta L=2d-d\theta^2 \tag{2-10-9}$$

出现亮条纹位置为

$$2d-d\theta^2=k\lambda \tag{2-10-10}$$

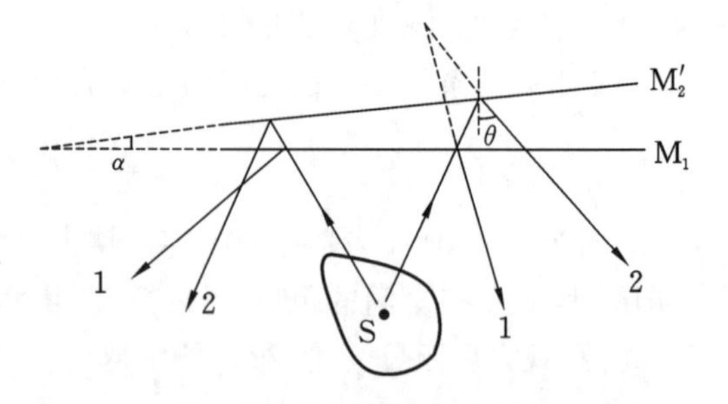

图 2-10-7　扩展光源产生的等厚干涉原理

在两镜面交线附近，$d\theta^2$ 可以忽略，光程差主要决定空气膜的厚度，厚度相同的地方对应同一级干涉条纹，因此称为等厚干涉，其干涉条纹为平行于两镜面交线的等间隔的直条纹。远离两镜面交线处，$d\theta^2$ 不能忽略，其干涉条纹发生弯曲，并凸向两镜面交线的方向。用眼睛向镜面附近观察就可以观察到等厚干涉条纹。

【实验内容】

1. 观察非定域干涉现象

（1）打开激光源，调节激光器高低左右，让光束通过分光板 G_1 和补偿板 G_2（最好射到中间位置），垂直入射到平面镜 M_2 上。

（2）顺时针（或逆时针）转动粗调鼓轮，使主尺（标尺）刻度指标于 44 mm 左右（这时，光束 1 和光束 2 接近等光程，这样便于观察干涉条纹）。

（3）将平面镜 M_1（一般不允许调整）和 M_2 背后的倾度粗调螺钉置于中间位置，以便处于可调状态。

（4）先拿掉观察屏，用眼直视 M_1 屏，会看到由 M_1、M_2 反射而成的两排光点，每排四个光点，中间有两个较亮，旁边两个较暗。调节 M_2 背面的三个螺钉，使两排中的两个最亮的光点大致重合，此时 M_1 和 M_2 大致垂直。再放上观察屏，这时屏上就会出现干涉条纹。

（5）如看到条纹不够圆或中心偏移，再调节 M_2 镜座下两个拉簧螺钉，直至看到位置适中、清晰的圆环状非定域干涉条纹。

（6）轻轻转动微调手轮，使 M_1 前后平移，可看到条纹的"吐出"或"吞进"。

2. 测量 He-Ne 激光器的波长

（1）调整读数刻度基准线零点。将微调手轮沿某一方向旋至零，然后以同一方向转动粗调鼓轮使之对齐某一刻度，以后测量时使用微动手轮须以同一方向转动。值得注意的是，微调手轮有反向空程差，实验中如需反向转动，要重新调整零点（实验时也可不要求零点的调整，但要注意空程差的问题）。

（2）慢慢转动微调手轮，可观察到条纹一个一个地"吐出"或"吞进"，待操作熟练后开始测量。记下粗调鼓轮和微调鼓轮上的初始读数d_0，每当"吐出"或"吞进"N=50 个圆环时记下d_i，连续测量 10 次，记下 10 个d_i值，采用逐差法计算出相应的 $\Delta d=\dfrac{|d_{i+5}-d_i|}{5}$，再计算出所测的波长$\lambda_{实}$，并与给定理论值（$\lambda_{理}=6328$ Å）进行比较，计算出相对误差为

$$E_r=\frac{|\lambda_{实}-\lambda_{理}|}{\lambda_{理}}\times 100\%$$

【数据记录与处理】

1. 数据记录

参照表 2-10-1 完成实验数据的记录。

表 2-10-1　平面镜位置记录读数　　单位：mm

平面镜的位置	d_1	d_2	d_3	d_4	d_5
	d_6	d_7	d_8	d_9	d_{10}
$\Delta d=(d_{i+5}-d_i)/5$					
$\Delta\overline{d}$					
$\lambda_{实}$					

2. 数据处理

用逐差法处理数据，即

$$\Delta \overline{d}=\frac{(d_6-d_1)+(d_7-d_2)+(d_8-d_3)+(d_9-d_4)+(d_{10}-d_5)}{25}$$

计算波长及相对误差，即

$$\lambda_{实}=\frac{2\Delta \overline{d}}{\Delta k} \quad (\Delta k=50)$$

$$E_r=\frac{|\lambda_{实}-\lambda_{理}|}{\lambda_{理}}\times 100\%$$

【注意事项】

(1) 不能用眼睛直视激光，禁止用手触摸光学表面。

(2) 在拧动反射镜背面螺钉时，不能用力过大，做完实验后应拧松螺钉。

(3) 测量前必须严格消除空程误差，通常应使鼓轮逆时针前进至条纹出现“吞吐”后，再继续右旋微调鼓轮 20 圈以上。

【思考题】

(1) 本实验如何避免空程差？为什么实验前要校正迈克尔逊干涉仪读数系统？

(2) 条纹的“吞进”，说明形成干涉的空气“薄膜”是变薄还是变厚(或 M_2' 与 M_1 距离变大还是变小)？

【知识拓展】

迈克尔逊干涉仪读数介绍。

在仪器中，G_1、G_2 板已固定(G_1 板后表面、靠 G_2 板一方镀有一层银)，M_1 镜的位置可以在 G_1、M_1 方向调节。其 M_2 镜的倾角可由后面的三个螺钉调节，更精细地可由横、纵向拉簧螺钉调节，粗调鼓轮每转一圈，M_1 镜平移 1 mm。粗调鼓轮每一圈刻有 100 个小格，故每走一格，平移为 1/100 mm。而微调鼓轮每转一圈则粗调鼓轮仅走 1 格，微调鼓轮一圈又分刻有 100 个小格。所以微调鼓轮每走一格，M_1 镜移动 1/10 000 mm。因此测 M_1 镜移动的距离时，若 m 是主尺读数(毫米)，l 是粗调鼓轮的读数，n 是微调手轮的读数(含估读位)，则有

$$d=m+l\cdot\frac{1}{100}+n\cdot\frac{1}{10\ 000}(\text{mm})$$

读数示例：如图 2-10-8 至图 2-10-10 所示分别为主尺、粗调鼓轮读数、微调鼓轮读数，则读数结果为

$$d=32+\frac{52}{100}+\frac{21.5}{10\ 000}=32.522\ 15(\text{mm})$$

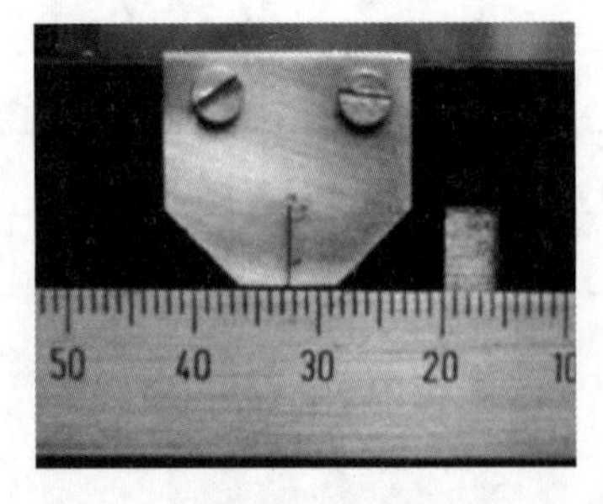

图 2-10-8 主尺

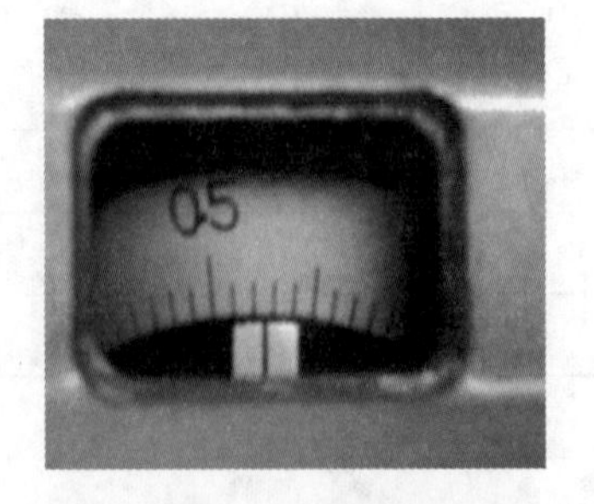

图 2-10-9 粗调鼓轮读数

图 2-10-10 微调鼓轮读数

实验 2.11　光的偏振

【实验目的】

(1) 观察光的偏振现象,了解偏振的基本规律。

(2) 利用偏振器起偏和检偏并验证马吕斯定律。

【实验仪器】

光强分布测试仪、WJF 型数字式检流计。

【实验原理】

1. 实验仪器简介

测量偏振光光强示意图如图 2-11-1 所示,含激光光源、激光器、扩束镜及平行光管、起偏与检偏装置、光电探头、WJF 型数字式检流计。WJF 型数字式检流计结构示意图如图 2-11-2 所示。

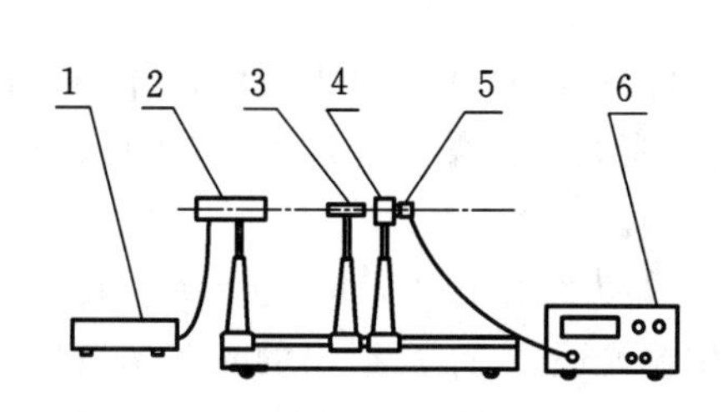

图 2-11-1　测量偏振光光强示意图

1—激光光源;2—激光器;3—扩束镜及平行光管;
4—起偏与检偏装置;5—光电探头;6—WJF 型数字式检流计

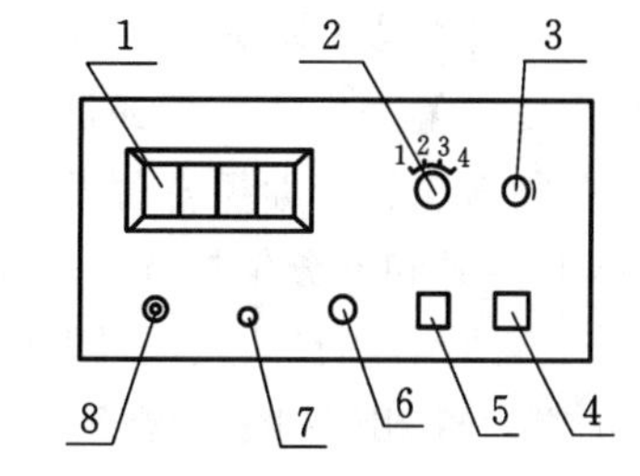

图 2-11-2　WJF 型数字式检流计

1—数字显示窗;2—量程选择;3—衰减旋钮;4—电源开关;
5—光电探头;6—调零旋钮;7—模拟输出孔;8—被测信号输入口

2. 对偏振光的初步认识

光是电磁波,它的电矢量$\vec{E}$和磁矢量$\vec{H}$相互垂直,且均垂直于光的传播方向,如图 2-11-3 所示。通常用电矢量$\vec{E}$代表光的振动方向,并将电矢量$\vec{E}$与光的传播方向所构成的平面称为光矢量振动面。在垂直于光波传播方向的平面内,电矢量$\vec{E}$可能有不同的振动方向,通常把电矢量$\vec{E}$保持一定振动方向上的状态称为偏振态。最常见的光的偏振态有:自然光、线偏振光、部分偏振光、椭圆偏振光和圆偏振光。

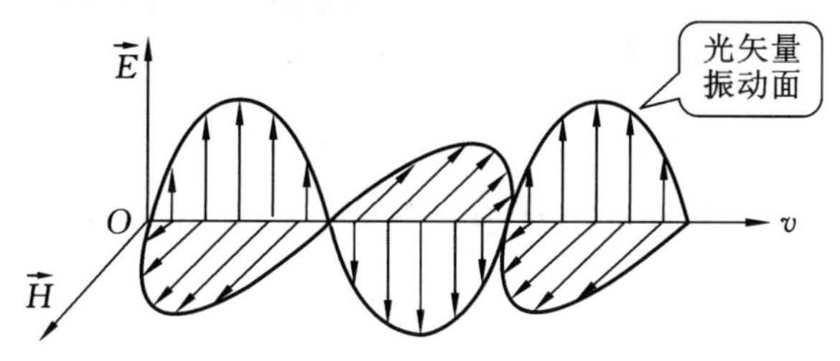

图 2-11-3　电矢量$\vec{E}$、磁矢量$\vec{H}$和光的传播方向示意图

由于普通光原中单个原子发光的独立性、随机性和间歇性，大量原子发出的光，没有一个方向的光振动占有优势，各个方向光矢量$\vec{E}$的振幅相等。在垂直光传播方向的平面内，若光矢量$\vec{E}$的大小在所有可能方向上都相等，各矢量之间没有固定的相位关系，这种光称为自然光，如图2-11-4(a)所示。采用起偏器可以使光振动的对称性发生变化，若使电矢量$\vec{E}$始终在某一固定的方向(或平面内)振动，这样的光称为线偏振光(或平面偏振光)，如图2-11-4(b)所示。若使光的振动面在某个特定方向上出现的概率大于其他方向，这样的光称为部分偏振光，如图2-11-4(c)所示。人的眼睛不能分辨自然光和偏振光，必须利用检偏器才能分辨出来。

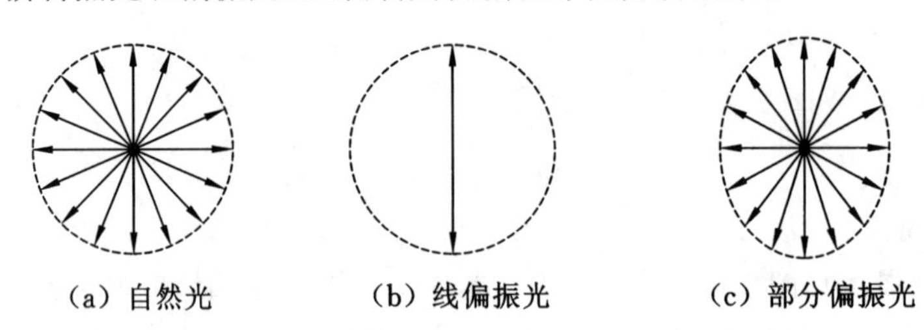

图 2-11-4　电矢量$\vec{E}$的振动方向示意图

3. 起偏、检偏和马吕斯定律

使自然光变成偏振光的装置或器件称为起偏器。目前广泛使用的是人造偏振片，利用晶体的二向色性获得偏振光。偏振器件既可以用来使自然光变为平面偏振光(起偏)，也可以用来鉴别线偏振光、自然光和部分偏振光——这一过程称为检偏。

如图2-11-5所示，当自然光透过偏振器T_1时，透射光即为线偏振光，其光强为I_0。在T_1后面同轴方向再放置一个相同的偏振器T_2，从T_1发出的线偏振光通过T_2后射出的光其光强为I。这样的布置，我们称T_1为起偏器，T_2为检偏器。当T_1和T_2上的指针(或刻度标志)指在同一刻度(如刻度为0°)时，而且T_1和T_2指针方向一致(如都向上)，从T_1发出经T_2出射的光最强，即$I=I_0$；若两指针刻度相差90°，从T_1发出经T_2射出的光消失，即$I=0$。入射到T_2的光光强I_0与从T_2射出的光光强I之间有如下关系$I=I_0\cos^2\theta$，这就是马吕斯定律，式中角θ为两偏振光偏振化方向的夹角。在实验中，当固定T_1，改变T_2角θ时，从T_2可观察到光强的变化。若靠近T_2能测出光强的变化，则可验证马吕斯定律的正确性。

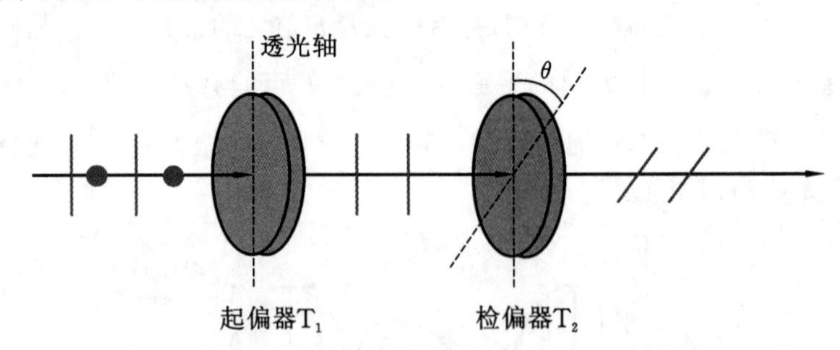

图 2-11-5　自然光的起偏、检偏和验证马吕斯定律示意图

【实验内容】

1. 实验装置连接与调试

(1) 按图2-11-1所示搭好实验装置。

(2) 打开激光电源，调好光路，使平行光管后的小孔屏上可见一较均匀的圆形光斑。

(3) 打开检流计，预热及调零。

(4) 旋去光电探头前的避光筒，把探头旋接在起偏器和检偏器上，然后连好测量线。

(5) 将起偏检偏器置于平行光管后，并紧贴平行光管，使光斑完全入射起偏检偏器。

(6) 转动刻度鼓轮(连起偏器)，在检流计上观察光强变化，然后开始实验。

2. 观察光的偏振现象

(1) 置起偏器读数鼓轮于“0”位置，开始测量。转动刻度盘(连起偏器)2°或 4°，从检流计(置于适当量程)上读取一个数值，逐点记录下来，测量一周。

(2) 用方格纸或坐标纸将记录下来的数值描述出来，即偏振光实验的光强变化图。

(3) 在转动刻度盘一周的过程中，可以找到两个位置，在检流计读数为 0 时，出射光光强为 0，此现象为消光现象，但因杂散光或偏振片不完全理想等因素，无法得到完全的消光效果，所以一般情况下，可在检流计上读出接近于 0 的最小读数。正常时，起偏器与检偏器的夹角为 90°或 270°。

3. 验证马吕斯定律

(1) 当两偏振片相对转动时，透射光光强就随着两偏振片的透光轴的夹角 θ 而改变。如果偏振片是理想的，当它们的透光轴相互垂直($\theta=90°$)时，透射光光强应为 0；当夹角 θ 为其他数值时，透射光光强满足马吕斯定律，即 $I=I_0\cos^2\theta$，I_0 是两光轴平行($\theta=0°$)时的透射光光强。

(2) 旋转起偏器，使刻度指示顺序指向 0°，10°，20°，…，90°，分别记录检流计光电流数值；再反向旋转起偏器，使刻度指示顺序指向 90°，80°，70°，…，0°，分别记录检流计光电流数值。重复测量 2 次，并进行整理。

(3) 以 I 为纵坐标、$\cos^2\theta$ 为横坐标，根据整理的数据画出 $I\sim\cos^2\theta$ 曲线。

【数据记录与处理】

参照表 2-11-1 完成实验数据的记录。

表 2-11-1　验证马吕斯定律测量数据　　$I_0=$

角度 θ	0°	10°	20°	30°	40°	50°	60°	70°	80°	90°
$\cos^2\theta$	1									0
I										

【注意事项】

(1) 本实验室的 He-Ne 激光器功率虽然只有 2 mW，但由于光束发散角小，能量集中，所以光强很强。注意：不可使激光直接射入眼睛，小心灼伤视网膜。

(2) 光电探头使用完毕后应盖上镜头盖，避免光电池长时间暴露于强光下加速老化。

【思考题】

(1) 如何应用光的偏振现象说明光的横波特性？怎样区别自然光和偏振光？

(2) 两片正交偏振片中间再插入一偏振片会有什么现象？怎样解释？

(3) 本实验中的偏振片，其透光轴方向均未标定，能确定它们的透光轴方向吗？

(4) 若在本实验中得到的 $I\sim\cos^2\theta$ 图线不是一条直线，试分析其原因。

实验 2.12　夫兰克-赫兹实验

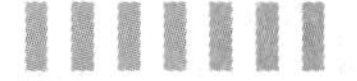

【实验目的】

通过测定氩原子的第一激发电位证明原子能级的存在。

【实验仪器】

FH-1A 型充泵夫兰克-赫兹管、FH-1A 型控温加热炉、FH-1A 型微电流放大器、慢扫描示波器与 X-Y 函数记录仪。

【实验原理】

玻尔理论指出，原子只能较长久地停留在一些稳定状态（即定态），各定态的能量是分立的。原子从一个定态跃迁到另一个定态时会发射或吸收辐射，其辐射频率由下式给出

$$h\nu = E_m - E_n \tag{2-12-1}$$

为了使原子从低能级向高能级跃迁，可用具有一定能量的电子与原子相碰撞来实现。设初速度为 0 的电子在电位差为 U 的加速电场作用下，获得能量 eU，当电子与原子碰撞时，此能量若恰好满足式 $eU=E_2-E_1$ 时，氩原子会从基态E_1 跃迁到第一激发态E_2，此时 U 为氩原子的第一激发电位（或中肯电位）。测定出 U，可求出氩原子的基态和第一激发态之间的能量差。

夫兰克-赫兹实验的原理图如图 2-12-1 所示。

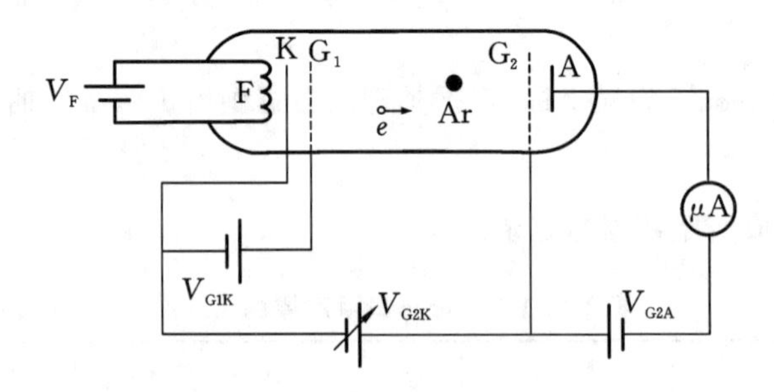

图 2-12-1　夫兰克-赫兹实验原理图

在充氩的夫兰克-赫兹管中，热阴极 K 用来发射电子，阴极 K 和第二栅极 G_2之间的加速电压V_{G2K}使电子加速，并与原子碰撞交换能量。在板极 A 和第二栅极 G_2之间加有反向拒斥电压 V_{G2A}。管内空间电位分布如图 2-12-2 所示。当电子通过 KG_2空间进入 G_2A 空间时，如果有较大的能量（$\geqslant eV_{G2A}$），就能冲过反向拒斥电场而到达板极形成板流，为微电流计检出。如果电子在 KG_2空间与氩原子碰撞，把自己一部分能量传给氩原子而使后者激发，电子本身所剩余的能量就很小，以致通过第二栅极后已不足以克服拒斥电场而被折回到第二栅极，这时，通过微电流计的电流将显著减小。

实验时使V_{G2K}电压逐渐增加，由电流计读出板极电流I_A，能得到如图 2-12-3 所示的规则起伏变化的曲线。

该曲线的明显特征是：$V_{G2K}=nU_0(n=1,2,3,\cdots)$处板极电流$I_A$都会相应下降。而各次板极电流$I_A$下降相对应的阴、栅极电压差 $V_{n+1}-V_n$即为氩原子的第一激发电位U_0。

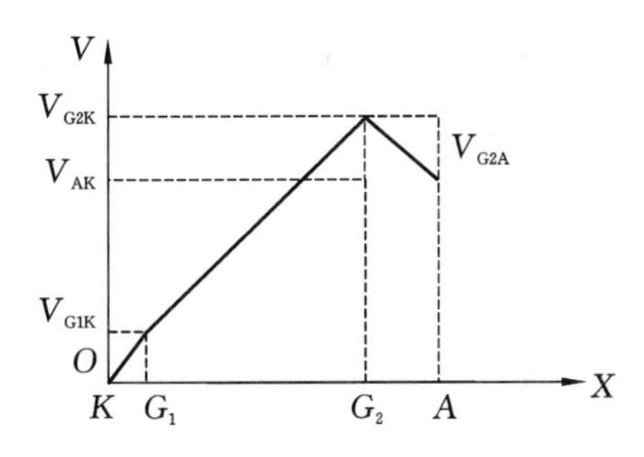

图 2-12-2　夫兰克-赫兹管内空间电位分布

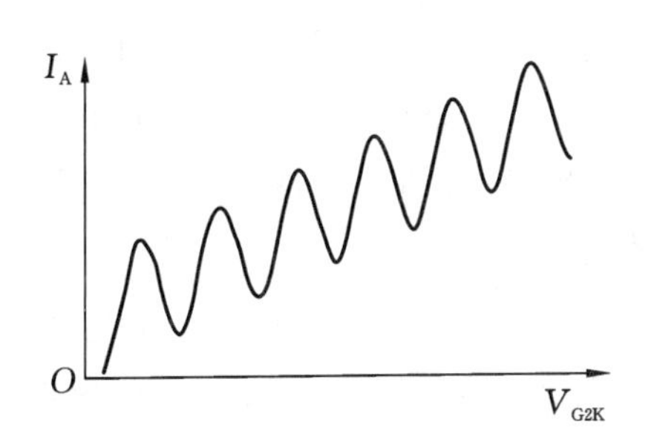

图 2-12-3　夫兰克-赫兹管内I_A-V_{G2K}曲线

【实验内容】

1. 测试前准备

按要求连接线路，反复检查无误后开机。进行初始状态检查，确定仪器工作正常。

2. 氩元素的第一激发电位测量(自动测试)

(1) 设置仪器为“自动”工作状态，按“手动/自动”键，“自动”指示灯亮。

(2) 设定电流量程(参考机箱上提供的数据)。按“电流量程”键，对应的量程指示灯点亮。

(3) 设定电压源的电压值(参考机箱上提供的数据)，用↑/↓、←/→键完成，需设定的电压源有：灯丝电压 V_F、第一加速电压 V_{G1K}、拒斥电压 V_{G2A}。

(4) 按下 V_{G2K} 电压源选择键，V_{G2K} 电压源选择指示灯亮；用↑/↓、←/→键完成 V_{G2K} 电压值的具体设定。V_{G2K} 设定终止值建议以不超过 80 V 为好。

按面板上的“启动”键，自动测试开始。当扫描电压 V_{G2K} 的电压值大于设定的测试终止电压值后，实验仪将自动结束本次自动测试过程。用↑/↓、←/→键改变电压源 V_{G2K} 的指示值，就可查阅到本次测试过程中对应的电流值I_A的大小，记录I_A的谷值和对应的 V_{G2K} 值(为便于作图，在I_A的谷值附近需多取几点)。

【数据记录与处理】

工作状态参数：灯丝电压 V_F = ________ V，第一加速电压 V_{G1K} = ________ V，拒斥电压 V_{G2A} = ________ V。

参照表 2-12-1 完成实验数据的记录。

表 2-12-1　I_A-V_{G2K} 关系数据

V_{G2K}/V	I_A
0.2	
0.4	
0.6	
⋮	

根据表 2-12-1 的数据作图，用逐差法计算氩原子的第一激发电位U_0，并计算误差。(U_0 理论值为 11.5 V)

【注意事项】

(1) 调节 V_{G2K} 时注意不要过大(不超过机箱上给定的终止值),以免将夫兰克-赫兹管烧毁。

(2) V_{G2K} 的值必须从小到大单向调节,不可在实验过程中反复调节;记录完成最后一组数据后,立即按"启动"键将 V_{G2K} 电压快速归零。

【思考题】

(1) 当减速电压 $V_{GK}=0$ 时,能否记录到 I_A 的有规则起伏?

(2) 为什么要在夫兰克-赫兹管的极板和第二栅极间加一定大小的反向电压?

实验 2.13 密立根油滴实验

【实验目的】

(1) 了解测定电子电荷的设计思想和方法。

(2) 验证电荷的不连续性,测定基本电荷的数值。

【实验仪器】

密立根油滴仪、计时器、实验油滴、喷雾器。

【实验原理】

电子电荷的数值是一个基本的物理常量,对它的准确测定具有重要的意义。从 1906 年开始,美国物理学家密立根便致力于细小油滴上微量电荷的测量,历时 11 年,测量了上千个细小油滴,终于在 1917 年以确凿的实验数据,首次令人信服地证明了电荷的分立性,即带电体的电量只能是基本电荷 e 的整数倍。

1. 静态(平衡)测量法

用喷雾器将油滴喷入两块相距为 d 的平行极板之间。油在喷射撕裂成油滴时,一般都是带电的。设油滴的质量为 m,所带的电量为 q,两极板间的电压为 U,如图 2-13-1 所示。

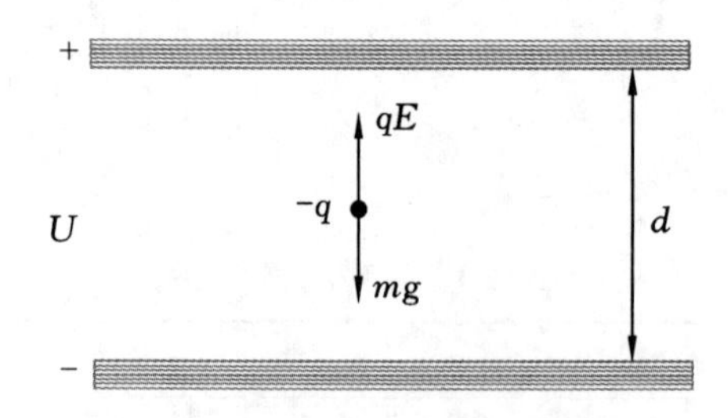

图 2-13-1 电压为 U 时油滴受力示意图

如果调节两极板间的电压 U,可使两力达到平衡,这时

$$mg=qE=q\frac{U}{d} \tag{2-13-1}$$

为了测出油滴所带的电量 q,除了需要测定平衡电压 U 和极板间距离 d 外,还需要测量油滴的质量 m。因 m 很小,需要用如下特殊方法测定:平行极板间的电压 $U=0$ 时,油滴受重力作

用而加速下降，由于空气阻力f_r(其值与速度成正比)的作用，油滴下降一段距离达到某一速度v_g后，阻力f_r增大到与重力 mg 平衡，如图 2-13-2 所示(空气浮力忽略不计)，此后油滴将匀速下降，于是有

$$f_r=6\pi a\eta v_g=mg \tag{2-13-2}$$

式中：η 是空气的黏滞系数，a 是油滴的半径。

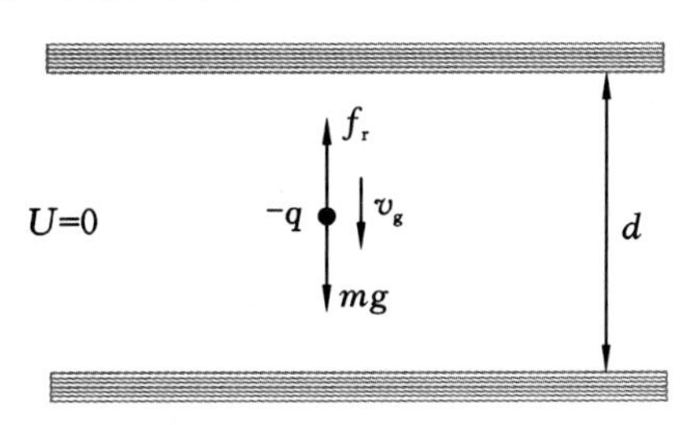

图 2-13-2　匀速下降时油滴受力示意图

设油滴的密度为 ρ，则

$$m=\frac{4}{3}\pi a^3\rho \tag{2-13-3}$$

代入式(2-13-2)，可得油滴的半径为

$$a=\sqrt{\frac{9\eta v_g}{2\rho g}} \tag{2-13-4}$$

由于油滴的半径很小(大约10^{-6} m)，阻力经过变换及修正，有

$$f_r'=\frac{6\pi a\eta v_g}{1+b/pa} \tag{2-13-5}$$

式中：b 是修正常数，$b=6.17\times10^{-6}$ m・cmHg，p 为大气压强，单位为厘米汞柱。
则半径值 a 修正为

$$a'=\sqrt{\frac{9v_g}{2\rho g}\cdot\frac{\eta}{1+b/pa}} \tag{2-13-6}$$

将式(2-13-6)代入式(2-13-3)，可得

$$m=\frac{4}{3}\pi\left(\frac{9v_g}{2\rho g}\cdot\frac{\eta}{1+b/pa}\right)^{\frac{3}{2}}\cdot\rho \tag{2-13-7}$$

油滴匀速下降的速度 v_g可用如下方法测出：当两极板间的电压 $U=0$ 时，设油滴匀速下降的距离为 l，时间为 t，则

$$v_g=\frac{l}{t} \tag{2-13-8}$$

将式(2-13-8)式代入式(2-13-4)，得到

$$a=\sqrt{\frac{9\eta l}{2\rho gt}} \tag{2-13-9}$$

和式(2-13-6)比较可看出，精确测定 a 比较困难，也没有必要，因为在式(2-13-6)右端，含有包括 a 的修正项，故对 a 的测定可以粗略点，即利用式(2-13-9)。

联立式(2-13-1)～式(2-13-8)，得到电子电荷的理论公式为

$$q=\frac{18\pi}{\sqrt{2\rho g}}\left[\frac{\eta l}{t(1+b/pa)}\right]^{\frac{3}{2}}\frac{d}{U} \tag{2-13-10}$$

2. 测定基本电荷的电量值

在实验中，对计算得到的各个 q 值求最大公约数，即得基本电荷 e 值。直接求最大公约数有时比较困难，一般采用倒过来求，即用公认的电子电荷值 $e=1.60\times10^{-19}$ C 去除实验测得的 q 值。例如，对测量 m 次的油滴，取其平均带电量

$$\bar{q}=\sum_{i=0}^{m}\frac{q_i}{m} \tag{2-13-11}$$

然后用已知的 e 值去除 $\bar{q}$，并取整

$$n=\frac{\bar{q}}{e}=[n] \tag{2-13-12}$$

于是

$$e=\frac{\bar{q}}{[n]} \tag{2-13-13}$$

说明 e 是基本电荷的电量值，且是最小的电量值。

【实验内容】

1. 仪器的调整及预热

(1) 调水平。取下油雾室，观察水准仪中的气泡是否居中，如不居中，可先调正面的两个底座螺钉，使气泡位于 6 点或 12 点位置，然后调节顶部底座螺钉，使气泡位于正中位置。

(2) 轻轻放好油雾室，平衡电压旋钮和升降电压旋钮均指向“0”位置，相应的两个大小调节旋钮反时针转到尽头，并使整机电源预热 10 min。

2. 显微镜调焦

(1)缓慢转动调焦鼓轮，使物镜镜头插入到观察窗口并对正，且使其光轴大致水平。

(2) 缓慢转动目镜镜头，使其分划板清晰可见，并适当转动整个目镜筒，使分划板不致左右偏斜。

(3) 拿开油雾室，将调焦细丝插入油雾室孔中。旋转调焦鼓轮，使细丝像清晰可见，如果所看到的细丝像边缘不明亮，或者上下不一样亮，应找教师协助调整照明灯泡和导光棒，拔去调焦细丝，放好油雾室。

(4) 用雾化器从喷油孔向内急速喷少许油雾，并及时从显微镜中观察。刚开始由于大量油滴的散射，可发现板间光亮一下子亮了许多。稍过片刻，便可看到晶莹剔透的小油滴。

3. 测量练习

(1) 在平行板上加一定的平衡电压，选择几颗缓慢运动的油滴，反复练习，以掌握控制油滴的方法。

(2) 测量油滴均速下降一段距离 l 所需时间 t 时，为了在按动停表键时有所思想准备，应选让它下降一段距离后再测量时间。选定测量的一段距离 l，应该在平行极板之间的中央部分，即视场中分划板的中央部分。若太靠近上电极板，小孔附近有气流，电场也不均匀，会影响测量。反复练习，以掌握测量油滴运动时间的方法。

4. 正式测量

(1) 选择大小适中、亮度合适的油滴，将油滴置于分划板上某条横线附近，以便准确判断出这颗油滴是否平衡了。这一步通过仔细缓慢调节平衡电压 U 来实现。

(2) 使油滴匀速下落，测量均速下降一段距离 l 所需时间 t。对同一颗油滴应进行 6～10 次测量，而且每次测量都要重新调整平衡电压。如果油滴逐渐变得模糊，要微调测量显微镜跟踪油滴，勿使丢失。测量 4～6 颗油滴，并由式(2-13-4)和式(2-13-11)分别计算 a 及 q 值。

【数据记录与处理】

油滴密度：$\rho=981\ \text{kg}\cdot\text{m}^{-3}$。

空气黏滞系数：$\eta=1.83\times10^{-5}\text{kg/m}\cdot\text{s}$。

修正常数：$b=6.17\times10^{-6}\ \text{m}\cdot\text{cmHg}$。

大气压强：$p=76.0\ \text{cmHg}$。

重力加速度：$g=9.80\ \text{m}\cdot\text{s}^{-2}$。

参照表 2-13-1 完成实验数据的记录。

表 2-13-1　油滴电荷的测量数据

	电压 U/V	时间 t/s	$q/(\times10^{-19}\ \text{C})$	$\overline{q}/(\times10^{-19}\ \text{C})$	$[n]$	$e/(\times10^{-19}\ \text{C})$
油滴 1						
油滴 2						
油滴 3						
油滴 4						

续表

	电压 U/V	时间 t/s	q/($\times10^{-19}$ C)	$\bar{q}$/($\times10^{-19}$ C)	[n]	e/($\times10^{-19}$ C)
油滴 5						

由表 2-13-1 中数据计算本实验所测油滴的基本电荷的数值。

【思考题】

(1) 若平行极板不水平,对测量有何影响?

(2) 如何选择合适的油滴进行测量?

(3) 为什么要静止和匀速?实验上怎样做才能保证油滴作匀速运动?

(4) 怎样区别油滴所带电荷量的改变和测量时间的误差?

第 3 章　综合性实验

实验 3.1　示波器的使用

【实验目的】

(1) 了解数字示波器的原理和功能。

(2) 掌握数字信号发生器的调节和使用的基本方法。

(3) 学习用示波器观测电信号和李萨如图形,并利用李萨如图形测量电信号频率。

【实验仪器】

数字示波器、数字合成信号发生器。

【实验原理】

示波器是用途极为广泛的现代测量工具,可用来直接观察电信号的波形,测量信号电压幅度、频率等参数。一切可转化为电压的电学量(如电流、电阻等)和非电学量(如温度、压力、磁场、光强等)以及它们的动态过程均可用示波器来观察和测量。用示波器研究物理现象与规律已经成为一种重要的物理实验方法——示波法。

1. 数字示波器的原理

示波器动态显示物理量随时间变化的基本思路是将这些变化量转换成随时间变化的电压,加在电极板上,极板间形成相应的变化电场,使进入这变化电场的电子运动情况相应地随时间变化,最后把电子运动的轨迹用荧光屏显示出来。

数字示波器的原理是将待测信号经过电压放大与衰减电路,由采样电路按一定采样频率对连续变化的模拟波形进行采样,然后经模/数(A/D)转换器将采样的模拟量转换成数字量,并存放在存储器中,这样可以随时通过 CPU 和逻辑控制电路将数字波形显示在屏幕上,供使用者观察和测量。图 3-1-1 所示为数字示波器的原理图。

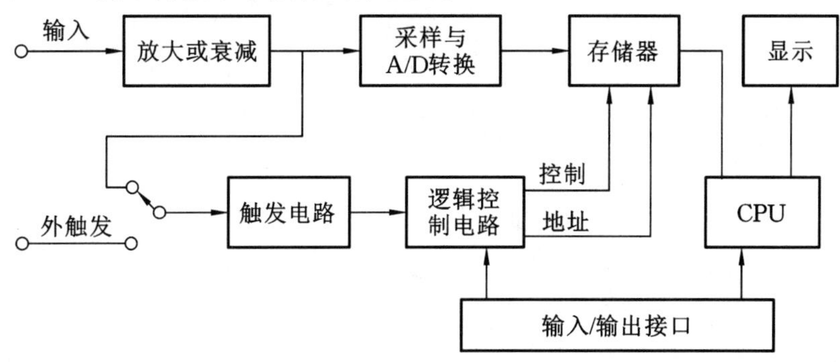

图 3-1-1　数字示波器原理图

信号的准确再现取决于其采样速率和信号采样点间隙所采用的插值法，为了准确再现信号，示波器的采样速率至少为信号最高频率成分的 2.5 倍。使用线性插值法时，示波器的采样速率应至少是信号最高频率成分的 10 倍。

1）垂直偏转因数调节

在输入信号作用下，光点在屏幕上偏移的距离称为偏移灵敏度，偏移灵敏度的倒数称为偏转因数，垂直偏转因数的单位是 V/DIV（伏/格）、V/cm、mV/cm、mV/DIV，因习惯用法和测量电压读数的方便，也把偏转因数当偏移灵敏度。测量信号幅度时，调节“VERTICAL”旋钮使屏幕上显示的波形大小适中，其设定值在屏幕下方显示 CH2=10.0 V，表示垂直方向每一格的幅度值。在探头衰减为“×1”时，测量信号的幅度值 U=V/DIV 的设定值×垂直格数（DIV）。

2）时基选择

时基选择的使用方法与垂直偏转因数的类似，单位是 S/DIV（秒/格）、mS/DIV、nS/DIV。时基选择通过“HORIZONTAL”旋钮调节实现，按 1、2、5 方式把时基分为若干挡。屏幕下方显示的设定值 M250ms 代表光点在水平方向移动一格的时间值。例如，在 1 μS/DIV 挡，光点在屏上移动一格代表时间值 1 μS。计算输入信号的周期测量公式为

$$T = \text{S/DIV 的设定值} \times \text{信号水平格数(DIV)}$$

由周期测量公式得到周期 T，然后用 $f=1/T$ 求出信号的频率。

3）输入通道和输入耦合选择

输入通道至少有三种选择方式：通道 1（CH1）、通道 2（CH2）、双通道（DUAL）。

选择通道“CH1”时，示波器仅显示通道 1 的信号。选择通道“CH2”时，示波器仅显示通道 2 的信号。选择双通道“DUAL”时，示波器同时显示通道 1 信号和通道 2 信号。

输入耦合方式有三种选择：交流（AC）、地（GND）、直流（DC）。按通道键“CH1”或“CH2”，按下“耦合”对应键选择耦合方式，选择“接地”时，屏幕上只显示一条水平直线，“直流”耦合用于测定信号直流绝对值和观测极低频信号，“交流”耦合用于观测交流和含有直流成分的交流信号。

2. 数字示波器面板的部分功能

数字示波器面板的部分功能如表 3-1-1 所示。

表 3-1-1　数字示波器面板的部分功能

面板旋钮名称	功能及作用
AUTO	启用波形自动设置功能。示波器将根据输入信号自动调整垂直挡位、水平时基以及触发方式，使波形显示达到最佳
通用旋钮	当旋钮旁“∪”灯亮时，对选定的参数进行调节
MENU	打开触发操作菜单
RUN/STOP	使输出波形一直运行或停止
SINGLE	在识别出触发信号后采样一次输出波形，然后停止采样
LEVEL	调整触发电平，标识触发电平的位置
50%	将触发电平位置设置在输入通道波形幅值 50%处

续表

面板旋钮名称	功能及作用
FORCE	强制产生一个触发信号,它一般用在“普通”触发模式
CH1、CH2	屏幕右侧显示 CH1 或 CH2 通道操作菜单
MATH	打开或关闭数学运算通道,可对信号进行数学运算
REF	打开参考波形功能,可将实测波形和参考波形比较
UTILITY	进入系统功能设置菜单,设置系统相关功能或参数,如接口、声音、语言等
MEASURE	可设置测量信号源、打开或关闭频率计、全部测量、统计功能等
ACQUIRE	进入采样设置菜单,可设置示波器的获取方式、$\sin(x)/x$ 和存储深度
SAVE/LOAD	通过菜单控制存储/调出波形和设置等文件
CURSOR	选择光标测量模式:手动、追踪、自动和 X-Y。其中,X-Y 模式仅在时基模式为“XY”时有效
DISPLAY	进入显示设置菜单,设置波形显示类型、余辉时间、波形亮度、屏幕网格和网格亮度

3. 李萨如图形的基本原理

如果在示波器的 Y 轴(“CH2”)加上正弦波,在 X 轴(“CH1”)加上另一正弦波,并选择“X-Y”模式,则当两正弦波信号的频率相等或成简单整数比时,观察到的是电子束受两个相互垂直的谐振运动的合成图形。荧光屏上亮点的合成轨迹为一稳定的闭合曲线,称为李萨如图形。图 3-1-2 所示的是频率成简单整数比值的几组李萨如图形。李萨如图形可以用来测量未知频率,令 f_x、f_y 分别代表 Y 轴和 X 轴电压信号的频率,n_x 代表 X 方向的切线和图形相切的切点数,n_y 代表 Y 方向的切线和图形相切的切点数,则有

$$\frac{f_y}{f_x}=\frac{n_x(\text{水平交点或切点数})}{n_y(\text{垂直交点或切点数})}$$

比较两正弦波信号的频率,若已知其中一个信号的频率,便可算出另一待测信号的频率。

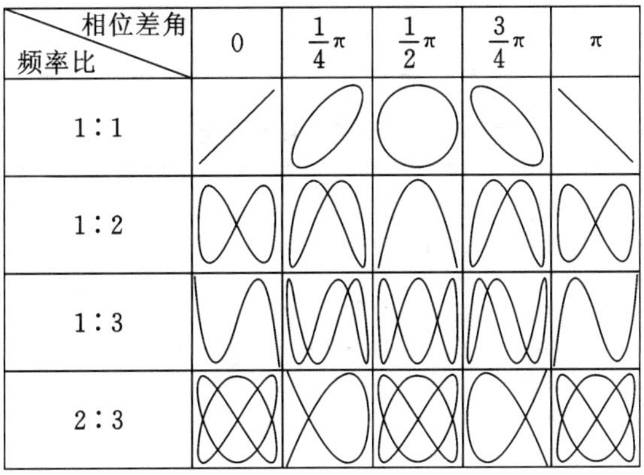

相位差角 / 频率比	0	$\frac{1}{4}\pi$	$\frac{1}{2}\pi$	$\frac{3}{4}\pi$	π
1∶1					
1∶2					
1∶3					
2∶3					

图 3-1-2　李萨如图形

【实验内容】

1. 熟悉示波器和数字信号发生器的使用，观察波形

(1) 接通电源，熟悉示波器面板上各旋钮和按键的功能。

(2) 将信号发生器的输出通道"CH1"和"CH2"分别连接接示波器的"CH1"(X 轴)和"CH2"(Y 轴)，信号发生器选择通道 1 或通道 2，进入"主波""频率""幅值"调节并熟悉各功能的使用，返回按"MENU"键。

调节示波器的时基"HORIZONTAL"旋钮，选择合适的扫描频率，观察信号的波形，使屏幕上出现 1～3 个稳定的波形。

改变信号源的频率，练习操作。观察信号源所能提供的其他波形。

2. 李萨如图形的观察与频率的测量

(1) 向"CH1"、"CH2"分别输入两个信号源的正弦波，示波器上按"DISPLAY"键，"格式"选择"X-Y"模式，可看到李萨如图形，调节垂直偏转灵敏度"VERTICAL"旋钮使图形大小适中，调节水平、垂直位移"POSITION"旋钮，使图形居中显示。

(2) 调节信号发生器可以得到各种频率比的李萨如图形。相位调节在信号发生器上选择"通道 1 或 2"，选择"下页"，然后按"相位"键进入调节，调出不同比值的李萨如图形，分析图形的特点与两个信号频率之间的关系。绘出所观察到的各种频率比的李萨如图形，如图 3-1-2 所示。若 $f_x=100$ kHz 为约定标准值，依次求出另一信号发生器的输出频率 f_y。

【数据记录与处理】

参照表 3-1-2、表 3-1-3、表 3-1-4 完成实验数据的记录。

表 3-1-2 正弦波峰值电压测量数据

信号发生器输出电压 V_0/V	Y 轴格数(DIV)	Y 轴灵敏度(V/DIV)	峰值电压 V_{pp}	相对误差$=\frac{\lvert V_{pp}-V_0\rvert}{V_0}\times 100\%$
1.5				
5.0				
10.0				

表 3-1-3 正弦波频率测量数据

信号发生器频率 f_0/kHz	X 轴格数(DIV)	X 轴时基(S/DIV)	频率 f_1	相对误差$=\frac{\lvert f_1-f_0\rvert}{f_0}\times 100\%$
125				
250				
500				

表 3-1-4　李萨如图形的观察与频率测量数据

f_x/f_y	f_x/kHz	f_y/kHz	图形(相位差为 0°)	图形(相位差为 90°)
1∶1	100			
1∶2				
2∶1				
1∶3				
3∶1				
2∶3				
3∶2				

“CH1”通道对应频率f_x,“CH2”通道对应频率f_y,$f_y=\frac{n_x}{n_y}f_x$。

【注意事项】

(1) 为了保护荧光屏不被灼伤,使用示波器时,光点亮度不能太强,而且也不能让光点长时间停在荧光屏的一点上。在实验过程中,如果短时间不使用示波器,可将“辉度”旋钮逆时针方向旋至尽头,截止电子束的发射,使光点消失。不要经常通断示波器的电源,以免缩短示波器的使用寿命。

(2) 示波器上所有开关与旋钮都有一定强度与调节角度,使用时应轻轻地缓慢旋转,不能用力过猛或随意乱旋。

(3) 观察李萨如图形时,信号频率不要调太高,否则看不清楚。

【思考题】

(1) 观察两个信号的合成李萨如图形时,应如何操作示波器?

(2) 如在示波器上看到的波形幅度太小,应调节哪个旋钮,使波形的大小适中?

实验 3.2　刚体转动惯量的测定

【实验目的】

(1) 学习用恒力矩转动法测定刚体转动惯量的原理和方法。

(2) 学会使用数字毫秒计测量时间。

【实验仪器】

塔轮式转动惯量实验仪、砝码、测试件。

【实验原理】

1. 恒力矩转动法测定转动惯量的原理

本实验使用的塔轮式转动惯量实验仪如图 3-2-1 所示,绕线塔轮通过特制的轴承安装在主轴上,转动时的摩擦力矩很小。塔轮半径为 15 mm、20 mm、25 mm、30 mm、35 mm 共 5 挡,砝码质量为 54 g。载物台用螺钉与塔轮连接在一起,随塔轮转动。随实验仪器配套的测试件有 1

个圆盘和1个圆环，测试件的几何尺寸及质量：圆盘470 g、半径为120 mm，圆环436 g、外半径120 mm、内半径105 mm。便于将转动惯量的测试值与理论计算值比较。铝制小滑轮的转动惯量与实验台相比可忽略不计。

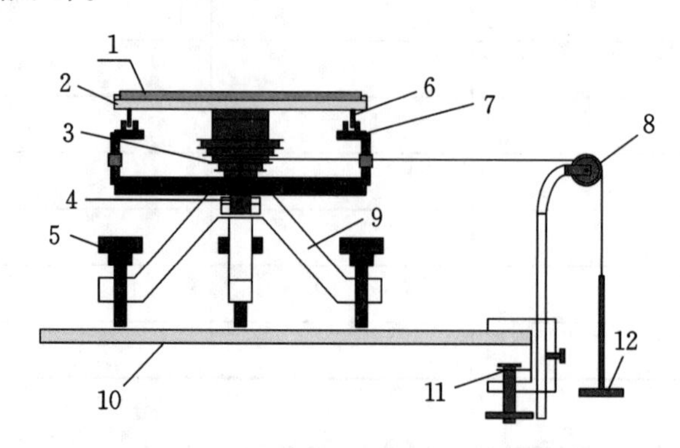

图 3-2-1　塔轮式转动惯量实验仪示意图

1—测试件；2—载物台；3—绕线塔轮；4—主轴；5—水平调节钮；6—遮光片；
7—光电门；8—滑轮；9—底座；10—桌子；11—滑轮支架；12—砝码

根据刚体的定轴转动定律

$$M=I\beta \tag{3-2-1}$$

只要测定刚体转动时所受的合外力矩 M 及该力矩作用下刚体转动的角加速度β，就可计算出该刚体的转动惯量 I。

设以某初始角速度转动的空实验台转动惯量为I_1，未加砝码时，在摩擦阻力矩 M_μ 的作用下，实验台将以角加速度β_1 作匀减速运动，即

$$-M_\mu=I_1\beta_1 \tag{3-2-2}$$

将质量为 m 的砝码用细线绕在半径为R 的实验台塔轮上，并让砝码下落，系统在恒外力矩作用下将作匀加速运动。若砝码的加速度为 a，则细线所受张力为 $T=m(g-a)$。若此时实验台的角加速度为β_2，则有 $a=R\beta_2$。由细线施加给实验台的力矩为 $TR=m(g-R\beta_2)R$，此时有

$$m(g-R\beta_2)R-M_\mu=I_1\beta_2 \tag{3-2-3}$$

将式(3-2-2)、式(3-2-3)两式联立消去 M_μ后，可得

$$I_1=\frac{mR(g-R\beta_2)}{\beta_2-\beta_1} \tag{3-2-4}$$

同理，若在实验台上加上被测物体后，系统的转动惯量为I_2，加砝码前后的角加速度分别为β_3与β_4，则有

$$I_2=\frac{mR(g-R\beta_4)}{\beta_4-\beta_3} \tag{3-2-5}$$

由转动惯量的叠加原理可知，测试件的转动惯量I_3为

$$I_3=I_2-I_1 \tag{3-2-6}$$

测得 R、m 及β_1、β_2、β_3、β_4，由式(3-2-4)、式(3-2-5)及式(3-2-6)即可计算测试件的转动惯量。

2. 角加速度 β 的测量

实验中采用通用电脑计量器记录遮挡次数和相应的时间。固定的载物台圆周边缘相差 π 角的两遮光细棒，每转动半圈遮挡一次固定在底座上的光电门，即产生一个计数光电脉冲，计数器记

下遮档次数 K 和相应的时间 t。若从第一次挡光($K=0,t=0$)开始计次、计时，且初始角速度为ω_0，则对于匀变速运动中测量得到的任意两组数据(K_1,t_1)、(K_2,t_2)，相应的角位移θ_1、θ_2 分别为

$$\theta_1=K_1\pi=\omega_0 t_1+\frac{1}{2}\beta t_1^2 \tag{3-2-7}$$

$$\theta_2=K_2\pi=\omega_0 t_2+\frac{1}{2}\beta t_2^2 \tag{3-2-8}$$

从式(3-2-7)、式(3-2-8)两式中消去ω_0，可得

$$\beta=\frac{2\pi(K_2\ t_1-K_1\ t_2)}{t_2^2\ t_1-t_1^2\ t_2} \tag{3-2-9}$$

由式(3-2-9)即可计算角加速度 β。

3. I 的“理论”公式

设待测的圆盘(或圆柱)质量为 m、半径为 R，则圆盘、圆柱绕几何中心轴的转动惯量理论值为

$$I=\frac{1}{2}mR^2 \tag{3-2-10}$$

待测的圆环质量为 m，内外半径分别为$R_{内}$、$R_{外}$，圆环绕几何中心轴的转动惯量理论值为

$$I=\frac{1}{2}m(R_{内}^2+R_{外}^2) \tag{3-2-11}$$

【实验内容】

1. 实验准备

在桌面上放置转动惯量实验仪，并利用基座上的三颗调平螺钉，将仪器调平(用水平仪)。将滑轮支架固定在实验台面边缘，调整滑轮高度及方位，使滑轮槽与选取的绕线塔轮槽等高，且其方位相互垂直。

毫秒表项目设定为1-2多脉冲，设定确定按钮到表上显示为测量中，实验台转动开始记录数据。

2. 测量并计算实验台的转动惯量I_1

1) 测量β_1

用手拨动载物台，使实验台有一初始转速并在摩擦阻力矩作用下作匀减速运动。毫秒表开始测量遮光片转过光电门次数及相应的时间，遮光片转过光电门8次以上后停止转动实验台，再按毫秒表“确定”按钮，将查阅到的时间数据T01、T02、T03、T04、T05、T06、T07、T08按顺序记入对应的$K_1=1$、2、3、4下的时间数据T_1 和$K_2=5$、6、7、8下的时间数据T_2 中(按毫秒表“项目”键下翻)。

未加砝码匀减速转动中有4列数据，将每一列得出4个β_1 值，再求其平均值，作为β_1 的测量值。

2) 测量β_2

选择塔轮半径 $R=25$ mm，将细线一端沿塔轮不重叠的密绕于所选定半径的轮上，另一端通过滑轮扣连接砝码托上的挂钩上，用于将载物台稳住。按毫秒表“确定”按钮，计时器进入工作等待状态，释放载物台，砝码重力产生的恒力矩使实验台产生匀加速转动。

遮光片转过光电门8次以上后停止转动实验台，同上将查阅到的时间数据T01、T02、T03、T04、T05、T06、T07、T08按顺序记入对应的数据中。加砝码匀加速转动中也有4列数据，将每一列得出4个β_2 值，再求其平均值，作为β_2 的测量值。

3. 测量并计算实验台放上测试件后的转动惯量I_2、试样的转动惯量I_3

将测试件放上载物台并使测试件几何中心轴与转轴中心重合，按与测量I_1同样的方法可分别测量未加砝码的角加速度β_3与加砝码后的角加速度β_4。

【数据记录与处理】

1. 数据记录

选择砝码质量$m=54$ g，塔轮半径$R=25$ mm。参照表3-2-1、表3-2-2、表3-2-3完成实验数据的记录。

表3-2-1 空载实验台的角加速度测量数据

未加砝码匀减速转动					加砝码匀加速转动				
K_1	1	2	3	4	K_1	1	2	3	4
T_1/s					T_1/s				
K_2	5	6	7	8	K_2	5	6	7	8
T_2/s					T_2/s				
β_1/s^{-2}					β_2/s^{-2}				
平均值β_1					平均值β_2				

表3-2-2 实验台＋圆环的角加速度测量数据

圆环$R_{内}=105$ mm，$R_{外}=120$ mm，$m_{圆环}=436$ g。

未加砝码匀减速转动					加砝码匀加速转动				
K_1	1	2	3	4	K_1	1	2	3	4
T_1/s					T_1/s				
K_2	5	6	7	8	K_2	5	6	7	8
T_2/s					T_2/s				
β_3/s^{-2}					β_4/s^{-2}				
平均值β_3					平均值β_4				

表3-2-3 实验台＋圆盘的角加速度测量数据

圆盘$R_{外}=120$ mm，$m_{圆盘}=470$ g。

未加砝码匀减速转动					加砝码匀加速转动				
K_1	1	2	3	4	K_1	1	2	3	4
T_1/s					T_1/s				
K_2	5	6	7	8	K_2	5	6	7	8
T_2/s					T_2/s				
β_3/s^{-2}					β_4/s^{-2}				
平均值β_3					平均值β_4				

2. 数据处理

(1) 将表 3-2-1 中数据代入式(3-2-4)可计算空实验台转动惯量I_1。

(2) 将表 3-2-2 中数据代入式(3-2-5)可计算实验台放上圆环后的转动惯量I_2。

(3) 由式(3-2-6)可计算圆环的转惯量测量值I_3。

(4) 由式(3-2-11)可计算圆环的转动惯量理论值 I。

(5) 计算测量结果的相对误差 E。

(6) 将表 3-2-3 中数据代入式(3-2-5)可计算实验台放上圆盘后的转动惯量I_2。

(7) 由式(3-2-6)可计算圆盘的转惯量测量值I_3。

(8) 由式(3-2-10)可计算圆盘的转动惯量理论值 I。

(9) 计算测量结果的相对误差 E。

【注意事项】

(1) 实验中,砝码置于相同的高度后释放,以利于数据一致。实验中,做好保护措施,防止砝码直接砸落地板引起磨损。

(2) 挂线长度以挂线脱离绕线塔轮后,砝码离地 3 cm 左右为宜。

【思考题】

(1) 挂线的长度太短会如何?太长又会如何?应怎样调整?

(2) 用该刚体转动惯量仪来测刚体的转动惯量,其主要误差有哪些?应当如何消除或减小误差?

实验 3.3　杨氏弹性模量的测定

【实验目的】

(1) 用拉伸法测定金属丝的杨氏弹性模量。

(2) 学习掌握光杠杆测量微小伸长量的原理。

【实验仪器】

弹性模量测定仪、光杠杆、望远镜、标尺、砝码、米尺、游标卡尺、螺旋测微器。

【实验原理】

根据胡克定律,在弹性限度内,弹性体的应力与应变成正比。如图 3-3-1 所示弹性模量测定仪,金属丝的原长为 L,横截面积为 S,在外力 F 作用下伸长了 ΔL,则应力$\dfrac{F}{S}$和应变$\dfrac{\Delta L}{L}$成正比,即

$$\frac{F}{S}=Y\,\frac{\Delta L}{L} \tag{3-3-1}$$

式中:比例系数 Y 为金属丝的杨氏模量,单位为 N/m^2。设金属丝的直径为 d,则 $S=\dfrac{1}{4}\pi d^2$ 代入式(3-3-1)并整理可得

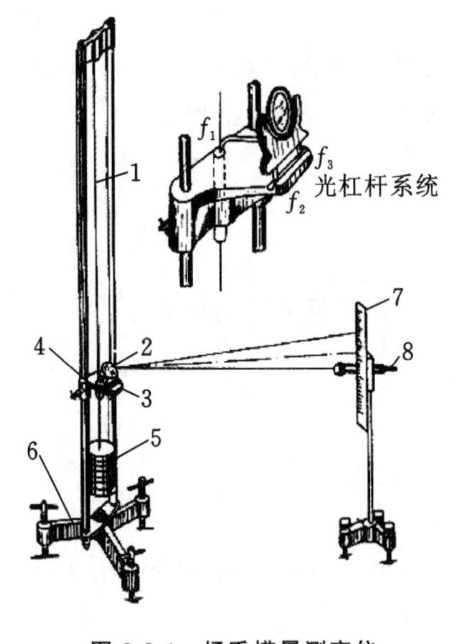

图 3-3-1 杨氏模量测定仪

1—金属丝；2—光杠杆；3—平台；4—挂钩；5—砝码；6—三角底座；7—标尺；8—望远镜

$$Y=\frac{4FL}{\pi d^2 \Delta L} \tag{3-3-2}$$

式(3-3-2)表明，对于直径为 d，长为 L 的金属丝，在相同外力 F 的情况下，杨氏弹性模量大的金属丝伸长量 ΔL 较小，而弹性模量小的金属丝伸长量 ΔL 则较大。因此，杨氏弹性模量表征了材料抵抗外力产生拉伸(或压缩)形变的能力。

根据式(3-3-2)，测杨氏弹性模量时，因伸长量 ΔL 较小，不易精确测量，故本实验利用了光杠杆放大装置去测量伸长量 ΔL。图 3-3-2 所示为光杠杆放大装置，由标尺、望远镜和光杠杆组成。光杠杆实际上是附有三个尖足的平面镜，三个尖足的边线为一等腰三角形。前两足放置在防滑刀口内，并与平面镜在同一平面(平面镜俯仰方位可调)，后足在前两足刀口的中垂线上。将光杠杆和望远镜按图 3-3-2 所示放置好，按仪器调节顺序调好全部装置后，就会在望远镜中看到经由光杠杆平面镜反射的标尺像。

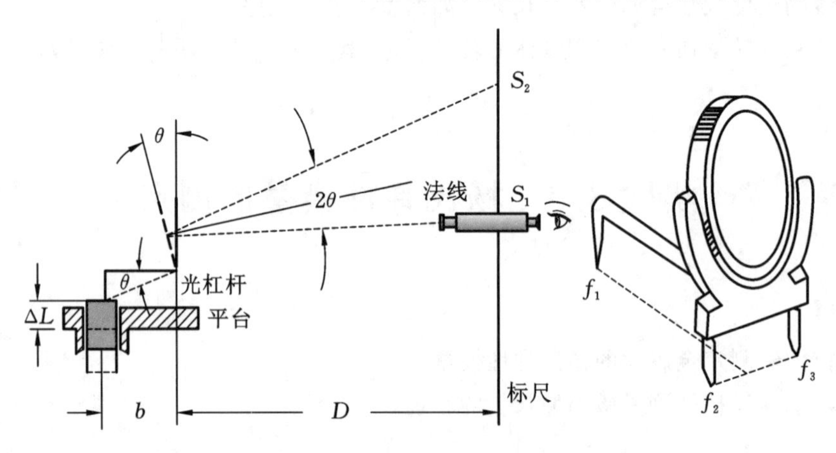

图 3-3-2 光杠杆放大装置

设光杠杆后足尖到两前足尖连线的垂直距离为 b，光杠杆平面镜到标尺的距离为 D。开始时，光杠杆的平面镜竖直，即镜面法线在水平位置，在望远镜中恰能看到平面镜中标尺 S_1 的像。当挂上砝码使金属丝受力伸长后，光杠杆的后足尖 f_1 随之绕前足尖 f_2f_3 下降 ΔL，光杠杆平面镜转过较小角度 θ，法线也转过同一角度 θ。根据反射定律，从 S_1 处发出的光经过平面镜反射到 S_2(S_2 为标尺某一刻度)。由光路可逆性，从 S_2 发出的光经平面镜反射后将进入望远镜中被观察到。令 $S_2-S_1=\Delta X$，由图 3-3-2 可知

$$\tan\theta=\frac{\Delta L}{b},\quad \tan 2\theta=\frac{\Delta X}{D} \tag{3-3-3}$$

由于偏转角度 θ 很小，即 $\Delta L \ll b$，$\Delta X \ll D$，近似有

$$\theta \approx \frac{\Delta L}{b}$$
$$2\theta \approx \frac{\Delta X}{D} \tag{3-3-4}$$

则

$$\Delta L = \frac{b}{2D}\Delta X \tag{3-3-5}$$

由式(3-3-5)可知，微小变化量 ΔL 可通过较易准确测量的 b、D、ΔX 间接求得。实验中取 $D \gg b$，光杠杆的作用是将微小长度变化 ΔL 放大为标尺上的相应位置变化 ΔX，ΔL 被放大了 $\frac{2D}{b}$ 倍。

将式(3-3-5)式代入式(3-3-2)，即可得金属丝的杨氏模量为

$$Y = \frac{8LDF}{\pi d^2 b \Delta X} \tag{3-3-6}$$

【实验内容】

1. 杨氏模量测定仪的调整

(1) 调节杨氏模量测定仪三角底座上的调整螺钉，使平台水平，支架和金属丝铅直。

(2) 将光杠杆放在平台上，两前足放在平台前面的横槽中，后足放在金属丝下端的夹头上适当位置，不能与金属丝接触，不要靠着圆孔边，也不要放在夹缝中。

2. 光杠杆及望远镜的调整

(1) 将望远镜放在离光杠杆镜面约为 1.5～2.0 m 处，并使二者在同一高度，调整光杠杆镜面与平台面垂直，望远镜水平对准平面镜中部。

(2) 调整望远镜。

① 移动标尺架，微调平面镜的仰角及改变望远镜的倾角。使得通过望远镜镜筒上的准心往平面镜中观察，能看到标尺的像。

② 调整目镜至能看清望远镜镜筒中的十字叉丝。

③ 调焦望远镜的物镜直到能在望远镜中看见清晰的标尺像，并使望远镜中的标尺刻度线与黑色十字叉丝的水平线重合。

④ 消除视差。眼睛在目镜处微微上下移动，如果十字叉丝的像与标尺刻度线的像出现相对位移，应重新微调目镜和物镜，直至消除为止。

⑤ 试加 6 个砝码，从望远镜中观察是否看到刻度(估计一下满负荷时标尺读数是否够用)，若无，则上下移动刻度尺至能看到刻度，调好后取下砝码。

3. 采用等增量法测量

(1) 加减砝码。先逐个加砝码，共 6 个。每加一个砝码，记录一次标尺的位置 X_i；然后依次减砝码，每减一个砝码，记下相应的标尺位置 X_i。

(2) 测量钢丝原长 L。用米尺测量出钢丝原长(金属丝两夹头之间部分)L。

(3) 测量 D 值。用米尺测量出光杠杆镜面至望远镜标尺的距离 D。

(4) 测量金属丝直径 d。在金属丝上选不同部位及方向，用螺旋测微器测出其直径 d，重复测量多次，取平均值。

(5) 测量光杠杆常数 b。取下光杠杆，在展开的白纸上同时按下三个足尖的位置，用直尺作光杠杆后足尖到两前足尖连线的垂线，再用游标卡尺测出 b。

【数据记录与处理】

1. 数据记录

参照表 3-3-1、表 3-3-2 完成实验数据的记录。

表 3-3-1 等增量法测量数据 1

砝码个数	砝码质量/kg	望远镜读数/cm				
		加砝码		减砝码		平均值
0		X_0		X_0		
1		X_1		X_1		
2		X_2		X_2		
3		X_3		X_3		
4		X_4		X_4		
5		X_5		X_5		
6		X_6		X_6		

表 3-3-2 等增量法测量数据 2

	1	2	3	4	5	6	平均值
L/cm							
D/cm							
d/mm							
b/mm							

2. 数据处理

(1) 用逐差法处理数据。将以上数据$\overline{X}_0 \sim \overline{X}_5$分成两组，然后令

$$\Delta X=\frac{|\overline{X}_3-\overline{X}_0|+|\overline{X}_4-\overline{X}_1|+|\overline{X}_5-\overline{X}_2|}{3}$$

(2) 将 ΔX 代入式(3-3-6)，相应的 F 为 3 个砝码的重量，即 $F=3\ mg$，计算出金属丝的杨氏模量 Y。

【注意事项】

(1) 实验中，要注意保持实验平台静止，否则任何的轻微振动都可引起光杠杆系统测量的显著变化，增大实验误差。

(2) 在实验装置安装并调节好之后，先进行完加、减砝码的实验测量，再测量其他参量 L、D、d 和 b，确保测量的有效性。

(3) 实验完成后，取下砝码，避免长时间悬挂引起金属丝形变，并将其他实验仪器归位。

【思考题】

(1) 两根材料相同，粗细和长度不同的金属丝，它们的杨氏弹性模量是否一样？为什么？

(2) 在实验中，金属丝如有弯曲对实验是否有影响？该如何处理？

实验3.4 金属线膨胀系数的测量

【实验目的】

(1) 掌握测量金属线膨胀系数的原理和方法。

(2) 学习千分表的使用方法。

(3) 了解温度传感器 Pt100 的原理及特性。

(4) 学习用最小二乘法处理实验数据的方法和技巧。

【实验仪器】

THQJZ-1 型金属线膨胀系数测量实验仪。

【实验原理】

大部分物体在温度升高时,长度也会随之伸长,其伸长量与 0 ℃时的温度和长度均成正比,即

$$L=L_0(1+\alpha T) \tag{3-4-1}$$

式中:L 为固体在温度为 T 时的长度,L_0 为固体 0 ℃时的长度,比例系数 α 为固体的线膨胀系数。

设在温度为T_1 时固体的长度为L_1,在温度为T_2 时固体的长度为L_2,由式(3-4-1)可得

$$L_1=L_0(1+\alpha T_1) \tag{3-4-2}$$

$$L_2=L_0(1+\alpha T_2) \tag{3-4-3}$$

即

$$\frac{L_1}{L_2}=\frac{1+\alpha T_1}{1+\alpha T_2} \tag{3-4-4}$$

所以有线膨胀系数为

$$\alpha=\frac{L_2-L_1}{L_1T_2-L_2T_1} \tag{3-4-5}$$

当温度变化范围不大时,L_1 与L_2 相差极小,故$L_1\approx L_2$,则式(3-4-5)可变换为

$$\alpha=\frac{\Delta L}{L_1\Delta T} \tag{3-4-6}$$

式中:$\Delta L=L_2-L_1$,$\Delta T=T_2-T_1$。由式(3-4-6)可知,固体的线膨胀系数定义为温度每升高 1 ℃,固体每单位长度的伸长量。

实验表明,当温度变化范围不大时,物体的伸长量 $\Delta L=L_2-L_1$ 与温度的变化量 $\Delta T=T_2-T_1$及物体的长度L_1 成正比,即

$$\Delta L=\alpha L_1\Delta T \tag{3-4-7}$$

则可以将 α 理解为当温度升高 1 ℃时,固体增加的长度与原长度之比。多数金属的线膨胀系数在(0.8～2.5)$\times10^{-5}$/ ℃之间。

线膨胀系数是与温度有关的物理量,当 ΔT 很小时,由式(3-4-6)测得的 α 称为固体在温度 T_1 的微分线膨胀系数。当 ΔT 是在一个不太大的变化区间时,可近似认为 α 是不变的,由式

(3-4-6) 测得的 α 称为固体在$T_1 \sim T_2$ 温度范围内的线膨胀系数。

由式(3-4-6)可知，在L_1 已知的情况下，固体的线膨胀系数的测量实际归结为温度变化量 ΔT 与相应的长度变化量 ΔL 的测量。由于 α 数值较小，在 ΔT 不大的情况下，ΔL 也很小，因此准确测量 ΔL 及 ΔT 是保证测量准确的关键。

本实验采用千分表测量样品金属棒的长度变化。千分表是一种高精度的长度测量工具，通过精密的齿条齿轮传动，将位移转化成指针的偏转，测量精度高，表盘最小刻度为 0.001 mm，广泛用于测量工件几何形状误差及相互位置误差。

实验中，样品金属棒的温度采用 Pt100 测量。Pt100 为铂热电阻，其感温元件是由金属铂组成的。当温度变化时，感温元件的电阻值随温度的变化而变化，这样就可将变化的电阻作为电信号输入测量仪表，通过测量电路的转换，即可得到被测温度。其特点是线性度好、测量准确、互换性好、抗振动冲击的性能好。

铂热电阻的使用温度范围是 $-200 \sim 850$ ℃，其电阻与温度的关系在 $0 \sim 850$ ℃的温度范围内为

$$R_t = R_0(1 + At + Bt^2) \tag{3-4-8}$$

式中：R_0 为温度为 0 ℃时铂热电阻的电阻值，$R_0 = 100\ \Omega$，R_t 为温度为 t ℃时铂热电阻的电阻值，A、B 为两常数($A = 3.908\ 02 \times 10^{-3}$ ℃$^{-1}$，$B = -5.801\ 95 \times 10^{-7}$ ℃$^{-2}$)。

金属线膨胀系数测量仪由金属线膨胀系数测量装置、温度测量控制装置、金属棒样品组成。如图 3-4-1 所示，金属线膨胀系数测量装置由千分表、加热棒、加热管、温度传感器 Pt100、金属防护罩、底座组成。测量装置右侧开口，用于更换金属棒样品，金属棒样品装进加热管后用螺钉通过弹簧拧紧，为固定端。另一端通过顶杆与千分表接触，为自由端。金属样品自由端在弹簧作用下将长度变化转化成千分表指针的偏转，通过表盘刻度读出。温度测量控制装置由 PID 智能温度调节器、可控硅组成。实验仪有铜棒、铁棒、铝棒三种金属样品。

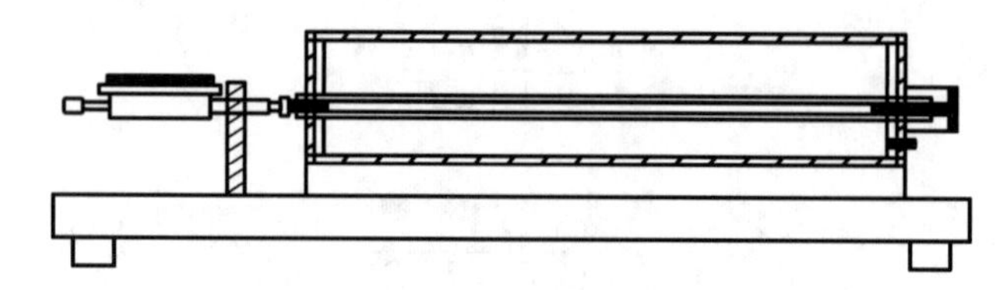

图 3-4-1　金属线膨胀系数测量装置示意图

【实验内容】

(1) 样品安装。实验时将所要测量的金属样品从金属线膨胀系数测量装置右侧装进加热管，拧紧螺钉。

(2) 千分表调整。实验时检查千分表与金属棒样品自由端顶杆接触是否良好，调节千分表调零转盘，使室温下千分表计数在 0～0.2 mm 之间，否则用螺丝刀松开千分表固定螺丝，调整千分表固定位置。

(3) 导线连接。用二号导线将 Pt100 输出接至实验仪面板 Pt100 输入，将温度传感器信号送入 PID 智能温度调节器。将加热电源线接至实验仪面板加热输出，用可控硅调节输出的电压给加热棒加热。

(4) 打开实验仪后面板电源开关，实验仪通电，PID 智能温度调节器显示窗亮，设置 SV＝110.0 ℃，记录室温下千分表读数。

(5) 打开加热开关,金属棒样品开始升温,稳定后千分表指针匀速偏转,记录金属棒样品温度为 $T=40$ ℃,$T=45$ ℃,$T=50$ ℃,…,$T=100$ ℃时千分表读数 L。

(6) 当金属棒样品温度 $T\geqslant105$ ℃(PV≥105 ℃)时,关闭加热开关,停止给金属棒样品加热,由于温度具有滞后性,经过短时间超调后,金属棒样品温度开始下降。记录金属棒样品温度为 $T=100$ ℃,$T=95$ ℃,$T=90$ ℃,…,$T=40$ ℃时千分表读数 L。

(7) 测量另外两种金属棒样品的线膨胀系数,重复以上实验步骤。

【数据记录与处理】

1. 数据记录

样品:铜棒、铁棒、铝棒。参照表 3-4-1、表 3-4-2 完成实验数据的记录。

表 3-4-1　金属棒样品升温时测量数据

T/℃	40	45	50	55	60	65	70	75	80	85	90	95	100
L/mm													

表 3-4-2　金属棒样品降温时测量数据

T/℃	100	95	90	85	80	75	70	65	60	55	50	45	40
L/mm													

2. 数据处理

已知室温下金属棒样品的长度$L_1=370$ mm,只要计算出$\dfrac{\Delta L}{\Delta T}$即可计算出金属的线膨胀系数 α。利用最小二乘法计算金属棒样品的线膨胀系数。设金属棒样品的温度 $T=X$,金属棒样品长度 $L=Y$,斜率$\dfrac{\Delta L}{\Delta T}=b$,则有线性函数关系

$$Y=a+bX \tag{3-4-9}$$

用最小二乘法求得

$$a=\frac{\overline{X}\cdot\overline{XY}-\overline{Y}\cdot\overline{X^2}}{\overline{X}^2-\overline{X^2}} \tag{3-4-10}$$

$$b=\frac{\overline{X}\cdot\overline{Y}-\overline{XY}}{\overline{X}^2-\overline{X^2}} \tag{3-4-11}$$

从而由式(3-4-6)求出金属棒样品的线膨胀系数 α。

分别计算出升温和降温两种方式下金属线膨胀系数,求平均值,即为被测金属棒样品的线膨胀系数 α。

将实验测得的铜棒、铁棒、铝棒三种金属样品的线膨胀系数与参考值进行比较,计算实验误差,分析误差产生的原因。铜、铁、铝的线膨胀系数在 20～100 ℃的参考值如表 3-4-3 所示。

表 3-4-3　铜、铁、铝的线膨胀系数在 20～100 ℃的参考值

物质	铜	铁	铝
线膨胀系数 α/($\times10^{-6}$/℃)	17.8	10.6～12.2	22.2

【注意事项】

(1) 实验为 220 V 供电,实验仪通电后不要触摸各个电源接口,以免发生危险。

(2) 安装金属棒样品时动作要轻,防止金属棒变形,接触千分表时动作要缓慢,防止损坏千分表,螺钉要拧紧。

(3) 千分表为精密贵重易损仪器,一般不要自行装卸,不要粗暴操作,用螺丝刀调整位置时要小心谨慎。

(4) 实验时应将实验仪放在平整、平稳桌面上,实验过程中应无任何振动。如果受外力作用,将给实验带来较大误差。

(5) 除 SV 参数外,PID 智能温度调节器其他参数在实验仪出厂前均已设置好,一般情况下不要随意更改,实验时金属棒样品加热温度不得超过 110 ℃。

【思考题】

(1) 在实验过程中用升温和降温两种方式测金属线膨胀系数有什么区别?求平均值有什么意义?

(2) 金属线膨胀系数的测量误差主要有哪些因素?如何减小?

(3) 实验中,千分表与金属棒自由端接触不良或接触过紧会产生什么样影响?试加以说明。

实验 3.5　液体黏滞系数的测定

【实验目的】

(1) 掌握用奥式黏度计测定液体黏滞系数的方法。

(2) 掌握测量误差的计算方法。

【实验仪器】

奥式黏度计、秒表、温度计、乙醇、蒸馏水、吸球、玻璃缸、支架。

【实验原理】

本实验根据泊肃叶定律,采用比较法,用奥氏黏度计测量乙醇的黏滞系数。

如图 3-5-1 所示,黏度计是由三根彼此相通的玻璃管 A、B、C 构成。A 管经一胶皮管与一打气球相连,A 管底部有一大玻璃泡,称为储液泡;B 管称为测量管,B 管中部有一根毛细管,毛细管上有一大和一小两个玻璃泡,在大泡的上下端分别有刻线 N、N′;C 管称为移液管,C 管上端有一乳胶管,设置有阀门。整个实验是在装满水的玻璃缸中进行。

一切实际液体都具有一定的“黏滞性”,当液体流动时,由于黏滞性的存在,不同的液层有不同的流速 v,如图 3-5-2 所示。

流速大的一层对流速小的一层施以拉力,流速小的一层对流速大的一层施以阻力,因而各层之间就有内摩擦力的产生,实验表明,内摩擦力的大小与相邻两层的接触面积 S 及速度梯度 $\mathrm{d}v/\mathrm{d}y$ 成正比,即

$$F=\eta\cdot\frac{\mathrm{d}v}{\mathrm{d}y}\cdot S \tag{3-5-1}$$

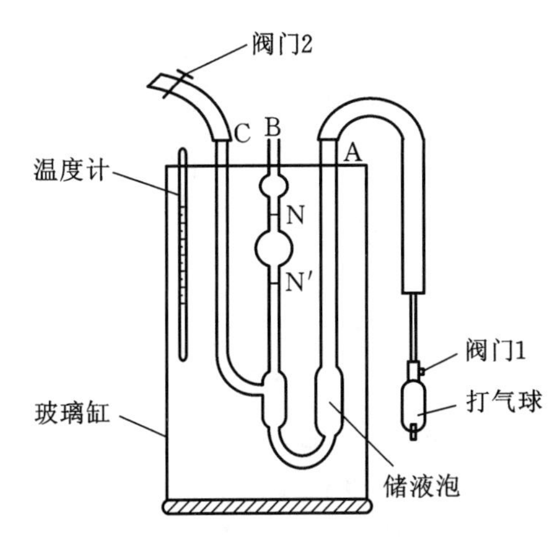

图 3-5-1　黏度计结构示意图

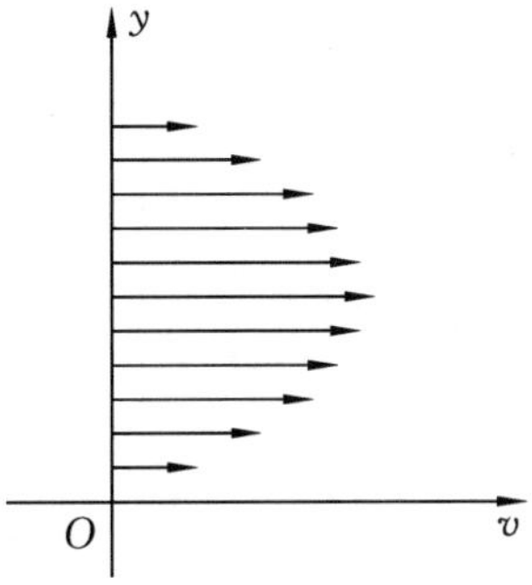

图 3-5-2　流速随液层分布关系

式中：比例系数 η 称为黏滞系数，又称为内摩擦系数。不同的液体具有不同的黏滞系数。一般情况下，液体的 η 值随温度的升高而减少。在国际单位制中，η 的单位为 Pa · s(帕 · 秒)。

当黏滞系数为 η 的实际液体在半径为 R、长为 L 的细管中稳定流动时，如果细管两端的压力差为 Δp，在 t 秒内流经细管的液体体积为 V，则根据泊肃叶公式，流量 Q 为

$$Q=\frac{V}{t}=\frac{\pi R^4 \Delta p}{8\eta L} \tag{3-5-2}$$

则

$$\eta=\frac{\pi R^4 \Delta p}{8VL}t \tag{3-5-3}$$

本实验采用比较法进行测量，常以黏滞系数已知的蒸馏水作为比较的标准。取黏滞系数为η_1的蒸馏水和黏滞系数为η_2 的待测液体分别注入黏度计，测出两种液体从刻线 N 降至 N′的时间t_1和t_2，可得

$$\eta_1=\frac{\pi R^4 \Delta p_1}{8VL}t_1,\quad \Delta p_1=\rho_1 g\Delta h t_1$$

$$\eta_2=\frac{\pi R^4 \Delta p_2}{8VL}t_2,\quad \Delta p_2=\rho_2 g\Delta h t_2$$

因此

$$\eta_2=\frac{\rho_2}{\rho_1}\frac{t_2}{t_1}\eta_1 \tag{3-5-4}$$

【实验内容】

(1) 图 3-5-3 所示为液体黏滞系数试验仪结构图，在大烧杯内注入一定室温的清水，以不溢出杯外为度，作为恒温槽。

(2) 用蒸馏水将黏度计内部清洗干净并甩干，将其垂直地固定在物理支架上，放在恒温槽中。

(3) 用移液管将一定量的蒸馏水(一般取 5～10 mL)由管口 C 注入 A 泡。注意：取水和取待测液体的用具不要混用，每次应冲洗干净。

(4) 用洗耳球将蒸馏水吸入 B 泡，使其液面略高于刻线 m，然后让液体在重力作用下经毛细管 L 流下。当液面降至刻线 m 时，按动秒表开始计时，液面降至刻线 n 时，按停秒表，记下所需要时间t_1。重复测量 3 次。

(5) 将蒸馏水换成待测液体乙醇，重复上述步骤(3)和步骤(4)，测量同体积的乙醇流经毛细管时所用时间t_2。重复测量 3 次。(注意：先将黏度计用待测液体乙醇清洗一下)

(6) 测量恒湿槽中水的温度 T。

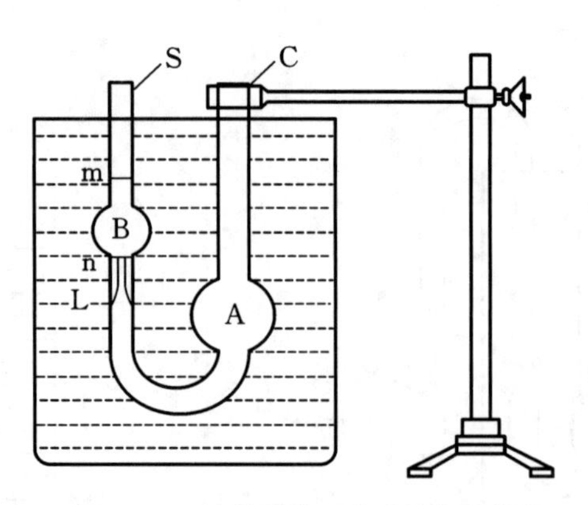

图 3-5-3　液体黏滞系数试验仪结构图

【数据记录与处理】

参照表 3-5-1 完成实验数据的记录。

表 3-5-1　比较法测黏滞系数测量数据　单位：s

项目 / 次数	蒸馏水 t_1	乙醇 t_2	t_1 的绝对误差 Δt_1	t_2 的绝对误差 Δt_2
1				
2				
3				
平均值				

（1）根据水温查出 ρ_1、ρ_2 和 η_1。

查表与记录：温度 $T=$ ________℃，蒸馏水的密度 $\rho_1=$ ________ kg/m^3，乙醇的密度 $\rho_2=$ ________ kg/m^3，蒸馏水的黏滞系数 $\eta_1=$ ________ Pa·s。

（2）求出乙醇的黏滞系数 η_2，并计算相对误差。

$\overline{\eta_2}=\frac{\rho_2}{\rho_1}\frac{\overline{t_2}}{\overline{t_1}}\eta_1=$ ____________；

$E\eta_2=\frac{\Delta t_1}{\overline{t_1}}+\frac{\Delta t_2}{\overline{t_2}}=$ ____________；

$\Delta\eta_2=\overline{\eta_2}\cdot E\eta_2=$ ____________；

$\eta_2=\overline{\eta_2}\pm\Delta\eta_2=$ ____________。

【注意事项】

（1）拿黏度计时，只能捏住一侧，以免折断。

（2）测量过程中，黏度计中液体内不能出现气泡。

【思考题】

（1）为什么要取相同体积的待测液体和标准液体进行测量？

（2）为什么实验过程中要将黏度计浸在水中？

（3）测量过程中为什么必须使黏度计保持垂直？

实验 3.6　落球法测定液体不同温度的黏滞系数

【实验目的】

(1) 观察液体的内摩擦现象,根据斯托克斯公式用落球法测量液体的黏滞系数。

(2) 掌握 PID 温控实验仪的使用方法。

(3) 了解雷诺数与斯托克斯公式的修正数。

(4) 掌握用落球法测黏滞系数的原理和方法。

【实验仪器】

变温黏滞系数测量装置、ZKY-PID 温控实验仪、秒表、螺旋测微器、钢球若干。

【实验原理】

当液体内各部分之间有相对运动时,接触面之间存在内摩擦力,阻碍液体的相对运动,这种性质称为液体的黏滞性,液体的内摩擦力称为黏滞力。黏滞力的大小与接触面面积以及接触面处的速度梯度成正比,比例系数 η 称为黏滞系数(或黏度)。

对液体黏滞性的研究在流体力学、化学化工、医疗、水利等领域都有广泛的应用,例如,在用管道输送液体时要根据输送液体的流量、压力差、输送距离及液体黏滞系数,设计输送管道的口径。

在稳定流动的液体中,液体之间存在相互作用的黏滞力。实验证明:若以液层垂直的方向作为 x 轴方向,则相邻两个流层之间的内摩擦力 f 与所取流层的面积 S 及流层间速度的空间变化率 $\mathrm{d}v/\mathrm{d}y$ 的乘积成正比,即

$$f=\eta\frac{\mathrm{d}v}{\mathrm{d}y}S \tag{3-6-1}$$

式中:η 称为液体的黏滞系数,它决定液体的性质和温度。液体的黏滞性随着温度升高而减小。如果液体是无限广延的,液体的黏滞性较大,小球的半径很小,且在运动时不产生旋涡。根据斯托克斯定律,小球受到的黏滞力 f 为

$$f=6\pi\eta rv \tag{3-6-2}$$

式中:η 称为液体的黏滞系数,r 为小球半径,v 为小球运动的速度。若小球在无限广延的液体中下落,受到的黏滞力为 f,重力为 ρVg,这里 V 为小球的体积,ρ 与 ρ_0 分别为小球和液体的密度,g 为重力加速度。小球开始下落时速度较小,相应的黏滞力也较小,小球作加速运动,随着速度的增加,黏滞力也增加,最后球的重力、浮力及黏滞力三力达到平衡,小球作匀速运动,此时的速度 v_0 称为收尾速度。有

$$\rho Vg-\rho_0 Vg-6\pi\eta rv_0=0 \tag{3-6-3}$$

小球的体积为

$$V=\frac{4}{3}\pi r^3=\frac{1}{6}\pi d^3 \tag{3-6-4}$$

把式(3-6-3)代入式(3-6-2),得

$$\eta=\frac{(\rho-\rho_0)gd^3}{18v} \tag{3-6-5}$$

由于式(3-6-1)只适合无限广延的液体，在本实验中，小球是在直径为 D 的装有液体的圆柱形有机玻璃圆筒内运动，不是无限广延的液体，考虑到管壁对小球的影响，式(3-6-5)应修正为

$$\eta=\frac{(\rho-\rho_0)gd^3}{18v\left(1+K\dfrac{d}{D}\right)} \tag{3-6-6}$$

式中：v_0 为实验条件下的收尾速度，d 为小球的直径，D 为量筒的内直径，K 为修正系数，一般取 $K=2.4$。收尾速度 v_0 可以通过测量玻璃量筒外两个标号线 A 和 B 的距离 S 和小球经过 S 距离的时间 t 得到，即 $v_0=S/t$。

当小球的密度较大，直径不是太小，而液体的黏滞系数值又较小时，小球在液体中的平衡速度 v_0 会达到较大的值，奥西思-果尔斯公式反映出了液体运动状态对斯托克斯公式的影响，即

$$f=3\pi\eta v_0 d\left(1+\frac{3}{16}Re-\frac{19}{1080}Re^2+\cdots\right) \tag{3-6-7}$$

式中：Re 称为雷诺数，是表征液体运动状态的无量纲参数，有

$$Re=v_0 d\rho_0/\eta \tag{3-6-8}$$

当 $Re<0.1$ 时，可认为式(3-6-2)、式(3-6-6)成立。当 $0.1<Re<1$ 时，应考虑式(3-6-7)中 1 级修正项的影响，当 $Re>1$ 时，还须考虑高次修正项。

考虑式(3-6-7)中 1 级修正项的影响及玻璃管的影响后，黏滞系数 η_1 可表示为

$$\eta_1=\frac{(\rho-\rho_0)gd^2}{18v(1+2.4d/D)(1+3Re/16)}=\eta\frac{1}{1+3Re/16} \tag{3-6-9}$$

由于 $3Re/16$ 是远小于 1 的数，将 $1/(1+3Re/16)$ 按幂级数展开后近似为 $1-3Re/16$，式(3-6-9)又可表示为

$$\eta_1=\eta-\frac{3}{16}v_0 d\rho_0 \tag{3-6-10}$$

已知或测量得到 ρ、ρ_0、D、d、v_0 等参数后，由式(3-6-6)计算黏滞系数 η，再由式(3-6-8)计算 Re，若需计算 Re 的 1 级修正，则由式(3-6-10)计算经修正的黏滞系数 η_1。

在国际单位制中，η 的单位是 Pa・s(帕・秒)。在厘米・克・秒制中，η 的单位是 P(泊)或 cP(厘泊)。它们之间的换算关系是

$$1\ \text{Pa}\cdot\text{s}=10\ \text{P}=1\ 000\ \text{cP}$$

测量液体黏滞系数可用落球法、毛细管法、转筒法等方法，其中落球法适用于测量黏滞系数较大的液体。

黏滞系数的大小取决于液体的性质与温度。温度升高，黏滞系数将迅速减小。例如，蓖麻油在室温附近温度改变 1 ℃，黏滞系数改变约 10%。因此，测定液体在不同温度的黏滞系数有很大的实际意义，欲准确测量液体的黏滞系数，必须精确控制液体温度。

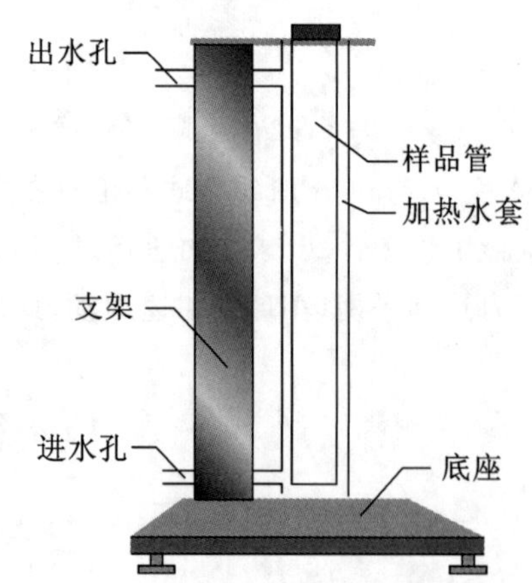

图 3-6-1　变温黏滞系数测量装置结构图

1. 变温黏滞系数测量装置

变温黏滞系数测量装置如图 3-6-1 所示。待测液体装在细长的样品管中，能使液体温度较快地与加热

水温达到平衡，样品管壁上有刻度线，便于测量小球下落的距离。样品管外的加热水套连接到温控仪，通过热循环水加热样品。底座下有调节螺钉，用于调节样品管的铅直。

2. ZKY-PID 温控实验仪

ZKY-PID 温控实验仪包含水箱、水泵、加热器、控制及显示电路等部分。温控试验仪内置微处理器，带有液晶显示屏，具有：操作菜单化，能根据实验对象选择 PID 参数以达到最佳控制，能显示温控过程的温度变化曲线和功率变化曲线及温度和功率的实时值，能存储温度及功率变化曲线，控制精度高等特点。温控实验仪面板示意图如图 3-6-2 所示。

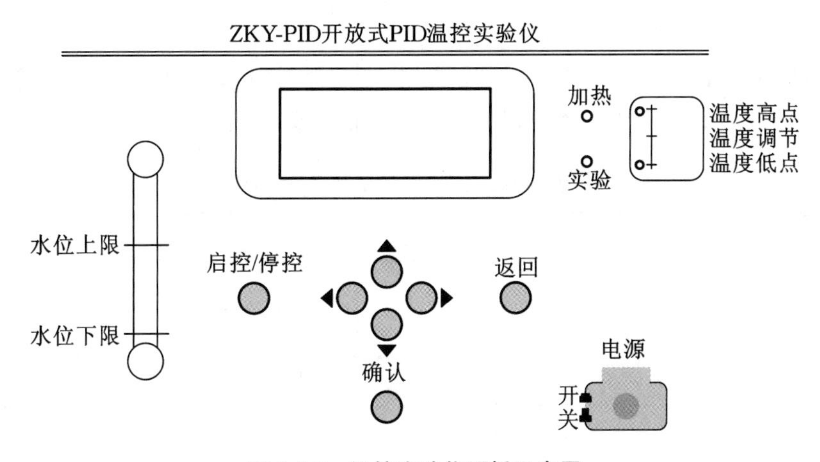

图 3-6-2 温控实验仪面板示意图

开机后，水泵开始运转，显示屏显示操作菜单，可选择工作方式，输入序号及室温，设定温度及 PID 参数。使用▲▼键选择项目，◀ ▶键设置参数，按“确认”键进入下一屏，按“返回”键返回上一屏。

进入测量界面后，屏幕上方的数据栏从左至右依次显示序号、设定温度、初始温度、当前温度、当前功率、调节时间等参数。图形区以横坐标代表时间，纵坐标代表温度（以及功率），并可用▲▼键改变温度坐标值。仪器每隔 15 s 采集 1 次温度及加热功率值，并将采集到的数据标示在图上。温度达到设定值并保持 2 min 温度波动小于 0.1 ℃，仪器自动判定达到平衡，并在图形区右边显示过渡时间t_s、动态偏差 σ、静态偏差 e。一次实验完成退出时，仪器自动将屏幕按设定的序号存储（共可存储 10 幅），以供必要时查看、分析、比较。

【实验内容】

（1）检查温控实验仪后面的水位管，将水箱水加到适当值。通常加水从仪器顶部的注水孔注入。若水箱排空后第 1 次加水，应该用软管从出水孔将水经水泵加入水箱，以便排出水泵内的空气，避免水泵空转（无循环水流出）或发出嗡鸣声。

（2）设定 PID 参数。若只是把温控实验仪作为实验工具使用，则保持仪器设定的初始值，也能达到较好的控制效果。

在不同的升温区段改变 PID 参数组合，观察参数改变对调节过程的影响，探索最佳控制参数。

（3）测定小球直径。用螺旋测微器测定小球（小钢珠）的直径 d。由式（3-6-6）及式（3-6-8）

可见，当液体黏滞系数及小球密度一定时，雷诺数 $Re \propto d^3$。在测量蓖麻油的黏滞系数时建议采用直径1～2 mm 的小球，这样可不考虑雷诺修正或只考虑 1 级雷诺修正。

(4) 测定小球在液体中下落的速度并计算黏滞系数。

温控实验仪的温度达到设定值后再等约10 min，使样品管中的待测液体温度与加热水温完全一致，才能测液体的黏滞系数。

注意：用镊子夹住小球沿样品管中心轻轻放入液体，观察小球是否一直沿中心下落，若样品管倾斜，应调节使其垂直。测量过程中，尽量避免对液体的扰动。

【数据记录与处理】

用秒表测量小球下落一段距离的时间 t，并计算小球的速度 v_0，用式(3-6-5)或式(3-6-6)计算黏滞系数 η，记入表 3-6-1 中。作黏滞系数随温度的变化关系曲线。

表 3-6-1　黏滞系数的测量数据

温度/℃	t/s						v_0/(m/s)	η/Pa·s
	1	2	3	4	5	平均值		
10								
15								
20								
25								
30								
35								
40								
45								
50								

表 3-6-2 中列出了部分温度下的黏滞系数值，可将这些温度下黏滞系数的测量值与标准值比较，并计算相对误差。

表 3-6-2　部分温度下的黏滞系数值

温度/℃	10	20	30	40
η/Pa·s	2.420	0.986	0.451	0.231

【思考题】

(1) 若用手握住圆筒测，此种方法妥否？

(2) 本实验中如果钢球表面粗糙对实验会有影响吗？

(3) 从圆筒内壁边缘投放一个小球，仔细观察其下落情况，你认为若按此法测，对测量结果有何影响？

(4) 如何判断小球在作匀速运动？

实验 3.7　声速测量实验

【实验目的】

(1) 了解压电换能器的功能，加深对驻波及振动合成等理论知识的理解。

(2) 学会用驻波法和垂直谐振动合成法测量声波在空气中的传播速度。

(3) 学会用逐差法处理数据。

【实验仪器】

超声声速测定仪、低频信号发生器 DF1027B、示波器 ST16B。

【实验原理】

由波动理论得知，声波的传播速度 v 与声波频率 f、波长 λ 之间的关系为 $v=f\lambda$，所以只要测出声波的频率和波长，就可以求出声速。其中声波频率可由产生声波的电信号发生器的振荡频率读出，声波的波长用驻波法(共振干涉法)和行波法(相位比较法)测量。

图 3-7-1 所示为超声声速测定仪实物，图 3-7-2 是超声波声速测量实验装置图，其中，S_1 和 S_2 采用压电陶瓷换能器分别作为信号发射端和反射端(兼接收端)，安装在丝杆上，且 S_2 可沿丝杆左右滑动，其位置可通过位移显示器读出。

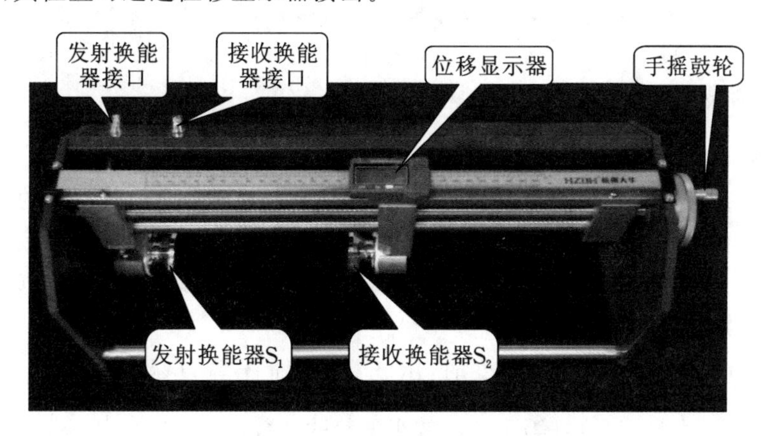

图 3-7-1　超声声速测定仪实物

1. 驻波法(共振干涉法)

驻波法测声速如图 3-7-2 所示，将信号发生器输出的正弦电压信号接到发射换能器 S_1 上，发射换能器 S_1 通过电声转换，将电压信号转换为超声波，以超声波的形式发射出去。接收换能器 S_2 通过声电转换，将声波信号转换为电压信号后，送入示波器观察。

由波动理论可知，从发射换能器发出一定频率的平面声波，经过空气传播，到达接收换能器，如果接收面与发射面严格平行，则入射波在接收面上垂直反射，入射波与反射波相互干涉形成驻波。

由声源发出的平面波经前方的平面反射后，入射波与发射波叠加，它们的波动方程分别是

$$y_1=A\cos 2\pi\left(ft-\frac{x}{\lambda}\right)$$

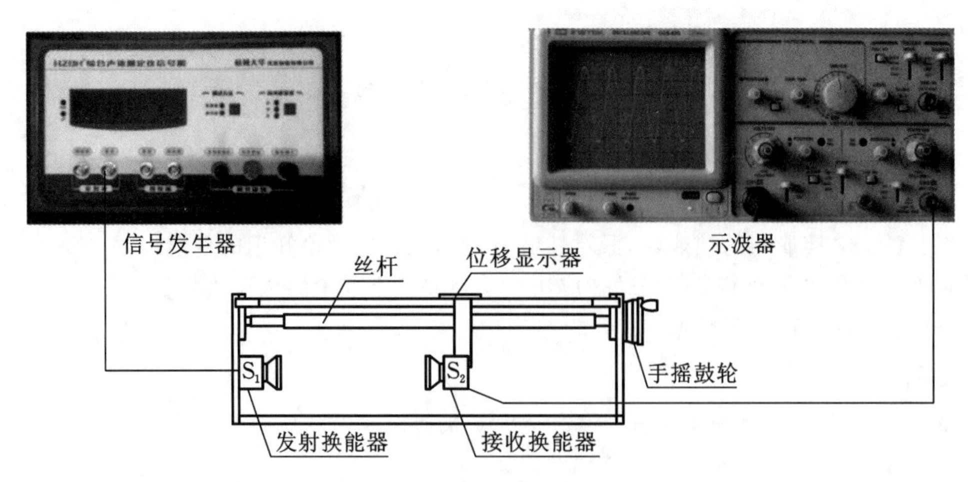

图 3-7-2　超声波声速测量实验装置(驻波法测声速)

$$y_2=A\cos 2\pi\left(ft+\frac{x}{\lambda}\right)$$

叠加后合成波为

$$y=\left(2A\cos 2\pi\frac{x}{\lambda}\right)\cos 2\pi ft \qquad (3\text{-}7\text{-}1)$$

式中：$\cos 2\pi\frac{x}{\lambda}=\pm 1$ 的各点振幅最大，称为波腹，对应的位置为 $x=\pm n\frac{\lambda}{2}$ $(n=0,1,2,\cdots)$；$\cos 2\pi\frac{x}{\lambda}=0$ 的各点振幅最小，称为波节，对应的位置为 $x=\pm(2n+1)\frac{\lambda}{4}$ $(n=0,1,2,\cdots)$。因此，只要测得相邻两波腹(或波节)的位置即可求得波长。

在声驻波中，波腹处声压(空气中由于声扰动而引起的超出静态大气压强的那部分压强)最小，而波节处声压最大。当接收换能器的反射界面处为波节时，声压效应最大，经接收换能器转换成电信号后从示波器上观察到的电压信号幅值也是极大值，所以可从接收换能器端面声压的变化来判断超声波驻波是否形成。

当S_1 和S_2 之间的距离 ΔL 连续改变时，示波器上的信号幅度呈现周期性变化。形成驻波时，两换能器之间的距离 ΔL 恰好等于其声波半波长的整数倍，即 $\Delta L=\pm n\frac{\lambda}{2}$ $(n=0,1,2,\cdots)$，距离 ΔL 可在标尺上由S_1 和S_2 的位置读数测得。另一方面，系统的共振频率是一定的，而信号发生器的频率是可调节的。当信号发生器的频率达到系统的共振频率时，频率计显示的就是声波的频率 f，这样即可根据 $v=f\lambda$，求得声速。

2. 垂直谐振动合成法(相位法)

如图 3-7-3 所示，将发射换能器 S_1 的交变电压信号输入示波器的 X 轴，而将S_2 的信号输入示波器的 Y 轴，用示波器的垂直叠加功能，示波器显示出李萨如图形。决定李萨如图形形态的有两个因素，一个是两个信号的频率比，另一个是两个信号的位相差。因为两个超声换能器的共振频率严格相等，所以示波器将显示为 1∶1的图形(椭圆)。

另一方面，根据波动方程，从S_1 发出的正弦波与从S_2 反射的正弦波相位差为 $\Delta\varphi=2\pi\frac{\Delta x}{\lambda}$

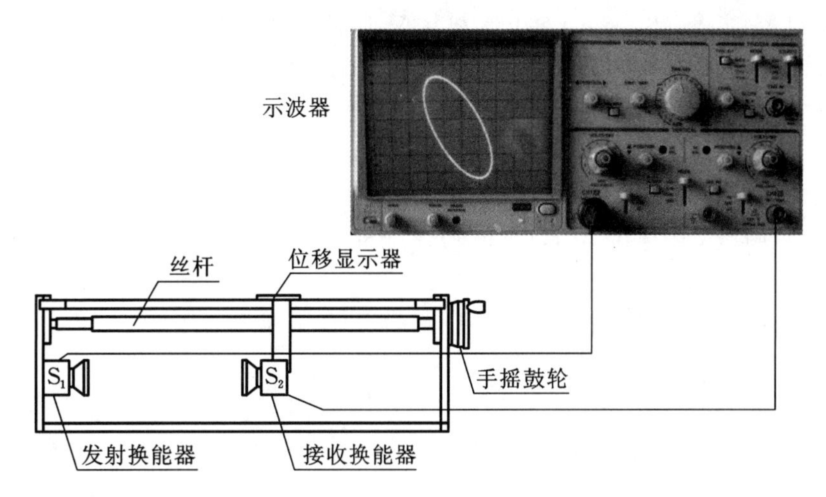

图 3-7-3　垂直谐振动合成法声速测量实验装置

($\Delta x = x_2 - x_1$，x_1、x_2 分别为S_2 和S_1 的位置读数)，当移动S_2 的位置时，图形将呈现出如图 3-7-4 中所示的变化。S_2 每移动 $\lambda/2$ 的距离时，位相差 $\Delta\varphi$ 就改变 π。随着振动相位差从 $0 \to 2\pi$ 的变化，李萨如图形如图 3-7-4 所示变化。因此通过示波器观察李萨如图形可测出声波的波长，而频率的获得方式与驻波法一样，这样即可根据 $v = f\lambda$，求得声速。

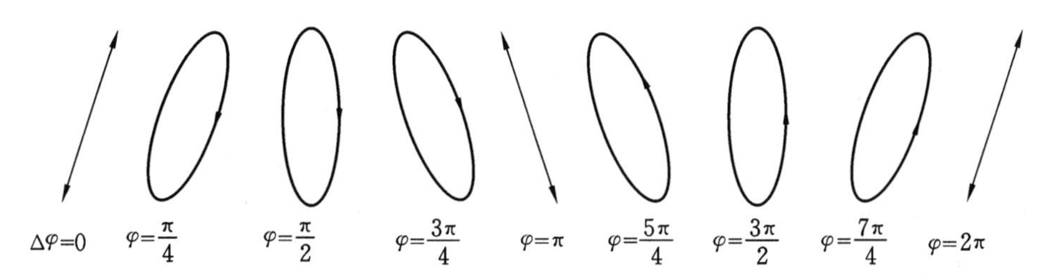

图 3-7-4　不同 $\Delta\varphi$ 时的李萨如图形

3. 压电换能器的原理

压电换能器由压电陶瓷(如钛酸钡多晶体)制成环状形态，再进行轴向极化后就具有双向压电效应，其结构简图和电效应原理图如图 3-7-5 所示。按此原理做成发射端 S_1 和接收端 S_2，当它轴向接上

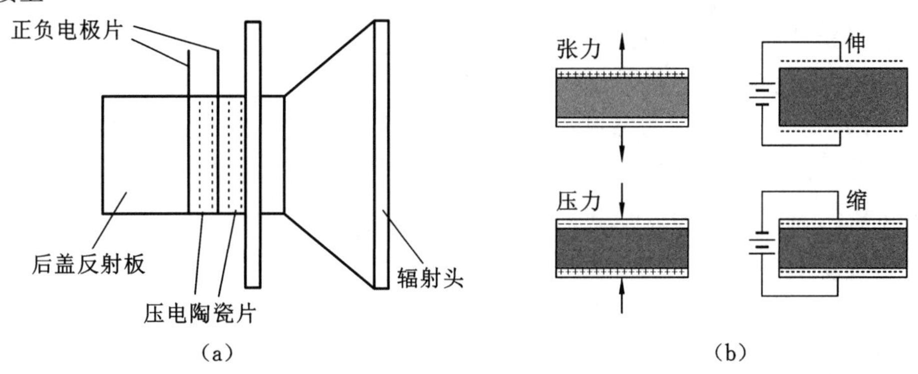

图 3-7-5　压电换能器的结构简图和压电效应原理图

交变电压信号时，它能将电压的变化转化为机械振动，从而产生声波，如图 3-7-2 所示的信号发射端 S_1；它也能将声波引起的机械振动转化为电压变化，如图 3-7-2 所示的信号接收端 S_2，输入示波器后就能看到接收到的波形。

压电换能器制成后，其振动频率是一定的，而本实验用的是在超声波段上某一频率（约 35～39 kHz 之间）的换能器，所以又称为超声波喇叭。

注意：人的可闻声波频率在 20 Hz～20 kHz，低于 20 Hz 的称为次声波，高于 20 kHz 的称为超声波。

根据相关理论，在干燥空气中，在室温为 t 时，声速的近似理论公式为

$$v=v_0\sqrt{1+\frac{t}{T_0}}\approx 331.5\sqrt{1+\frac{t}{273.15}}\ (\text{m/s}) \tag{3-7-2}$$

式中：t 为摄氏温度。在实验中只要测得当前室温 t 代入式(3-7-2)就可计算出声速作为理论值。

【实验内容】

1. 驻波法测声速

(1) 连接线路，把换能器 S_1 引线插在低频信号发生器的“功率输出孔”，把换能器 S_2 接到示波器的“Y input”；开机预热 10 min，自动工作在连续波方式，选择的介质为空气，观察 S_1 和 S_2 是否平行。

(2) 粗调信号发生器的频率及相关旋钮，调节示波器使屏幕上能同时观察到 S_1 和 S_2 的信号，再将 S_1 的信号接地，只留下 S_2 的信号。

(3) 精调信号发生器的频率，使系统达到共振条件，达到共振条件的标志是：① S_1 上的指示灯亮（红色）；②在不改变示波器的灵敏度的前提下，使 S_2 的信号幅度最大；③移动 S_2 的过程中，共振指示灯不会熄灭。此时，信号发生器显示的频率即为超声波的频率 f。

(4) 调节 S_2 的位置，观察到振幅最小（波节）或最大（波腹）时记下电子游标卡尺上的位置 L_0（归为零），由近而远地改变 S_2 的位置，依次记下 10 个波节（或波腹）的位置。

(5) 用逐差法求出 ΔL 和 $\overline{\Delta L}$，进而求出 λ，再根据公式 $v=\lambda f$，求出声速作为实验值。

(6) 记下当前室温 t，代入式(3-7-2)算得声速作为理论值。

(7) 计算实验值与理论值的相对误差 $E=\left|\frac{v_{理}-v_{实}}{v_{理}}\right|\times 100\%$。

2. 垂直谐振动合成法测声速

(1) 实现系统达到共振条件的调节与驻波相同，同时记录 f。

(2) 用示波器的垂直叠加功能，按下 X-Y 旋钮，即可显示频率比为 1∶1的李萨如图形（椭圆），同样由近及远地移动 S_2 的位置，依次记下位相差为 $\Delta\varphi=\pi$、$\Delta L=\lambda/2$ 的 10 个位置。

(3) 用逐差法算得 ΔL 和 $\Delta\overline{L}$，进而求出 λ，再根据公式 $v=\lambda f$ 求出声速，并计算相对误差。

【数据记录与处理】

1. 数据记录

1) 驻波法测声速

记录最佳工作频率（共振频率）$f=$ ________ kHz。

参照表 3-7-1 完成实验数据的记录。

表 3-7-1　驻波法测声速数据　　　　单位:mm

S_2 的位置	L_1	L_2	L_3	L_4	L_5
	L_6	L_7	L_8	L_9	L_{10}
$\Delta L=\frac{L_{i+5}-L_i}{5}$					
$\Delta \overline{L}$					
λ					
$v/(\mathrm{m/s})$					

2) 垂直谐振动合成法测声速

记录最佳工作频率(共振频率)$f=$________kHz。

参照表 3-7-2 完成实验数据的记录。

表 3-7-2　垂直谐振动合成法测声速数据　　　　单位:mm

S_2 的位置	L_1	L_2	L_3	L_4	L_5
	L_6	L_7	L_8	L_9	L_{10}
$\Delta L=\frac{L_{i+5}-L_i}{5}$					
$\Delta \overline{L}$					
λ					
$v/(\mathrm{m/s})$					

2. 数据处理

(1) 采用逐差法和平均值法计算 ΔL 和 $\Delta \overline{L}$,并填入表 3-7-1、表 3-7-2 相应位置。

(2) 由 $\Delta \overline{L}=\lambda/2$ 计算波长。

(3) 根据 $v=\lambda f$,计算声速。

(4) 查看当前温度 t,带入式(3-7-2)计算理论值$v_{理}$。

(5) 利用 $E=\left|\frac{v_{理}-v_{实}}{v_{理}}\right|\times 100\%$,计算两种测量方法下的相对误差。

【注意事项】

(1) 使用时应避免超声声速测定仪信号源的功率输出端短路。

(2) 超声声速测定仪上的鼓轮只能向一个方向旋转,否则会出现空回误差?

(3) 由于空气中的超声波衰减较大,在较长距离内测量时,接收波会有明显的衰减,这可能会带来计时器读数有跳字，这时应微调(距离增大时，顺时针调节；距离减小时，逆时针调节)接收增益，使计时器读数在移动 S_2 时连续准确变化。

【思考题】

(1) 为什么需要在驻波系统共振状态下进行声速的测量？

(2) 如何确定驻波波节的位置？

(3) 压电换能器是怎样实现机械信号和电信号之间的相互转换的？

实验 3.8 弦振动的研究

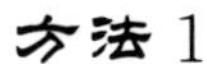

方法 1

【实验目的】

(1) 观察固定均匀弦振动时形成的驻波波形。

(2) 测量均匀弦线上横波的传播速度及均匀弦线的线密度。

【实验仪器】

弦振动综合实验仪。

【实验原理】

弦振动实验装置如图 3-8-1 所示。弦线的一端跨过劈尖 A，另一端跨过劈尖 B 后通过滑轮挂钩码，当铜弦线振动时，振动频率为交流电的频率。随着振动产生向右传播的横波，此波由 A 点传到 B 点时发生反射。由于前进波和反射波的振幅相同、频率相同、振动方向相同，但传播方向相反，所以可互相干涉形成驻波。在驻波中，弦上各点的振幅出现周期性的变化，有些点振幅最大，称为波腹；有些点振幅为零，称为波节，如图 3-8-2 所示。

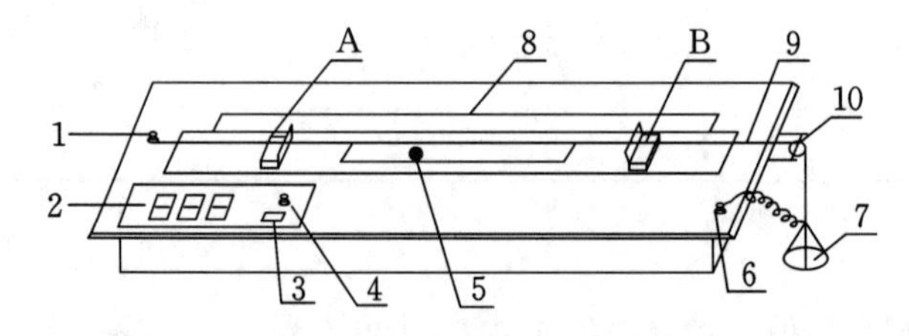

图 3-8-1 弦振动实验装置

1、6—接线柱；2—频率显示；3—电源开关；4—频率调节旋钮；5—磁铁；7—砝码盘；8—米尺；9—弦线；10—滑轮及托架；A、B—劈尖

设入射波和反射波的波动方程分别为

$$y_1 = A\cos 2\pi\left(ft - \frac{x}{\lambda}\right) \tag{3-8-1}$$

$$y_2 = A\cos 2\pi\left(ft + \frac{x}{\lambda}\right) \tag{3-8-2}$$

式中：A 为波的振幅，f 为频率，λ 为波长，x 为弦线上质点的坐标位置，两波叠加后的合成波为

驻波，其方程为

$$y=y_1+y_2=2A\cos\frac{2\pi x}{\lambda}\cos 2\pi ft \quad (3\text{-}8\text{-}3)$$

式(3-8-3)表明，当形成驻波时，弦线上各点作振幅为 $\left|2A\cos\frac{2\pi x}{\lambda}\right|$、频率皆为 f 的简谐振动，各点的振幅随着其与原点的距离 x 的不同而不同。

由式(3-8-3)可知，令 $\left|2A\cos\frac{2\pi x}{\lambda}\right|=0$，可得波节的位置坐标为

$$x=\pm(2k+1)\frac{\lambda}{4}\ (k=0,1,2,\cdots) \quad (3\text{-}8\text{-}4)$$

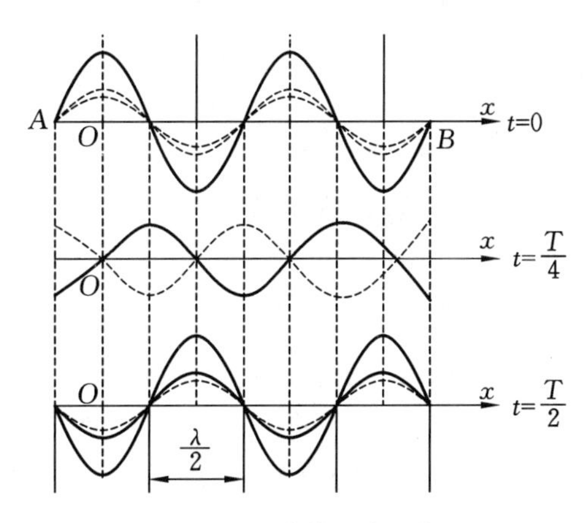

图 3-8-2　驻波的形成示意图

令 $\left|2A\cos\frac{2\pi x}{\lambda}\right|=2A$，可得波腹的位置坐标为

$$x=\pm k\frac{\lambda}{2}\ (k=0,1,2,\cdots) \quad (3\text{-}8\text{-}5)$$

可得相邻两波腹(或波节)的距离为半个波长，因此，在驻波实验中，只要测得相邻两波节(或相邻两波腹)间的距离，就能确定该波的波长。

在本实验中，由于固定弦的两端是由劈尖支撑的，故两端点称为波节。所以，只有当弦线的两个固定端之间的距离(弦长)等于半波长的整数倍时，才能形成驻波，这就是均匀弦振动产生驻波的条件，其数学表达式为

$$L=\frac{n\lambda}{2}\quad (n=1,2,3,\cdots) \quad (3\text{-}8\text{-}6)$$

由此可得沿弦线传播的横波波长为

$$\lambda=\frac{2L}{n} \quad (3\text{-}8\text{-}7)$$

式中：n 为弦线上驻波的段数，即半波数。

根据波速、频率与波长的普遍关系式 $v=f\lambda$，可得弦线上横波的传播速度为

$$v=f\frac{2L}{n} \quad (3\text{-}8\text{-}8)$$

另外，根据波动理论，波在弦上的传播速度 v 取决于线密度 ρ 和弦的张力 T，其关系为

$$v=\sqrt{\frac{T}{\rho}} \quad (3\text{-}8\text{-}9)$$

如果已知张力和频率，由式(3-8-8)和式(3-8-9)可得线密度为

$$\rho=T\left(\frac{n}{2Lf}\right)^2 \quad (3\text{-}8\text{-}10)$$

如果已知线密度和频率，则由式(3-8-8)和式(3-8-9)可得张力为

$$T=\rho\left(\frac{2Lf}{n}\right)^2 \quad (3\text{-}8\text{-}11)$$

如果已知线密度和张力，则由式(3-8-8)和式(3-8-9)可得频率为

$$f=\frac{n}{2L}\sqrt{\frac{T}{\rho}} \tag{3-8-12}$$

【实验内容】

1. 测定弦线的线密度

选取频率 $f=100$ Hz，张力 T 由 40 g 钩码挂在弦线上的一端产生，调节劈尖 A、B 之间的距离，使弦线上依次出现半波数 $n=1,2,3$ 的驻波，并记录相应的弦长 L_i，计算 ρ_i，求出平均值 $\bar{\rho}$。

2. 在频率一定的条件下，改变张力 T 的大小，测量弦线上横波的传播速度 v

选取频率 $f=75$ Hz，张力 T 由钩码挂在弦线上的一端产生。分别挂上 m_1 和 m_1+m_2 的钩码，分别调节弦长使弦线上依次出现半波数 $n=1,2$ 的驻波，并记录相应的弦长 L_i。

3. 在张力 T 一定的条件下，改变频率的大小，测量弦线上横波的传播速度 v

挂上 m_1+m_2 的钩码，改变频率的大小，分别调节弦长使弦线上依次出现半波数 $n=1,2$ 的驻波，并记录相应的弦长 L_i。

4. 在 L、T 一定的条件下测频率

挂上 m_1+m_2 的钩码，调节合适弦长，调节频率的大小使弦线上依次出现半波数 $n=1,2,3$ 的驻波，并记录相应的频率。

【数据记录与处理】

参照表 3-8-1 至表 3-8-4 完成实验数据的记录。

表 3-8-1 弦线的线密度测量数据

$g=9.8\ \mathrm{m/s^2}$，$m_1=164$ g，$m_2=50$ g

频率	$f=100$ Hz，$T=(m_1+m_2)\times10^3\times9.8$ N		
半波数 n	1	2	3
弦线长 L/m			
线密度 $\rho=T\left(\frac{n}{2Lf}\right)^2$/(kg/m)			
平均线密度 $\bar{\rho}$/(kg/m)			

表 3-8-2 弦线上横波的传播速度 v(f 一定)测量数据

频率	$f=75$ Hz			
$T/(\times10^3\times9.8$ N)	m_1		m_1+m_2	
半波数 n	1	2	1	2
弦线长 L/m				
速度 $v=2Lf/n$/(m/s)				
平均速度 $\bar{v}$/(m/s)				

表 3-8-3　弦上横波的传播速度 v(张力 T 一定)测量数据

张力/($\times 10^3 \times 9.8$ N)	$T=(m_1+m_2)$					
频率 f/Hz	75		100		125	
半波数 n	1	2	1	2	1	2
弦线长 L/m						
速度 v/(m/s)						
平均速度$\bar{v}$/(m/s)						

表 3-8-4　频率(L、T 一定)测量数据

	$L=$________m, $T=(m_1+m_2)\times 10^3\times 9.8$ N		
半波数 n	1	2	3
频率 f/Hz			

【注意事项】

(1) 改变挂在悬线一端的钩码,要在钩码稳定后再测量。

(2) 在移动劈尖调整驻波时,磁铁应在两劈尖之间,且不能处于波节位置,要等波形稳定后再记录数据。

【思考题】

(1) 横驻波实验中,线端所悬砝码摆动时对实验有什么影响?

(2) 增大弦的张力时,如果线密度 ρ 有变化,对实验将有什么影响?

方法 2

【实验目的】

(1) 观察固定均匀弦振动时形成的驻波波形。

(2) 测量均匀弦线的线密度。

(3) 测量弦线的共振频率、传播速度与张力的关系。

【实验仪器】

弦振动综合实验仪。

【实验原理】

弦振动实验装置如图 3-8-3 所示。拉力传感器和施力螺母经穿过挡板 2 的螺栓连接,挡板 2 固定在导轨组件一端,挡板 2 上印有张力增大或减小的方向标识。弦线两端用调节板和挡板 1 卡住,调节板固定在可移动的拉力传感器上,挡板 1 固定在导轨组件另一端,这样弦线上的张力可通过施力螺母控制拉力传感器的移动来进行调节。拉力传感器连接数字拉力计后,可在数字拉力计上显示相应数值,显示的是质量(单位 kg)对应的数值,也可视其为工程单位制中的力(单位 kgf)对应的数值(1 kgf=9.8 N)。驱动传感器将来自信号源的变化的电信号转换为同频

率变化的空间磁场，弦线受磁场作用而同频率振动，该振动沿弦线传播形成波。

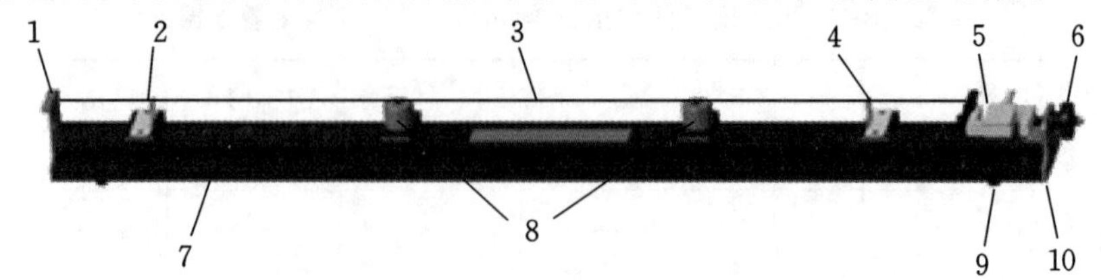

图 3-8-3　弦振动研究实验仪装置示意图

1—挡板 1；2、4—劈尖；3—弦线；5—调节板；6—施力螺母；7—导轨；8—电磁线圈感应器；9—拉力传感器；10—挡板 2

具体原理见方法 1。

【实验内容】

1. 观察不同简正模式下驻波的形状

(1) 在挡板 1 和调节板上装上最细的弦线，两劈尖之间距离即弦长 L 取约 80 cm(尽量长)，驱动传感器距离一劈尖约 10 cm，接收传感器置于偏离两劈尖的中心位置约 5 cm。

(2) 调节弦线张力，使该张力大小约为弦线最大张力的 0.2 倍。

(3) 信号源的频率调至最小，适当调节信号幅度(推荐 10～20V_{P-P})，同时调节示波器垂直增益为 5 mV/div，水平增益为 2 ms/div，并打开带宽限制功能(防止高频噪声干扰)。

(4) 缓慢增大信号源的频率(即驱动频率，建议从步距 1 Hz 开始粗调，出现振幅突然增大的波形后再减小步距进行细调)，观察示波器屏幕中的波形变化(注意：频率调节不能太快，因为弦线形成驻波需要一定的能量积累和稳定时间，太快则来不及形成驻波)。如果示波器上波形不明显，则增大信号源的输出幅度；如果弦线的振幅太大，造成弦线碰撞驱动传感器或接收传感器，则应减小信号源的输出幅度。适当调节示波器的通道增益，以观察到合适的波形大小，直到示波器接收到的波形稳定同时振幅接近或达到最大值为止。这时示波器上显示的信号的频率就是共振频率，该频率与信号源输出的信号频率(即驱动频率)相同或相近，故可以驱动频率作为共振频率。

(5) 此时人眼仔细观察两劈尖之间的弦线，应当有驻波波形形如“　”。此时观察到的驻波其频率即为基频 f_1，波腹数 $n=1$。

(6) 继续增大频率，重复步骤(4)，然后用步骤(5)的方法观察整根弦线，应当有驻波波形形如“　”。此时观察到的驻波其频率即为二次谐频 f_2，波腹数 $n=2$。

(7) 类似地，继续增大频率，重复步骤(4)，然后用步骤(5)的方法观察整根弦线，可以依次观察到形如“　”“　”“　”的三次、四次、五次谐频的驻波波形，对应的波腹数 n 分别为 3、4、5。

注意：为节省弦线更换时间，下面前三个实验可以采用同一根弦线。

2. 测量弦线的共振频率与波腹数的关系

(1) 弦长 L 取 60～70 cm 范围内某值。驱动传感器距离一劈尖约 10 cm，接收传感器置于偏离两劈尖的中心位置约 5 cm。

(2) 在挡板 1 和调节板上装上一根弦线(线密度为ρ)，并调定弦线张力 F，使该张力大小在最大张力 0.5～0.9 倍范围内，既使弦线充分张紧，又不超出最大张力。

(3) 信号源的频率调至最小，适当调节信号幅度(推荐 5V_{P-P}，细弦用大的信号幅度，粗弦用小的信号幅度)，同时调节示波器垂直增益为 5 mV/div，水平增益为 2 ms/div，打开带宽限制功能。

(4) 按照实验内容 1 步骤(4)的方法(此时可不再通过人眼观察驻波形状，下同)，记录不同波腹数对应的共振频率 f。

（5）计算本征频率 f_0，并计算共振频率与本征频率的相对误差 ω_f。

（6）以波腹数为横坐标、共振频率为纵坐标绘制曲线。该曲线应为一条过原点的直线，且斜率与 f_1 相等或相近。说明共振频率与波腹数成正比，且高次谐频为基频的整数倍。

3. 测量弦线的共振频率与弦长的关系

（1）设置两劈尖之间的距离（即弦长 L）。驱动传感器距离一劈尖约 10 cm，接收传感器置于两劈尖的中心位置。

（2）记录波腹数 $n=1$ 时各弦长对应的共振频率。

（3）计算本征频率 f_0，计算共振频率与本征频率的相对误差 ω_f。

（4）以弦长的倒数（$1/L$）为横坐标、共振频率为纵坐标绘制曲线。

4. 测量弦线的共振频率、传播速度与张力的关系

（1）设置弦线所受张力。

（2）记录波腹数 $n=1$ 时各张力对应的共振频率。

（3）以张力的 $\frac{1}{2}$ 次方（$F^{1/2}$）为横坐标、共振频率为纵坐标绘制曲线。

（4）根据共振频率和波长得到波速计算值，由公式 $u_0=\sqrt{F/\rho}$ 求出波速理论值，并计算波速计算值与理论值的相对误差 ω_u。分析波速与张力的关系。

5. 测量弦线的共振频率、传播速度与线密度的关系

（1）记录波腹数 $n=1$ 时对应的共振频率及给定的弦线的参考线密度。

（2）更换弦线，重复实验。

（3）以线密度的 $-\frac{1}{2}$ 次方（$\rho^{-1/2}$）为横坐标，共振频率为纵坐标绘制曲线。

（4）根据共振频率和波长得到波速计算值，由公式 $u_0=\sqrt{F/\rho}$ 求出波速理论值，并计算波速计算值与理论值的相对误差 ω_u。分析波速与线密度的关系。

【数据记录与处理】

1. 测量弦线的共振频率与波腹数的关系

参照表 3-8-5 完成实验数据的记录。

表 3-8-5　弦线的共振频率与波腹数的关系测量数据

线密度 $\rho=$ ________ g/m，弦长 $L=$ ________ cm，张力 $F=$ ________ kgf

波腹数 n	共振频率 f/Hz	本征频率 $f=\frac{n}{2L}\sqrt{\frac{F}{\rho}}$/Hz	共振频率与本征频率的相对误差 $\omega_f=\frac{f-f_0}{f_0}\times100\%$
1			
2			
3			
4			
5			
…			

2. 测量弦线的共振频率与弦长的关系

参照表 3-8-6 完成实验数据的记录。

表 3-8-6　弦线的共振频率与弦长的关系测量数据

线密度ρ=________g/m，波腹数 n=___1___，张力 F=________kgf

弦长 L/cm	L^{-1}/cm^{-1}	共振频率 f/Hz	本征频率 $f_0=\frac{n}{2L}\sqrt{\frac{F}{\rho}}$/Hz	共振频率与本征频率的相对误差$\omega_f=\frac{f-f_0}{f_0}\times 100\%$
65				
60				
55				
50				
45				
…				

3. 测量弦线的共振频率、传播速度与张力的关系

参照表 3-8-7 完成实验数据的记录。

表 3-8-7　弦线的共振频率、传播速度与张力的关系测量数据

线密度ρ=________g/m，最大张力F_m=________kgf，波腹数 n=___1___，弦长 L=________cm

张力 F/kgf	$F^{1/2}$ /$kgf^{1/2}$	共振频率 f/Hz	波速计算值 $u=\frac{2L}{n}f$/(m/s)	波速理论值 $u_0=\sqrt{\frac{F}{\rho}}$/(m/s)	波速计算值与理论值的相对误差$\omega_u=\frac{f-f_0}{f_0}\times 100\%$
0.5 F_m					
0.6 F_m					
0.7 F_m					
0.8 F_m					
0.9 F_m					

4. 测量弦线的共振频率、传播速度与线密度的关系

参照表 3-8-8 完成实验数据的记录。

表 3-8-8　弦线的共振频率、传播速度与线密度的关系测量数据

张力 F=________kgf，波腹数 n=___1___，弦长 L=________cm

线密度 ρ/(g/m)	$\rho^{-1/2}$ $(g/m)^{-1/2}$	共振频率 f/Hz	波速计算值 $u=\frac{2L}{n}f$/(m/s)	波速理论值 $u_0=\sqrt{\frac{F}{\rho}}$/(m/s)	波速计算值与理论值的相对误差$\omega_u=\frac{f-f_0}{f_0}\times 100\%$

【注意事项】

(1) 给弦线施加张力时,先松开施力螺母,让弦线完全松弛,再按"清零"按钮,然后缓慢旋转加力,严禁超过给定的最大张力值。做完实验,按"清零"按钮,然后完全松开弦线。

(2) 实验时不要使接收传感器离驱动传感器太近,保持两者距离至少 10 cm,以免受到干扰。

(3) 读取频率过程中,张力的波动不宜超过 0.01 kgf。

(4) 弦线振动幅度不宜过大,否则观察到的波形不是严格的正弦波,或者有变形,或者带有不稳定性振动。

实验 3.9　液体表面张力系数的测量

【实验目的】

(1) 了解力敏传感器的使用和定标方法,并计算该传感器的灵敏度。

(2) 了解液体表面的性质,加深对其物理规律的认识。

(3) 学习掌握拉脱法测定液体表面张力系数的原理和方法,用拉脱法测量室温下水的表面张力系数。

【实验仪器】

支架及升降台、力敏传感器、数字电压表、砝码(7 片)、砝码盘、镊子、金属吊环、玻璃器皿、待测液体(如水)等。

【实验原理】

1. 液体的表面张力

液体与空气接触形成表面层,其厚度的数量级与分子力作用球半径的数量级相同。由于表面层内液体分子间相互作用,使液体表面层犹如一张张紧的弹性膜,其上作用着沿着液体表面的使表面具有收缩趋势的作用力,称为液体的表面张力。这种力的存在,可引起弯曲液面内外出现压强差,以及常见的毛细现象等。

毛细现象可以通过以下实验进行观察和分析。如图 3-9-1(a) 所示,取一个钢丝制成的矩形框架,水平放置矩形框的一边 AB 可以在框架上自由滑动。将框架浸入浓肥皂液后取出,框架上就会形成一个矩形肥皂膜 $ABCD$,用手轻轻扶住 AB 两端,即施以外力$F_{外}$,液膜面积可保持不变。如果除去该外力,则可看到液膜自动收缩,如图 3-9-1(b)所示。当 AB 边保持平衡时,可以通过测定外力$F_{外}$的大小来测出表面张力。实验事实表明,表面张力 f 的大小与液面的周界(或截线)长度 L 成正比,即 $f=\alpha L$,比例系数 α 称为表面张力系数(N/m),其数值等于液面上作用在每单位长度截线(或周界)上的表面张力。注意:在图 3-9-1 的实验中,因液膜有两个表面,所以钢丝 AB 的受力情况从横断面看如图 3-9-1(c)所示,所以平衡时有$F_{外}=2f=2\alpha L=2\alpha\cdot\overline{AB}$。

表面张力系数 α 的大小主要由物质种类决定。一般说来,易挥发的液体其 α 值小。表面张力系数 α 还跟液体相邻的物质种类以及液体温度有关。温度越高,α 值越小。此外,表面张力系数 α 还与液体所含杂质有关,有的杂质能使 α 值减小。

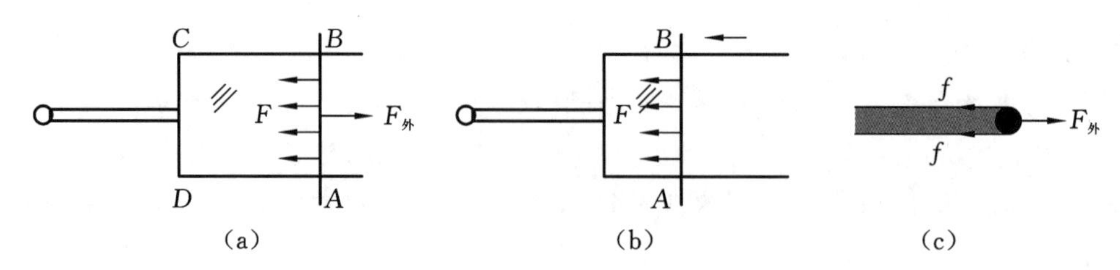

图 3-9-1　液体表面张力的演示图

2. 拉脱法测量液体表面张力系数

本实验采用拉脱法测定液体(如水)表面张力系数,实验装置如图 3-9-2 所示。采用一个已知周长的金属圆环或金属片,测量其从待测液体表面脱离时所需要的力,利用 $f=\alpha L$ 求得该液体表面张力系数的方法称为拉脱法。

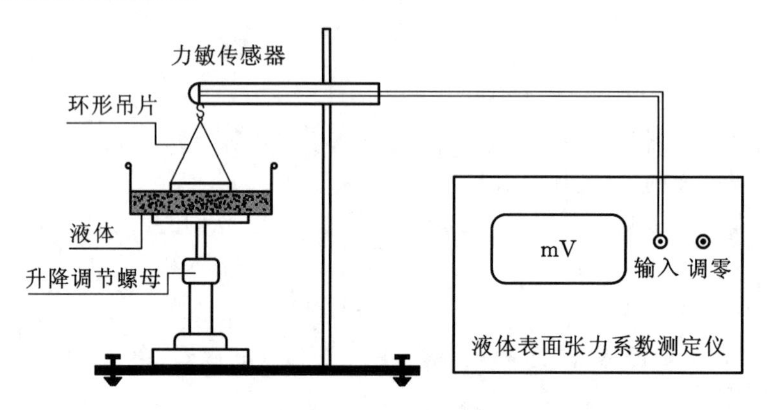

图 3-9-2　液体表面张力系数测定实验装置

本实验采用内外直径分别为D_1、D_2 的金属圆环,当其缓慢从水的表面脱离的过程中,金属圆环底端就会拉出一层与水面相连的液膜,如图 3-9-3 所示。由于表面张力的作用,测力计的读数逐渐达到一个最大值F_1(当超过此值时,液膜即破裂)。受力分析如图 3-9-4 所示,此时测力计的读数F_1 应是金属圆环重力 mg 与液膜牵引金属圆环的表面张力 f 之和,即

$$F_1=mg+f \tag{3-9-1}$$

图 3-9-3　拉脱过程中金属圆环与液膜实物图

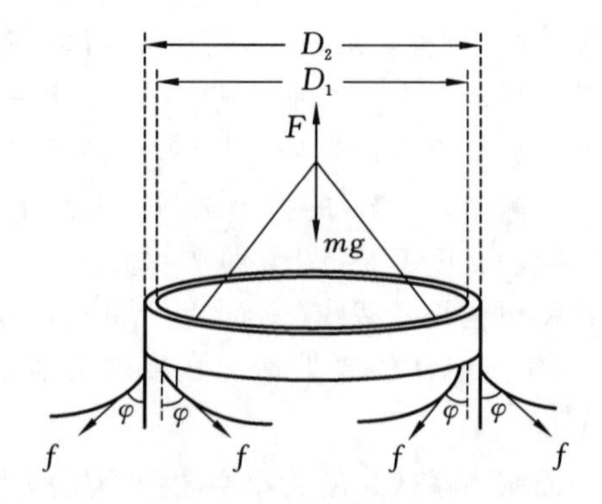

图 3-9-4　金属圆环与液膜的受力分析示意图

由于吊环底端的液膜有内外两个表面,则液膜牵引金属圆环的表面张力为

$$f=\alpha\pi(D_1+D_2) \tag{3-9-2}$$

金属圆环脱离液面后，测力计的读数为F_2，其大小为圆环所受的重力

$$F_2=mg \tag{3-9-3}$$

所以

$$\alpha=\frac{f}{\pi(D_1+D_2)}=\frac{F_1-F_2}{\pi(D_1+D_2)} \tag{3-9-4}$$

测定表面张力系数的关键是测量表面张力。表面张力一般很小，实验中常用的微力测量装置有焦利秤、扭力秤等。本实验采用硅压阻式力敏传感器(又称半导体应变计)测量液体与金属相接触的表面张力，它比传统的焦利秤、扭力秤等灵敏度高、稳定性好，可数字显示以便于计算机实时测量记录。

硅压阻式力敏传感器由弹性金属梁和贴在梁上的传感器芯片组成，其中芯片由 4 个硅扩散电阻集成一个非平衡电桥。当外界压力作用于金属梁时，电桥失去平衡，产生输出信号，输出电压与所加外力呈线性关系，即

$$U=BF \tag{3-9-5}$$

式中：B 为力敏传感器的灵敏度(mV/N)，F 为所加的外力，U 为输出电压值。

由以上的分析可知，金属圆环拉脱前后瞬间测力计的读数F_1、F_2 分别对应相应时刻力敏传感器输出的电压值U_1、U_2，所以，式(3-9-4)也可表示为

$$\alpha=\frac{F_1-F_2}{\pi(D_1+D_2)}=\frac{U_1-U_2}{B\pi(D_1+D_2)} \tag{3-9-6}$$

【实验内容】

1. 力敏传感器的定标

(1) 接通电源，将仪器预热 15 min。

(2) 在传感器挂钩上挂上砝码盘，调节调零旋钮使数字电压表示数为零(注意：调零后此旋钮不能再动)。

(3) 在砝码盘中依次加入 0.500 g 的砝码片，待稳定后记下电压表读数U_i($i=1,2,\cdots,7$)(注意：放砝码片时应尽量轻，不要晃动砝码盘)。

(4) 以砝码片重力为横轴，电压表读数为纵轴，用作图法进行直线拟合，求出传感器灵敏度 B。

2. 测量水的表面张力系数

(1) 在玻璃器皿内放入水并安放在升降台上。

(2) 在传感器挂钩上挂上金属圆环，逆时针转动升降调节螺母，使水面靠近吊环，观察吊环下沿和液面是否平行。如果不平行，调节吊环上的细丝使之与液面平行。

(3) 逆时针方向转动升降调节螺母使水面上升，当吊环下沿浸入液体中时，改为顺时针转动该螺母，这时水面下降(或者说吊环相对其往上提拉)，吊环和液面间形成环形液膜。继续使液面下降，特别注意吊环即将拉断液膜前一瞬间数字电压表读数值U_1，拉断后一瞬间数字电压表读数U_2。记下这两个数值，重复测量 5 次。

(4) 将以上数据代入液体表面张力系数公式(3-9-6)，计算出水在当前实验温度下的表面张力系数，并与标准值(见附表)进行比较(对结果做出评价)。

【数据记录与处理】

1. 力敏传感器的定标

参照表 3-9-1 完成实验数据的记录。

表 3-9-1　力敏传感器的定标数据

次数	1	2	3	4	5	6	7
m/kg	0.000 5	0.001 0	0.001 5	0.002 0	0.002 5	0.003 0	0.003 5
mg/N							
U/mV							

已知当地的重力加速度 $g=9.794\ \mathrm{m/s^2}$，利用作图法进行线性拟合，求出直线斜率，得出力敏传感器的灵敏度 $B=$________mV/N。

2. 测量水的表面张力系数

参照表 3-9-2 完成实验数据的记录。

表 3-9-2　水的表面张力系数的测量数据

圆环内径 $D_1=3.310$ cm，圆环外径 $D_2=3.496$ cm

实验次数	1	2	3	4	5
U_1/mV					
U_2/mV					
ΔU/mV					
$f/(\times 10^{-3}\ \mathrm{N})$					
$\alpha/(\times 10^{-3}\ \mathrm{N/m})$					
$\bar{\alpha}/(\times 10^{-3}\ \mathrm{N/m})$					

求得水的表面张力系数实验平均值 $\bar{\alpha}$，然后与当前温度下的标准值 α_0（见表 3-9-3）相比较，求出相对误差 $E=\frac{|\bar{\alpha}-\alpha_0|}{\alpha_0}\times 100\%=$________。（$t=$________℃，$\alpha_0=$________$\times 10^{-3}$ N/m）

表 3-9-3　不同温度下水对空气的 α_0

t/℃	$\alpha_0/(\times 10^{-3}\ \mathrm{N/m})$	t/℃	$\alpha_0/(\times 10^{-3}\ \mathrm{N/m})$
2	75.0	22	72.2
4	76.6	24	71.9
6	76.6	26	71.7
8	76.4	28	71.4
10	76.1	30	71.1
12	75.7	32	70.9
14	75.4	34	70.5
16	73.3	36	70.2
18	73.0	38	69.8
20	72.5	40	69.5

【注意事项】

(1) 在旋转升降台时,尽量减小圆环的晃动。

(2) 给力敏传感器定标时,要用镊子取用砝码,禁止用手直接拿取砝码。

(3) 力敏传感器受力不宜大于 0.098 N,否则容易造成其损坏。

(4) 手指等不宜接触液体,以免污染液体,影响张力系数。

(5) 做完实验后必须将吊环清洁干净并用清洁纸擦干,覆盖防尘纸放入收纳盒中。

【思考题】

(1) 在实验过程中,若吊环下沿所在平面与液面不平行,对测得的表面张力系数有什么影响? 是大了还是小了?

(2) 在实际操作中,拉脱过程中为什么 U_1 会经历一个先增大后减小的过程? 为什么计算表面张力需要用拉断前一瞬间的读数而不是最大值作为 U_1?

实验 3.10　导热系数的测定

【实验目的】

(1) 了解热传导的基本原理和规律。

(2) 利用稳态法测量物体的导热系数,比较不同温度下物体的导热系数。

【实验仪器】

导热系数测定仪、橡皮样品、牛筋样品、陶瓷样品等。

【实验原理】

热传导在我们日常生活中无处不在,是最常见的热现象之一。导热是由于物质分子的热运动,使能量(热量)从温度较高处向温度较低处传递的过程。当温度的变化只是沿着一个方向(设为 z 方向)进行时,由傅里叶导热定律有

$$\mathrm{d}Q=-\lambda\left(\frac{\mathrm{d}T}{\mathrm{d}z}\right)\cdot \mathrm{d}S\cdot \mathrm{d}t \tag{3-10-1}$$

式(3-10-1)表示在 $\mathrm{d}t$ 时间内通过 $\mathrm{d}S$ 面积的热量为 $\mathrm{d}Q$,$\mathrm{d}T/\mathrm{d}z$ 表示温度梯度,λ 为导热系数,它的大小由物体本身的物理性质决定,单位为 W/(m・K),它是表征物质导热性能大小的物理量,式中的负号表示热量传递向着温度降低的方向进行。

图 3-10-1 所示为导热系数测定仪,B 为样品,它的上下表面分别和上下铜盘(发热盘 A 和散热盘 P)接触,热量由温度为 T_1 的高温铜盘 A 通过样品 B 向温度为 T_2 的低温铜盘 P 传递,因样品 B 不是很厚,可视热量沿着垂直样品 B 的方向传递。在稳定状态下,Δt 时间内通过面积为 S、厚度为 h 的匀质样品 B 的热量为 ΔQ,则单位时间内通过样品 B 的热流量为

$$\frac{\Delta Q}{\Delta t}=-\lambda\frac{T_1-T_2}{h}S \tag{3-10-2}$$

式中:热流量 $\Delta Q/\Delta t$ 即为样品的导热速率,只要知道了导热速率即可求出 λ,下面我们来求 $\Delta Q/\Delta t$。

实验中,使得上铜盘 A 和下铜盘 P 分别达到恒定温度,即热传导达到稳定状态时,上铜盘温度 T_1 和下铜盘温度 T_2 的值不变,下铜盘单位时间内接收样品 B 传递的热量 $\Delta Q/\Delta t$ 等于其

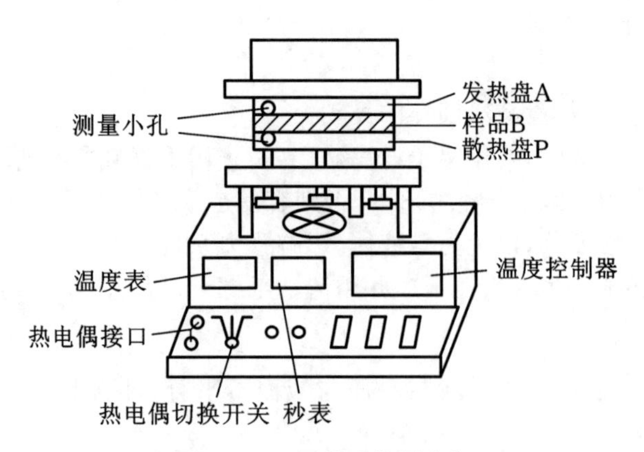

图 3-10-1 导热系数测定仪

单位时间内所散发的热量。在实验中，热流量 $\Delta Q/\Delta t$ 不便于测量，但可测量下铜盘 P 稳态下的散热，下铜盘 P 单位时间的散热为

$$\frac{\Delta Q}{\Delta t}=mc\left.\frac{\Delta T}{\Delta t}\right|_{T=T_2} \tag{3-10-3}$$

因此，可通过下铜盘 P 在稳定温度 T_2 时的散热速率来求出样品 B 的热流量 $\Delta Q/\Delta t$，从而可计算出导热系数 λ。

图 3-10-2 所示为热传导示意图，由于下铜盘 P 的上表面和样品 B 的下表面接触，所以散热面积只有下表面积与侧面积之和，即 $\pi\left(\frac{D}{2}\right)^2+\pi D\delta$（$D$ 与 δ 分别为铜盘的直径与厚度），而 $\frac{\Delta Q}{\Delta t}$ 是铜盘的全部表面暴露于空气中的散热速率，其散热表面积为 $2\pi\left(\frac{D}{2}\right)^2+\pi D\delta$，考虑到物体的散热速率与它的表面积成正比，所以稳态时铜盘散热速率的表达式应作如下修正

$$\frac{\Delta Q}{\Delta t}=mcK\,\frac{D+4\delta}{2D+4\delta} \tag{3-10-4}$$

式中：m 为下铜盘 P 的质量，c 为下铜盘的比热容，$K=\left.\frac{\Delta T}{\Delta t}\right|_{T=T_2}$ 为下铜盘 P 在 T_2 时的冷却速率。

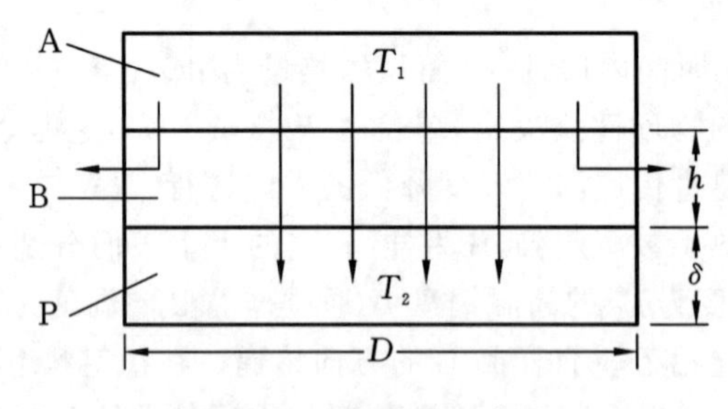

图 3-10-2 热传导示意图

将式(3-10-4)代入式(3-10-2)，可得

$$\lambda=\frac{-mcKh(D+4\delta)}{\frac{1}{2}\pi D^2(T_1-T_2)(D+2\delta)} \tag{3-10-5}$$

【实验内容】

1. 测量相同温度下不同样品的导热系数

(1) 把橡胶盘B放入加热盘A和散热盘P之间，调节散热盘P下方的三颗螺丝，使得橡胶盘B与加热盘A和散热盘P紧密接触。

(2) 将热电偶分别插入加热盘A和散热盘P侧面的小孔中，并分别将热电偶的接线连接到导热系数测定仪的传感器Ⅰ、Ⅱ上，接通电源，设定温度控制值，并打开加热开关。

(3) 待达到稳态时(T_1、T_2 的数值在10 min内不发生变化)，记录T_1、T_2 的值。

(4) 测量散热盘P在稳态值T_2 附近的散热速率$\frac{\Delta Q}{\Delta t}$，移开加热盘A，取下橡胶盘B，并使加热盘A与散热盘P直接接触，当散热盘P的温度上升到高于稳态T_2 的值约5 ℃左右时，再将加热盘A移开，让散热盘P自然冷却，每隔30 s记录其温度值。

(5) 记录散热盘P的直径D、厚度δ、质量m，记录橡胶盘的直径D和厚度h。

(6) 更换不同的样品，重复上面的操作。

2. 测量同一样品在不同温度下的导热系数

改变不同的设定温度，重复上面的操作。

【数据记录与处理】

1. 数据记录

铜的比热容$c=3.805\times10^2$ J/kg·℃。参照表3-10-1至表3-10-3完成实验数据的记录。

表3-10-1　稳态温度T_1、T_2 测量数据

稳态温度/℃	55	60	65	70
T_1/℃				
T_2/℃				

表3-10-2　散热盘P的参数测量数据

D/cm	δ/cm	m/g

表3-10-3　样品B的厚度h测量数据

样品	橡胶	牛筋	陶瓷
h/cm			

注意：在此实验过程中加热盘的显示温度T_1 可能会与设定温度并不一致，以显示实际温度为准，但必须得在稳态下方可记录读数。

2. 数据处理

根据表3-10-4作T-t散热曲线，如图3-10-3所示，图中$T=T_2$点切线斜率即为冷却速率$K=\left.\frac{\Delta T}{\Delta t}\right|_{T=T_2}$，代入式(3-10-5)并计算样品B的导热系数。

表 3-10-4　散热盘 P 的冷却速率

时间/s	0	30	60	90	120	150	180	210	…
温度/℃									

注意：在降温过程中，起始温度比稳态温度T_2高 5 ℃左右开始，比T_2低 5 ℃左右截止。

根据实验要求，测量不同样品盘、不同温度下的冷却速率。

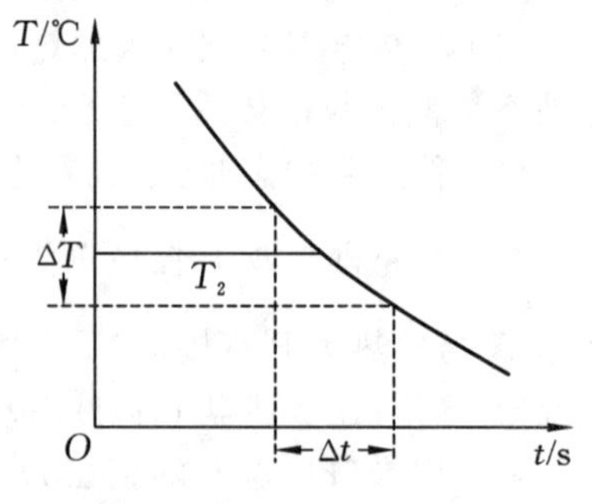

图 3-10-3　T-t 散热曲线

【注意事项】

(1) 热电偶插入铜盘测量小孔时，应涂抹上导热硅脂，并插到孔的底部，保证接触良好。

(2) 实验中，不要开启散热风扇，以保证测量的精准度。

(3) 实验结束后，应切断电源，妥善放置测量样品，不要使样品两端面划伤而影响实验结果。

【思考题】

(1) 什么是稳定导热状态？如何判定实验达到了稳定导热状态？

(2) 实验中打开散热风扇对实验是否会有影响？有何影响？

(3) 判断并说明物体的导热系数是否与温度有关。

实验 3.11　用单臂、双臂电桥测电阻

【实验目的】

(1) 了解单臂电桥、双臂电桥的设计原理和测电阻的基本原理。

(2) 学会单臂电桥测中值电阻，双臂电桥测低电阻。

(3) 学习测量常见金属的电阻率。

【实验仪器】

教学用多功能电桥 DHQJ-5、电阻箱、毫伏计、标准电阻、检流计、米尺、千分尺、待测电阻(3个)、铜棒、铝棒、铁棒、开关及导线。

【实验原理】

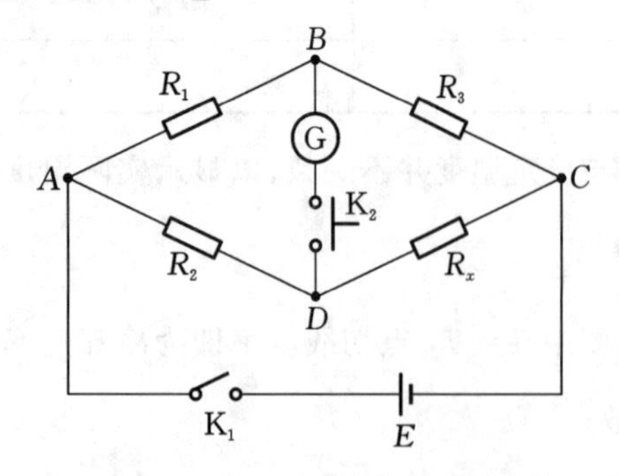

图 3-11-1　单臂电桥原理图

1. 单臂电桥测电阻

桥式电路是常见的基本电路，利用桥式电路制成的电桥是用比较法进行测量的仪器，可以测量电阻、电容、电感、频率、温度、压力等许多物理量，广泛地应用于工业生产、精密测量和自动化控制中。单臂电桥又称为惠斯通电桥，其测量范围为 $10 \sim 10^6\ \Omega$，其原理图如图 3-11-1所示。被测电阻R_x和标准电阻R_3及电阻R_1、R_2连成一个四边形，每一条边构成电桥的一个臂。在 AC 端加上直流电压，BD 间串接检流计 G，用来检测其间

有无电流(B、D两点有无电势差)。所谓“桥”指BD这段而言,它的作用是将B、D两点电势U_B和U_D进行比较。

R_x是待测电阻,R_1、R_2是已知电阻,R_3为测量用电阻箱。适当选择R_1、R_2两个电阻的阻值,调节R_3的阻值,使得B、D两点电势相等,即当$U_B=U_D$时,检流计中无电流通过,这时称电桥达到了平衡。当电桥平衡时,有$I_g=0$,$I_1=I_3$,$I_2=I_x$,其中,I_g、I_1、I_2、I_3、I_x分别为通过检流计G,电阻R_1、R_2、R_3、R_x的电流。电桥平衡时,根据B、D两点电势相等,可知$U_{AB}=U_{AD}$,$U_{BC}=U_{DC}$,根据欧姆定律有$I_1R_1=I_2R_2$,$I_3R_3=I_xR_x$,所以有

$$\frac{R_1}{R_2}=\frac{R_3}{R_x} \tag{3-11-1}$$

式(3-11-1)为单臂电桥的平衡条件,即在电桥平衡时,已知R_1、R_2、R_3的数值就可求出R_x,即

$$R_x=\frac{R_2}{R_1}\cdot R_3 \tag{3-11-2}$$

通常称$\frac{R_2}{R_1}$为“比率臂”,R_3为“比较臂”。因此,用单臂电桥法测电阻时,只需要先确定比率臂的数值,调节比较臂,使检流计的读数为零,就可测出待测电阻R_x的阻值。

2. 双臂电桥测低电阻原理

所谓低电阻是指阻值小于1 Ω的电阻。由于电路中的导线电阻和接触电阻(以下简称线触电阻,通常为10^{-3} Ω左右)的存在,用单臂电桥测不准,误差非常大。对单臂电桥加以改进而成的双臂电桥(又称开尔文双电桥),采用“四端电阻”这一巧妙设计,避开了线触电阻的干扰,把“四端电阻”与单臂电桥相结合而产生的双臂电桥,准确率很高。双臂电桥原理图如图3-11-2所示。

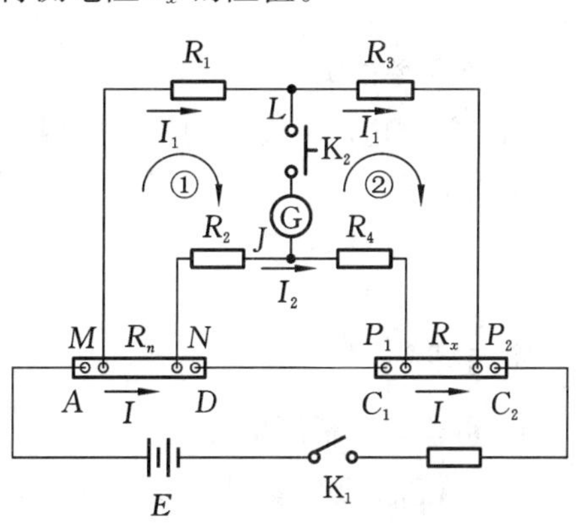

图3-11-2　双臂电桥原理图

图3-11-2中,R_x为被测电阻,R_n为可变的标准电阻,R_1和R_2两个已知电阻和单臂电桥的相同,不同的是多了一个由R_3和R_4组成的支路,故称为双臂电桥。检流计的一端接在R_1和R_3之间,另一端接在R_2和R_4之间。R_1、R_2、R_3和R_4比起R_n和R_x大很多,它们分别接在R_n和R_x的相应电势接头M、N、P_1和P_2上。R_n和R_x都备有四个接头,在外面的A、D、C_1、C_2称为电流接头,在里面的M、N、P_1、P_2称为电势接头,被测的电阻值R_x是指P_1、P_2之间的电阻。

在双臂电桥中,支路AD、C_1C_2电阻很小,有着很大的电流流过;R_1、R_2、R_3和R_4阻值很大,显然分给R_1、R_2支路及R_3、R_4支路的电流要小得多。因此电桥各部分MLP_2和NJP_1所有的连接线,以及接触点的电阻上的电势降,比起R_1、R_2、R_3和R_4上的电势降可忽略不计,也比在R_n和R_x上的电势降小得多,所以在电桥平衡中可忽略。接触点A、D、C_1、C_2由于分别在电阻R_n和R_x的电势接头之外,对电桥平衡也不起作用,由此避免了线触电阻的影响。

在双臂电桥中,改变R_1、R_2、R_3、R_4和R_n,可使检流计电流为0,此时在支路R_1和R_3、R_2和R_4,及R_n和R_x的电流,显然成对地相等,分别用I_1、I_2和I来表示。由于检流计中电流为0,故点L和J的电势相等,因此有

$$\begin{cases} I_1 R_1 = I_2 R_2 + I R_n \\ I_1 R_3 = I_2 R_4 + I R_x \end{cases} \tag{3-11-3}$$

由式(3-11-3)可得

$$\frac{R_x}{R_n} = \frac{R_3\left(I_1 - \frac{R_4}{R_3} I_2\right)}{R_1\left(I_1 - \frac{R_2}{R_1} I_2\right)} \tag{3-11-4}$$

在设计双臂电桥时，电阻R_1、R_2、R_3、R_4的值使得

$$\frac{R_2}{R_1} = \frac{R_4}{R_3}$$

则式(3-11-4)可简化为

$$R_x = \frac{R_3}{R_1} \cdot R_n \tag{3-11-5}$$

式(3-11-5)称为双臂电桥测低值电阻原理公式。通常情况下，选择合适的R_n，设定R_1、R_2值($R_1 = R_2$)，调节电阻R_3(R_4一般和R_3同步变化)，使电桥达到平衡，根据式(3-11-5)就可算出待测电阻R_x。

3. 电阻率的测定

如果待测电阻是粗细均匀的圆棒，截面的直径为D，长度为L，则由电阻率定义可计算电阻率ρ，其公式为

$$\rho = \frac{\pi D^2}{4L} \cdot R_x \tag{3-11-6}$$

【实验内容】

1. 用单臂电桥测电阻

(1) 熟悉主要实验设备教学用多功能电桥 DHQJ-5。

(2) 用万用电表粗测待测电阻R_{x1}、R_{x2}、R_{x3}。

(3) 标准电阻R_n，选择开关选择“单桥”挡，工作方式开关选择“单桥”挡，电源选择开关按表3-11-1有效量程选择工作电压，检流计 G 开关选择“G 内接”。

表 3-11-1 单臂电桥测量电阻参数对照表

有效量程/Ω	R_1/Ω	R_2/Ω	量程倍率	允许误差/(%)	工作电压/V
1～11.111	10 000	10	$\times 10^{-3}$	3	3
10～111.11	10 000	100	$\times 10^{-2}$	0.5	
100～1111.1	10 000	1 000	$\times 10^{-1}$	0.1	
1 k～11.111 k	1 000	1 000	$\times 1$	0.1	
10 k～111.11 k	1 000	10 000	$\times 10$	0.1	
100 k～1111.1 k	100	10 000	$\times 10^2$	0.5	12
1 M～11.111 M	10	10 000	$\times 10^3$	2	

(4) 根据R_x 的粗测值，按表 3-11-1 选择量程倍率，设置好R_1、R_2 和R_3的阻值，将未知电阻R_x 接入R_x 接线端子(注意:R_x 端子上方短接片应接好)。

(5) 打开仪器电源开关，面板指示灯亮。

(6) 选择毫伏表，释放“接入”键，将量程置“20 mV”挡，调节“调零”电位器，将数显表调零。调零后将量程转入“200 mV”量程，按下“接入”键；也可以选择电流表，选择量程“2 mA”挡，按下“接入”键。(两个“接入”键只能选择一个)

(7) 调节R_3各盘电阻，粗平衡后，毫伏表选择“20 mV”挡(电流表选择“200 μA”挡)，细调R_3位，使电桥平衡。

(8) 重复上述实验过程，记录数据，按照公式$R_x=\frac{R_2}{R_1}\cdot R_3=K\cdot R_3$，分别算出$R_{x1}$、$R_{x2}$、$R_{x3}$的值。

2. 用双臂电桥测低值电阻

(1) 旋转标准电阻R_n选择开关，按表 3-11-2 的参数选择相应R_n值。

表 3-11-2 双臂电桥测电阻参数对照表

标准电阻R_n/Ω	有效量程/Ω	$R_1=R_2$/Ω	分辨力/Ω	允许误差/(%)
10	10~111.110	1 000	0.001	0.1
1	1~11.111 0	1 000	0.000 1	0.1
0.1	0.1~1.111 10	1 000	0.000 01	0.5
0.01	0.01~0.111 110	1 000	0.000 001	1

(2) 工作方式开关选择“双桥”挡，电源选择开关置“1.5 V”(双桥)挡，G 开关选择“G 内接”。

(3) 按表 3-11-2 选择R_1、R_2 值(注意:双桥使用时，$R_1=R_2$)。

(4) 将被测电阻的四个端子(C_1、C_2 电流端子，P_1、P_2 电压端子)接入仪器C_1、C_2、P_1、P_2 端子。

(5) 打开电源、开关，选择毫伏表作为检流计(也可用微安表)；在未接入状态下调零；将量程置“20 mV”挡；按下“接入”键。

(6) 按下工作电源开关“B”(持续时间要短，以免被测电阻发热影响测量精度)，调节R_3(R_3内部已和R_4同步)各盘电阻，使电桥平衡。

(7) 记录数据，并根据式(3-11-5)算出R_x。

3. 电阻率的测定

(1) 按图 3-11-3 所示将待测金属棒装配成“四端电阻”。

(2) 将待测“四端电阻”接入双臂电桥相应的接线柱上，按照实验内容 2 测出其电阻。

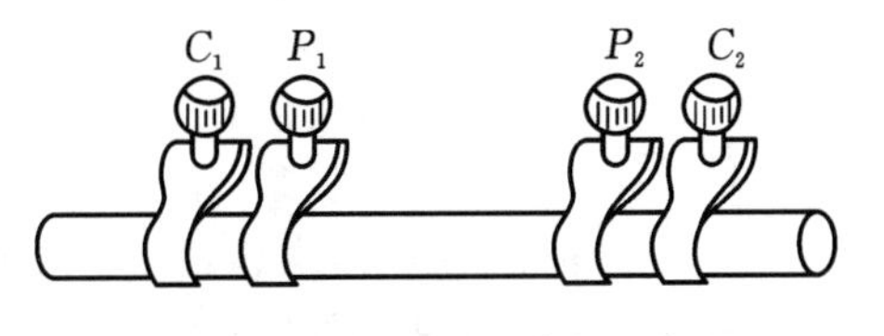

图 3-11-3 四端电阻装配示意图

(3) 用米尺测出P_1、P_2 之间的距离 L，用千分尺测出直径 D，各测 6 次。

(4) 记录数据，并按照式(3-11-6)算出电阻率 ρ。

(5) 按照上述实验过程分别测得铜棒、铝棒、铁棒的电阻率。

【数据记录与处理】

参照表 3-11-3、表 3-11-4 完成实验数据的记录。

表 3-11-3 单臂电桥测电阻

待测电阻	$K=R_2/R_1$	R_3/Ω	R_x/Ω
R_{x1}	$R_1=$ $\Omega, R_2=$ $\Omega, K=$		
R_{x2}	$R_1=$ $\Omega, R_2=$ $\Omega, K=$		
R_{x3}	$R_1=$ $\Omega, R_2=$ $\Omega, K=$		

表 3-11-4 双臂电桥测低值电阻

R_n/Ω	$R_2/\Omega(R_1=R_2)$	R_3/Ω	R_x/Ω
0.01	1 000		
0.1	1 000		
1	1 000		
10	1 000		

【注意事项】

(1) 在用电桥测电阻前,先检查检流计是否调零,如未调零,应先调零后再开始测量。

(2) 在调节电阻箱的阻值时,千万不要调到"0"阻值;从高位到低位调节时,先调节低位电阻值到最大,再把高位调到"0"。

(3) 实验完毕后,应检查各按钮开关是否均已松开,再关闭电源。

【思考题】

(1) 双臂电桥与单臂电桥有什么异同?

(2) 怎么样调节桥路才能更快更准使其达到平衡?

(3) 电桥法测量电阻的原理是什么? 如何判断电桥平衡?

(4) 为什么用电桥测量待测电阻前,先要用万用表进行粗测?

实验 3.12 铁磁物质的磁滞回线

【实验目的】

(1) 掌握磁滞、磁滞回线和磁化曲线的概念,加深对铁磁物质的主要物理量的理解。

(2) 测定样品的基本磁化曲线,作 μ-H 曲线。

(3) 测定样品的 H_c、B_r、B_m 和 H_m 等参数,绘制磁滞回线。

【实验仪器】

TH-MHC 型磁滞回线实验仪、TH-MHC 型智能磁滞回线测试仪、示波器。

【实验原理】

铁磁物质是一类磁性很强的磁介质,铁、钴、镍、钢以及含铁氧化物均属于铁磁物质。由于铁磁物质具有高磁导率、非线性和磁滞等重要特征，故铁磁物质在很多领域得到了广泛应用，如航天、通信、自动化仪表及控制、能源开发等。

1. 铁磁物质的磁滞回线和磁化曲线

铁磁物质的磁性来自内部电子的自旋引起的强烈相互作用，在这种作用下，铁磁物质内部形成一些微小的自发磁化区域——磁畴，如图 3-12-1 所示。无外磁场时，各磁畴的磁化方向不同，各磁畴磁矩相互抵消，宏观上不显示磁性。加上外磁场后，各磁畴磁矩取向趋向一致，且与外磁场方向相同，介质被磁化而显示磁性。铁磁物质的磁化过程很复杂，这主要是由于它具有磁滞的特性。一般都是通过测量磁化场的磁场强度 H 和磁感应强度 B 之间的关系来研究其磁性规律。

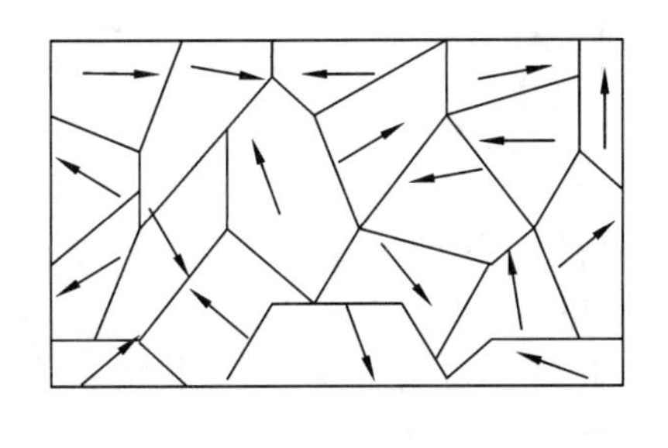

（a）磁化前

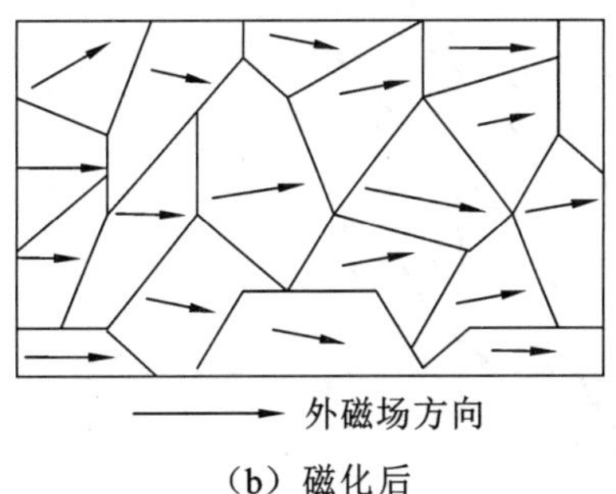

（b）磁化后

图 3-12-1　各磁畴的磁化方向

1）*磁滞回线*

当铁磁物质中不存在磁化场时，H 和 B 均为零，即图 3-12-2 中 B-H 曲线的坐标原点 O。随着磁化场 H 的增加，B 也随之增加，但两者之间不是线性关系。当 H 增加到一定值时，B 不再增加(或增加十分缓慢)，这说明该物质的磁化已达到饱和状态。H_m 和 B_m 分别为饱和时的磁场强度和磁感应强度(对应于图中 a 点)。如果再使 H 逐渐退到零，则与此同时 B 也逐渐减少。然而 H 和 B 对应的曲线轨迹并不沿原曲线轨迹 aO 返回，而是沿另一曲线 ab 下降到 B_r，这说明当 H 下降为零时，铁磁物质中仍保留一定的磁性，这种现象称为磁滞，B_r 称为剩磁。将磁化场反向，再逐渐增加其强度，直到 $H=-H_c$，磁感应强度消失。这说明要消除剩磁，必须施加反向磁场 H_c。H_c 称为矫顽力，它的大小反映铁磁物质保持剩磁状态的能力。图 3-12-2 表明，当磁场按 $H_m \to O \to -H_c \to -H_m \to O \to H_c \to H_m$ 次序变化时，B 所经历的相应变化为 $B_m \to B_r \to O \to -B_m \to -B_r \to O \to B_m$。于是得到一条闭合的 B-H 曲线，称为磁滞回线。所以，当铁磁物质处于交变磁场中时(如变压器中的铁芯)，它将沿磁滞回线反复被磁化→去磁→反向磁化→反向去磁。在此过程中要消耗额外的能量，并以热的形式从铁磁物质中释放，这种损耗称为磁滞损耗。可以证明，磁滞损耗与磁滞回线所围面积成正比。

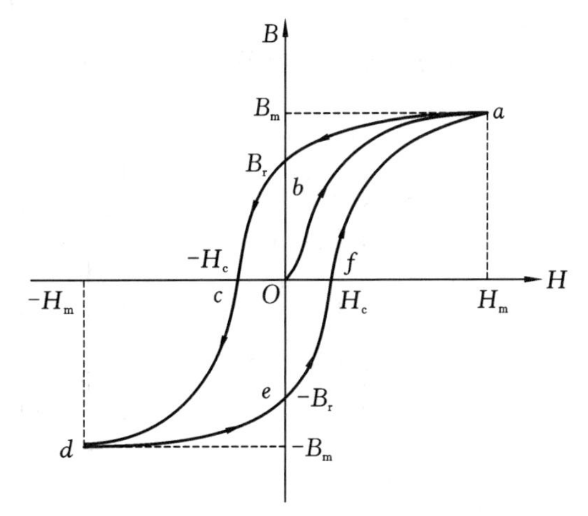

图 3-12-2　磁滞回线

2）*磁化曲线*

对于初始态为 $H=0$、$B=0$ 的铁磁物质，在交变磁场强度由弱到强依次进行磁化的过程中，可以得到面积由小到大向外扩张的一簇磁滞回线，如图 3-12-3 所示。

这些磁滞回线顶点的连线称为铁磁物质的基本磁化曲线。根据磁场理论，有

$$B=\mu H \tag{3-12-1}$$

由此可近似确定其磁导率 $\mu=B/H$。因 B 与 H 非线性，故铁磁物质的 μ 不是常数，而是随 H 的变化而变化，如图 3-12-4 所示。在实际应用中，常使用相对磁导率 $\mu_r=\mu/\mu_0$，μ_0 为真空中的磁导率。铁磁物质的相对磁导率可高达数千乃至数万，这一特点是它用途广泛的主要原因之一。

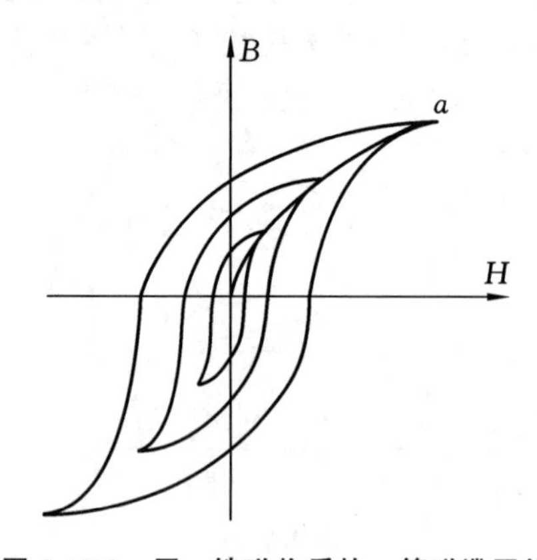

图 3-12-3　同一铁磁物质的一簇磁滞回线

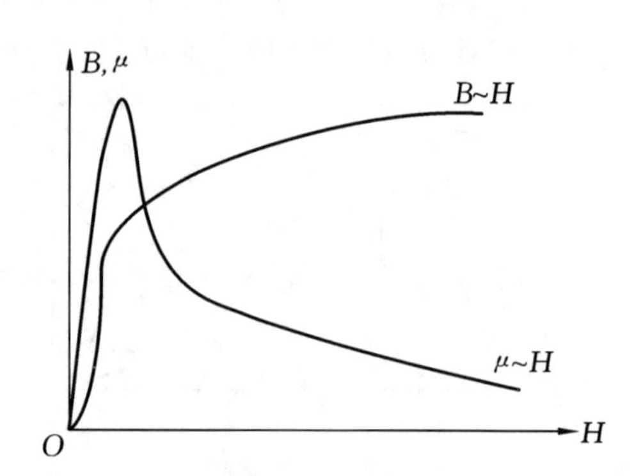

图 3-12-4　铁磁物质 μ、B 与 H 关系曲线

一般情况下，铁磁物质根据其性能及使用分为软磁物质和硬磁物质。不同的磁，其矫顽力的大小不同，而矫顽力的大小影响着磁滞回线。如果矫顽力较小，就说明物质产生的磁滞回线较长，本身包围的空间范围也就小，那么在交变磁场中的磁滞损耗就会很小；如果矫顽力较大，那么物质产生的磁滞回线就会逐渐接近矩形，这样它所包围的空间容积就会大很多，致使物质在交变磁场中的磁滞损耗就会大许多。

2. 测量原理

观察、测量磁滞回线和基本磁化曲线的实验线路如图 3-12-5 所示。待测样品为 E1 型矽钢片，N 为励磁绕组，n 为用来测量磁感应强度 B 而设置的绕组，R_1 为励磁电流取样电阻。设通过 N 的交流励磁电流为 i，根据安培环路定律，样品的磁化场强为

$$H=\frac{Ni}{L} \tag{3-12-2}$$

式中：L 为样品的平均磁路长度。

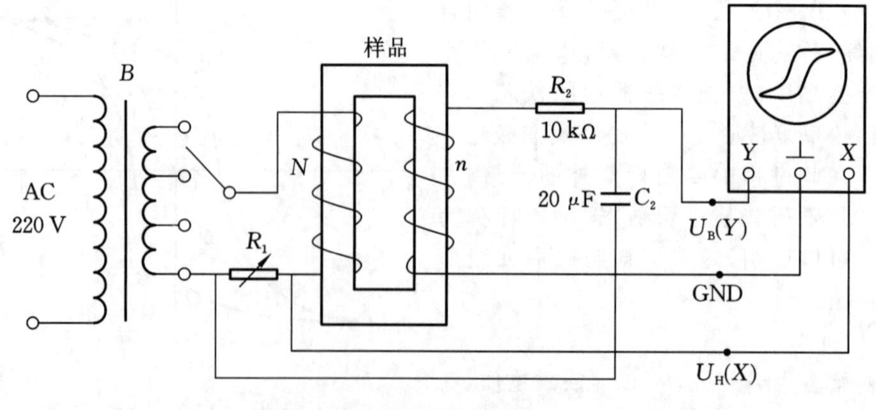

图 3-12-5　实验线路

因为 $i=\frac{U_1}{R_1}$，所以

$$H=\frac{N}{L R_1}\cdot U_1 \tag{3-12-3}$$

式中：N、L、R_1 均为已知常数，所以由U_1 可以确定 H。

在交变磁场下，样品的磁感应强度瞬时值 B 是测量绕组 n 和$R_2 C_2$ 电路给定的，根据法拉第电磁感应定律，由于样品中的磁通ϕ_m 的变化，在测量线圈中产生的感生电动势的大小为$\varepsilon_2 = n\frac{d\phi_m}{dt}$。又因为$\phi_m = \frac{1}{n}\int \varepsilon_2 dt$，所以

$$B=\frac{\phi_m}{S}=\frac{1}{nS}\int \varepsilon_2 dt \tag{3-12-4}$$

式中：S 为样品的截面积。

如果忽略自感电动势和电路损耗，则回路方程为

$$\varepsilon_2 = i_2 R_2 + U_2$$

式中：i_2 为感生电流，U_2 为积分电容C_2 两端电压。设在 Δt 时间内，i_2 向电容C_2 的充电电量为 Q，则

$$U_2=\frac{Q}{C_2}$$

因为$\varepsilon_2 = i_2 R_2 + \frac{Q}{C_2}$，如果选取足够大的$R_2$ 和C_2，使得$i_2 R_2 \gg \frac{Q}{C_2}$，则

$$\varepsilon_2 = i_2 R_2$$

又因为$i_2=\frac{dQ}{dt}=C_2\frac{dU_2}{dt}$，所以

$$\varepsilon_2 = C_2 R_2 \frac{dU_2}{dt} \tag{3-12-5}$$

由式(3-12-4)和式(3-12-5)可得

$$B=\frac{C_2 R_2}{nS}U_2 \tag{3-12-6}$$

式中：C_2、R_2、n 和 S 均为已知常数，所以由U_2 可以确定 B。

综上所述，将图 3-12-5 中的U_1 和U_2 分别加到示波器的“X 输入”和“Y 输入”，便可观察样品的 B-H 曲线；如将U_1 和U_2 加到测试仪的信号输入端，可测定样品的饱和磁感应强度B_m、剩磁B_r、矫顽力H_c以及磁导率 μ 等参数。

【实验内容】

(1) 电路连接：选样品 1，按实验仪上所给的电路图连接线路，并令$R_1=2.5\ \Omega$；“U 选择”置于 0 位。U_H和U_B(即U_1 和U_2)分别接示波器的“X 输入”和“Y 输入”，插孔⊥为公共端。

(2) 样品退磁：开启实验仪电源，对样品进行退磁，即按顺时针方向转动“U 选择”旋钮，使 U 从 0 增加至 3 V，然后逆时针方向转动旋扭使 U 从最大值降为 0，其目的是消除剩磁，即退磁过程，确保样品处于磁中性状态，即 $H=B=0$。

(3) 观察磁滞回线：开启示波器电源，令光点位于坐标网格中心，令 $U=2.2$ V，分别调节示波器 X 轴和 Y 轴的灵敏度，使显示屏上出现图形大小合适的磁滞回线(若图的顶部出现编织状的小环，可适当降低励磁电压 U，予以消除)。

(4) 观察基本磁化曲线：按实验内容(2)对样品进行退磁，从 $U=0$ 开始，逐步提高励磁电

压，将在显示屏上得到面积由小到大一个套一个的一簇磁滞回线，借助长余辉示波器，可观察到该曲线的轨迹。

(5) 观察比较样品 1 和样品 2 的磁化性能。

(6) 测 μ-H 曲线：仔细阅读测试仪的使用说明，连接实验仪和测试仪之间的连线。开启电源，对样品进行退磁后，按测试仪使用说明依次测定 $U=0.5$ V，1.0 V，…，3.0 V时的 10 组H_m和B_m值，并作 μ-H 曲线。

(7) 令 $U=3.0$ V，$R_1=2.5$ Ω，测定样品 1 的B_m、B_r、H_c等参数。

(8) 取实验内容(7)中的 H 和其相应的 B 值，用坐标纸绘制 B-H 曲线，实验数据点数可取 32～40 点，即每象限 8～10 点。

【数据记录与处理】

参照表 3-12-1、表 3-12-2 完成实验数据的记录。

表 3-12-1　基本磁化曲线和 μ-H 曲线测量数据

样品号：________

U/V	H_m/($\times10^3$ A·m^{-1})	B_m/($\times10$ T)	μ

表 3-12-2　磁滞回线测量数据

样品号：________

测试条件：$U=$______，$R_1=$______，$H_c=$______，$B_r=$______，$B_m=$______，$H_m=$______

单位：H/($\times10^3$ A·m^{-1})，B/($\times10$ T)

序号	H	B	序号	H	B	序号	H	B

【注意事项】

1. 测试仪按键功能

(1)“功能”键：用于选取不同的功能，每按一次键，将在数码显示器上显示出相应的功能。

(2)“确定”键：当选定某一功能后，按一下此键，即可进入此功能的执行程序。

(3)“复位”键：在测试过程中，由于外来的干扰出现死机现象时，应按此键，使仪器进入或恢复正常工作。

2. 仪器操作

(1) 开机后，显示器依次巡回显示 P—8—P—8 的信号，表明测试系统已准备就绪。

(2) 如果不改变实验参数：

① 采集 H 和 B 值，按“功能”键将显示：

	H		B	

T	E	S	T	

再按“确认”键，仪器进行自动采样，稍等片刻，显示“GOOD”则表示采样成功。

② 显示采样点的 H、B 值，连按两次“功能”键将显示：

H	S	H	O	W

B	S	H	O	W

表示可显示 H、B 值，每按一次“确认”键，将显示曲线上某点的序号和 H、B 值(包括所有点)。如果未改变实验参数，H 值为显示值乘上 H 值倍数，而仪器的默认值为10^3 A/m，即 H 的实验值为示显值10^3 A/m，而 B 的实验值为显示值×10 T。

③ 显示特殊点即顶点和横轴、纵轴交点的 H、B 值(2 个点)

➡再按“功能”键 1 次将显示：

➡再按“确认”键将是H_c和B_r值。

➡再按“功能”键 2 次将显示：

H_m				

B_m				

➡再按“确认”键即可显示顶点值(H_m、B_m)。

根据记录的数据在坐标纸上描绘磁滞回线。

【思考题】

(1) 什么是磁饱和？

(2) 画出示波器上看到的磁滞回线简图，标出剩磁、矫顽力和饱和点。

(3) 本实验是通过什么参数的调节来看到磁滞回线的变化？

实验 3.13　铁磁物质居里温度的测定

【实验目的】

(1) 了解铁磁物质由铁磁性转变为顺磁性的微观机理。

(2) 测定铁磁物质的居里温度。

【实验仪器】

居里温度测试仪、示波器。

【实验原理】

1. 基本原理

铁磁物质被磁化后具有很强的磁性,但这种磁性与温度有关。随着铁磁物质温度的升高,金属点阵热运动加剧会影响铁磁物质内部原子磁矩(磁畴磁矩)的有序排列,当未达到一定温度时,热运动不足以破坏磁畴磁矩基本的平行排列,此时任何宏观区域的平均磁矩不为零,物质仍具有磁性,只是平均磁矩随温度升高而减小。而当与 kT(k 为玻尔兹曼常数,T 为绝对温度)成正比的热运动能足以破坏磁畴磁矩的整齐排列时,磁畴被瓦解,平均磁矩降为零,铁磁物质的磁性消失而转变为顺磁物质,居里温度就是对应于这一转变时的温度。

铁磁物质由于磁畴的存在,在外加交变磁场的作用下会产生磁滞现象。磁滞回线就是磁滞现象的主要表现。如果将铁磁物质加热一定的温度,由于金属点阵中的热运动的加剧,磁畴遭到破坏时,铁磁物质将转变为顺磁物质,磁滞现象消失,铁磁物质这一转变温度称为居里温度 T_c,简称居里点。

2. 测量装置及原理

由居里温度的定义可知,要测定铁磁物质的居里温度,其测定装置必须具备四个功能:提供使样品磁化的磁场,改变铁磁物质温度的温控装置,判断铁磁性是否消失的判断装置,测量铁磁物质磁性消失时所对应温度的测温装置。以上四个功能由图 3-13-1 所示的原理图可以实现。待测样品为一环形铁磁材料,其上绕有两个线圈 L_1 和 L_2,其中 L_1 为励磁线圈,通一交变电流,产生一交变磁场 H,使铁磁物质——磁环往复磁化,样品中的磁感应强度 B 与 H 的关系为磁滞回线,如图 3-13-2 所示。将绕有线圈的环形样品置于温度可控的加热炉中以改变样品的温度,将集成温度传感器置于样品旁边以测定样品的温度。

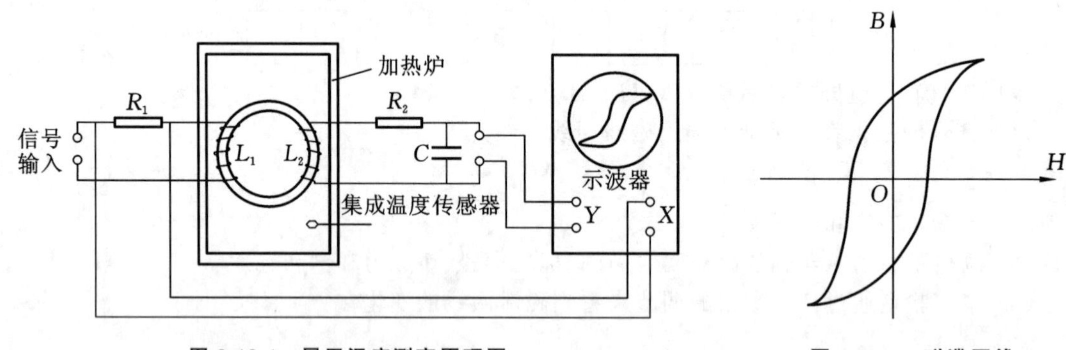

图 3-13-1　居里温度测定原理图　　图 3-13-2　磁滞回线

可用以下两种途径来判断样品磁性的消失。

(1) 对样品进行加热,当温度达到居里温度时,示波器上的磁滞回线会消失,变为直线,利用温度传感器可以测得相应的居里温度。

为了获得样品的磁滞回线,可在励磁线圈回路中串联一个采样电阻 R_1。由于样品中的磁场强度 H 与励磁线圈 L_1 中的电流 i 成正比,而电阻 R_1 两端的电压 U 也与电流 i 成正比,因此,

可以将 U 经适当的调节后送至示波管的 X 偏转板以表示 H。样品的磁感应强度 B 是通过副线圈L_2 中由于磁通量变化而产生的感应电动势 ε 来测定的。由法拉第电磁感应定律，感应电动势 ε 的大小为

$$\varepsilon = -\frac{\mathrm{d}\phi}{\mathrm{d}t} = -\frac{\mathrm{d}B}{\mathrm{d}t}S \tag{3-13-1}$$

式中：S 为线圈的截面积。将式(3-13-1) 积分得

$$B = -\frac{1}{S}\int \varepsilon \mathrm{d}t \tag{3-13-2}$$

由此可见，样品的磁感应强度 B 与副线圈L_2 的感应电动势的积分成正比，为此将L_2 上的感应电动势经过R_2 和 C 的积分线路，从积分电容 C 上取出 B 值，并加以放大后送至示波管的 Y 偏转板。从而在示波管上得到了样品的磁滞回线。当样品被加热到一定温度时，示波管上的磁滞回线消失，对于磁滞回线刚好消失的温度，即为该样品的居里温度。

(2) 通过测定磁感应强度 B 随温度变化的曲线来推断。

一般自发磁化强度 M_s(任何区域的平均磁矩)称为自发磁化强度，与饱和磁化强度 M(不随外磁场的变化而变化的磁化强度)很接近，可用饱和磁化强度近似代替自发磁化强度，并根据饱和磁化强度随温度的变化而变化的特性来判断居里温度。本测试仪无法直接测定 M，但由电磁学理论知道，当铁磁物质的温度达到居里温度时，其 $M(T)$的变化曲线与$B(T)$ 曲线很相似，因此在测量精度要求不高的情况下，可通过测定 $B(T)$曲线来推断居里温度。即测出感应电动势随温度 T 的变化而变化的曲线，并在其斜率最大处作切线，切线与横坐标(温度)的交点即为样品的居里温度，如图 3-13-3 所示。

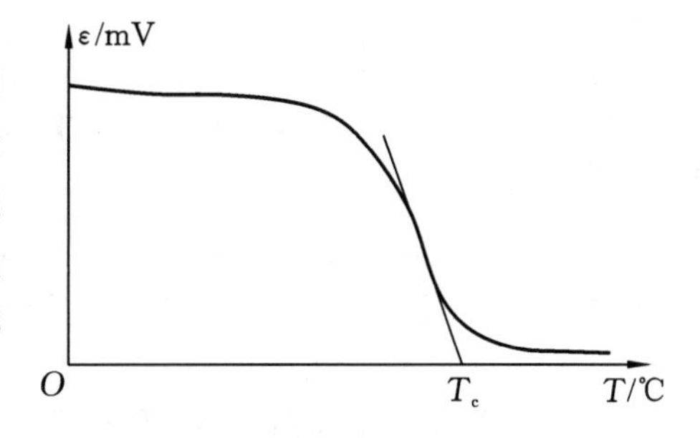

图 3-13-3　感应电动势-温度曲线

【实验内容】

1. 定性测试

(1) 将加热炉、温度传感器和风扇分别接在电源箱前面板上的相应位置，将面板上 H 输出和 B 输出分别与示波器上 X 输入和 Y 输入连接。把样品磁环接在专用导线上，接入面板上“样品”插口，并把样品放入加热炉。

(2) 将“升温-降温”开关打向“降温”，开启电源箱上的电源开关，并适当的调节 Y、X，示波器将显示出磁滞回线。

(3) 关闭加热炉上的两个风门(即旋钮方向和加热炉的轴线方向垂直)，将“测量-设置”开关打向“设置”，设定好炉温后，打向“测量”，加热炉工作，炉温逐渐升向设置的温度。

(4) 当炉温达到一定温度时，磁滞回线消失成一条直线，记录下此时数显温度的温度表显示值，该数值即样品的居里温度 T_c。

(5) 打开加热炉上的两个风门(即风门旋钮方向和加热炉的轴线方向平行)，把“升温-降温”开关打向“降温”，让加热炉降温后，换其他样品重复上述过程，直到样品测完为止。

2. 定量测试

(1) 根据实验内容 1 所测得的居里温度值来设置炉温，其设定值应比实验内容 1 所测得的 T_c值低2 ℃ 左右。

(2) 将“测量-设置”开关打向“测量”,“升温-降温”开关打向“升温”,这时炉子开始升温,记录感应电动势ε(对应于磁感应强度 B)随炉温 T 的变化关系。(感应电动势ε变化较快时,温度间隔要取小一些;反之,则可以取大些)

(3) 根据数据画出 ε-T 曲线,在曲线最大斜率处作切线,切线与横坐标的交点即居里温度 T_c。

【数据记录与处理】

参照表 3-13-1、表 3-13-2 完成实验数据的记录。

表 3-13-1　不同样品居里温度的测量

样品编号				
T_c/℃				

表 3-13-2　样品的感应电动势ε随炉温 T 的变化关系

样品编号:________

ε/mV										
T/℃										
ε/mV										
T/℃										

【注意事项】

(1) 测量样品的居里温度时,一定要让炉温从低温开始升高,即每次要让加热炉降温后再放入样品,这样可避免由于样品和温度传感器响应时间的不同而引起的居里温度每次测量值的不同。

(2) 在测 80 ℃以上样品时,温度很高,小心烫伤。

【思考题】

(1) 什么是磁滞现象?

(2) 为什么铁磁物质在居里温度以上后磁滞现象会消失?

(3) 在 ε-T 曲线上,怎样确定居里温度?

实验 3.14　薄透镜焦距的测定

【实验目的】

(1) 学会简单光学系统等高同轴的调节。

(2) 掌握测量薄透镜焦距的基本方法。

【实验仪器】

光具座、光源、平面反射镜、透光物屏、像屏、凸透镜(2 块)、凹透镜(2 块)、透镜夹(3 个)。

【实验原理】

透镜是光学仪器中最基本的元件之一,透镜或透镜组的焦距是表征其特性的一个重要参数。透镜有凸透镜和凹透镜之分，凸透镜对光线具有会聚作用，凹透镜则对光线具有发散作用。当透镜的厚度与其焦距相比小得多时，称为薄透镜。

当成像光束与透镜主光轴的夹角很小时，即在近轴光线条件下，薄透镜的成像公式可表述为

$$\frac{1}{u}+\frac{1}{v}=\frac{1}{f} \tag{3-14-1}$$

式中：u 为物距，v 为像距，f 为焦距。其符号规定：实物、实像时，u、v 分别取正；虚物、虚像时，u、v 分别取负；凸透镜焦距为正，凹透镜焦距为负。

1. 测量凸透镜焦距的方法

1）自准法

如图 3-14-1 所示，用具有“1”字形孔屏的物屏作为发光物体，在凸透镜的另一边放置一个平面镜。当物距正好等于透镜的焦距时，物上任意一点发出的光线经透镜折射后成为平行光，经平面镜反射后，再经透镜折射会聚焦在平面的物屏上，并能在物屏上看到一个与原物大小相等的倒立实像。此时物屏到凸透镜光心的距离 u 即为透镜的焦距 f，即

$$f=u \tag{3-14-2}$$

2）物距像距法

如图 3-14-2 所示，当物距 $u>f$ 时，发光物所发出的光线经过凸透镜折射后在像屏上成一个倒立的实像。在实验中测得物距 u 和像距 v，由式(3-14-1)可求得凸透镜的焦距 f 为

$$f=\frac{uv}{u+v} \tag{3-14-3}$$

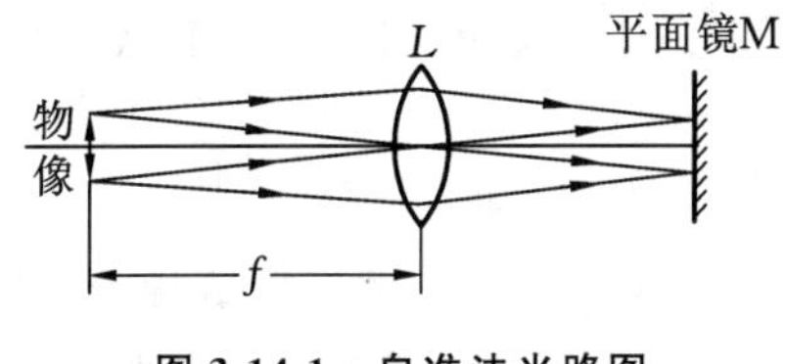

图 3-14-1　自准法光路图

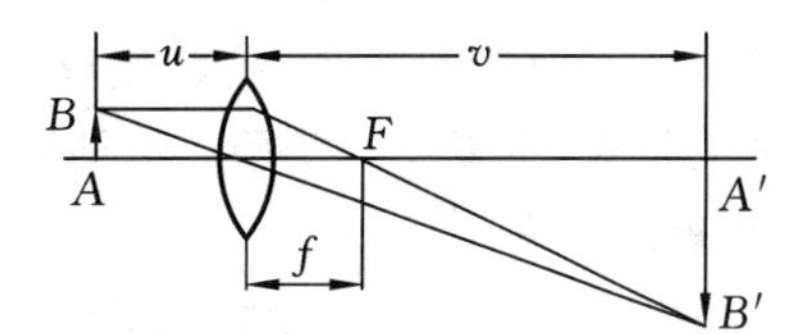

图 3-14-2　物距像距法光路图

3）贝塞尔法(二次成像法)

当物体 AB 与像屏之间的距离 L 保持不变，且 $L>4f$ 时，将透镜置于物体与像屏之间，沿光轴方向移动透镜，可在像屏上观察到两次成像：一次是倒立放大的实像，另一次是倒立缩小的实像，如图 3-14-3 所示。透镜两位置之间的距离为 d，测量 L 与 d 的值，即可求出凸透镜的焦距 f 为

$$f=\frac{L^2-d^2}{4L} \tag{3-14-4}$$

2. 测量凹透镜焦距的方法(物距像距法)

凹透镜不能像凸透镜那样成实像于屏上，故在测量其焦距时需借助一块凸透镜，如图 3-14-4 所示，物 AB 发出的光线经凸透镜L_1 在像屏上成实像A_1B_1，此时在凸透镜与像屏之间插入一凹透镜L_2，实像A_1B_1 作为凹透镜的虚物将成实像A_2B_2 于屏上。根据符号规定，此时有凹透镜的物距 $u=-O_2A_1$，像距 $v=O_2A_2$，由式(3-14-1)，可求得凹透镜的焦距f_2 为

$$f_2=\frac{uv}{u+v} \tag{3-14-5}$$

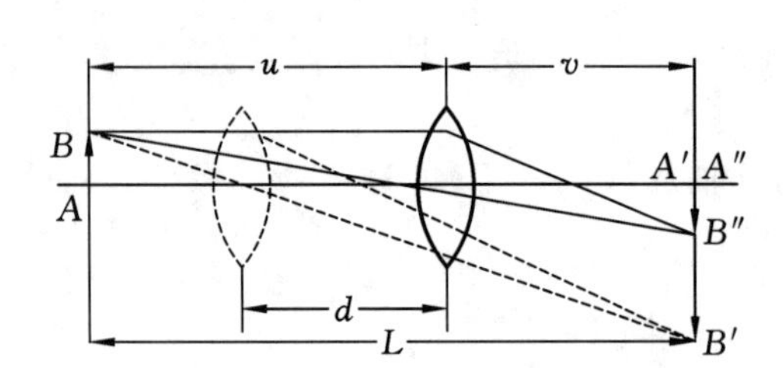

图 3-14-3 贝塞尔法光路图

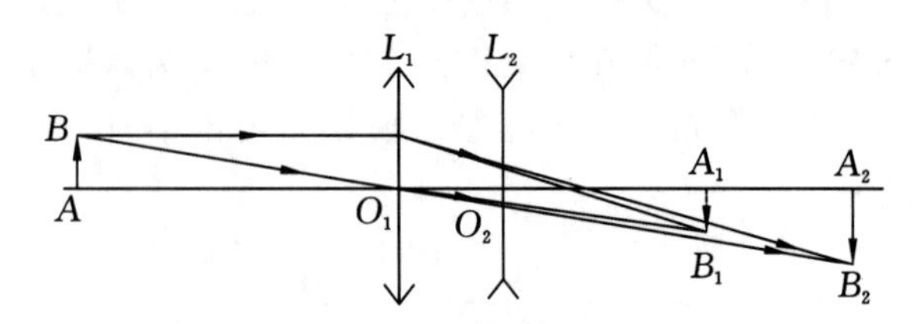

图 3-14-4 物距像距法测凹透镜焦距光路图

【实验内容】

1. 光学系统等高同轴的调节

光学系统等高同轴调节就是对光学系统中各元件的光轴进行调节，使他们重合。“等高同轴”调节分以下两步完成。

(1) 粗调：把光源、物屏、透镜和像屏依次装好，将它们靠拢，使各元件中心大致在一条直线上(即等高)，并使物屏、透镜、像屏的平面互相平行且垂直于光具座(即同轴)。

(2) 细调：利用贝塞尔法测凸透镜焦距的原理进行调整，固定物屏和像屏的位置，使 $L>4f$，在物屏与像屏间移动凸透镜，可得一大一小两次成像。若两个像的中心重合，即表示已经同轴，若不重合，可先在小像中心做一记号，调节透镜的高度使大像的中心与小像的中心重合。如此反复调节透镜高度，使大像的中心趋向小像的中心，直至完全重合。

2. 凸透镜焦距的测量

1) 自准法

按图 3-14-1 安放好光源、物屏、透镜与平面镜，并进行等高同轴调节。移动凸透镜的位置，直到在物屏所在面得到一个等大、倒立的清晰实像为止。记下物屏到透镜的距离，即物距 u。改变物屏的位置，重复一次实验。取两次实验平均值，得焦距$\overline{f}$。

2) 物距像距法

按图 3-14-2 放置光学元件并进行等高同轴调节，使 $u>2f$，移动像屏使成像清晰，记录物距 u 和像距 v。调节凸透镜的位置，改变物距 u，重复一次实验。取两次实验平均值，得焦距$\overline{f}$。

3) 贝塞尔法

按图 3-14-3 放置光学元件并进行等高同轴调节，使物屏到像屏的距离 $L>4f$，并记录下 L。移动透镜，确定两次理想成像时透镜的位置坐标X_1 和X_2，它们之间的距离为 d。改变 L 的大小，重复一次实验。取两次实验平均值，得焦距$\overline{f}$。

3. 凹透镜焦距的测量(物距像距法)

按图 3-14-4 放置光学元件(先不放凹透镜)并进行等高同轴调节，移动凸透镜和像屏，使像屏上形成清晰的倒立缩小的实像，记录此时像屏所在的位置X_1，同时固定物屏和凸透镜。在凸透镜和像屏之间放入凹透镜，移动像屏，直至像屏上出现清晰的像，并记录凹透镜的位置X_2，以及凹透镜到像屏的距离 v。改变物屏到凸透镜的距离，重复一次实验。取两次实验平均值，得焦距$\overline{f}$。

【数据记录与处理】

1. 凸透镜焦距的测量

参照表 3-14-1 至表 3-14-3 完成实验数据的记录。

表 3-14-1　用自准法测凸透镜焦距

物距 u/cm	焦距 f/cm	$\bar{f}$/cm

表 3-14-2　用物距像距法测凸透镜焦距

物距 u/cm	像距 v/cm	焦距 $f=uv/(u+v)/(\text{cm})$	$\bar{f}$/cm

表 3-14-3　用贝塞尔法测凸透镜焦距

L/cm	X_1/cm	X_2/cm	$d=X_1-X_2$/cm	$f=(L^2-d^2)/4L$/cm	$\bar{f}$/cm

2. 凹透镜焦距的测量

参照表 3-14-4 完成实验数据的记录。

表 3-14-4　用物距像距法测凹透镜焦距

X_1/cm	X_2/cm	v/cm	$u=X_1-X_2$/cm	$f=uv/(u+v)$/cm	$\bar{f}$/cm

【注意事项】

（1）实验中，不要用手直接触摸透镜的表面，以免影响光学元件的透光性能。

（2）安装和取下光学元件时要小心，以免打破透镜或平面镜。

（3）如果镜架在光具座上滑动受阻，请及时加润滑油。

【思考题】

（1）为什么要对光学系统进行等高同轴调节？如何调节？

（2）自准法测凸透镜焦距时利用了凸透镜的什么光学特性？

（3）在用贝塞尔法测凸透镜焦距时，为什么必须满足 $L>4f$ 这一条件？同时在满足条件下，L 为什么又不宜太大？

实验 3.15　液晶电光效应实验

【实验目的】

（1）掌握液晶光开关的基本工作原理，测量液晶光开关的电光特性，由光开关的特性曲线，得到液晶的阈值电压和关断电压、上升时间和下降时间。

(2) 测量由液晶光开关矩阵所构成的液晶显示器的视角特性以及在不同视角下的对比度，了解液晶光开关的工作条件。

(3) 了解液晶光开关构成图像矩阵的方法，学习和掌握这种矩阵所组成的液晶显示器构成文字和图形的显示模式，从而了解一般液晶显示器件的工作原理。

【实验仪器】

液晶光开关电光特性综合实验仪。

【实验原理】

液晶是介于液体与晶体之间的一种物质状态。液晶具有液体的流动性，其分子又按一定规律有序排列，使它呈现晶体的各向异性。当光通过液晶时，会产生偏振面旋转、双折射等效应。含有极性基团的液晶分子，在电场作用下，偶极子会按电场方向取向，使分子原有排列方式发生变化，从而液晶的光学性质也随之发生改变，这种因外电场引起的液晶光学性质的改变称为液晶的电光效应。

1. 液晶光开关的工作原理

液晶的种类很多，下面仅以常用的 TN(扭曲向列)型液晶为例说明其工作原理，如图 3-15-1 所示。在两块玻璃板之间夹有正性向列相液晶，液晶分子的形状为棍状，长度在十几埃，直径为 4～6 Å，液晶层厚度一般为 5～8 μm。玻璃板的内表面涂有透明电极，电极的表面预先做了定向处理(可用软绒布朝一个方向摩擦，也可在电极表面涂取向剂)，这样，液晶分子在透明电极表面就会躺倒在摩擦所形成的微沟槽里；电极表面的液晶分子按一定方向排列，且上下电极上的定向方向相互垂直。上下电极之间的液晶分子因范德瓦尔斯力的作用，趋向于平行排列。然而由于上下电极上的液晶的定向方向相互垂直，所以从俯视方向看，液晶分子的排列从上电极的平行方向逐步地、均匀地扭曲到下电极的垂直方向，整个扭曲了 90°，如图 3-15-1(a)所示。

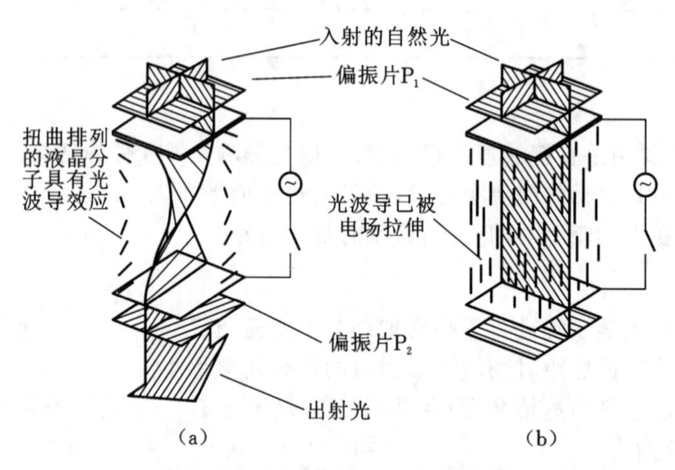

图 3-15-1　液晶光开关的工作原理图

理论和实验都证明，上述均匀扭曲排列起来的结构具有光波导的性质，即偏振光从上电极表面透过扭曲排列起来的液晶传播到下电极表面时，偏振方向会旋转 90°。取两个偏振片贴在玻璃的两面，P_1 的透光轴与上电极的定向方向相同，P_2 的透光轴与下电极的定向方向相同，于是P_1 和P_2 的透光轴相互正交。在未加驱动电压的情况下，从上往下入射的自然光经过偏振片 P_1 后只剩下平行于透光轴的线偏振光，该线偏振光到达输出面时，其偏振面旋转了 90°，这时光的偏振面与P_2 的透光轴平行，因而有光通过。在施加足够电压的情况下(一般为 1～2 V)，在静电场的作用下，除了基片附近的液晶分子被基片“锚定”以外，其他液晶分子趋于平行于电场方向排列。于是原来的扭曲结构被破坏，成了均匀结构，如图 3-15-1(b)所示。从P_1透射出来的偏振光的偏振方向在液晶中传播时不再旋转，保持原来的偏振方向到下电极。这时光的偏振方向与P_2正交，因而光被关断。相当于一个光开关，在没有电场的情况下，光能透过液晶层，加上电场的时候光被关断，因此称为常通型光开关，又称为常白模式。若P_1和P_2的透光轴相互平行，则构成常黑模式。

2. 液晶光开关的电光特性

图 3-15-2 所示为光线垂直入射时，本实验所用液晶的相对透过率(以不加电场时的透射率为 100%)与外加驱动电压的关系。对于常白模式的液晶，其透过率随外加电压的升高而逐渐降低，在一定电压下达到最低点，此后略有变化。可根据此电光特性曲线得出液晶的阈值电压和关断电压:阈值电压即透过率为 90%时的驱动电压，关断电压即透过率为 10%时的驱动电压。

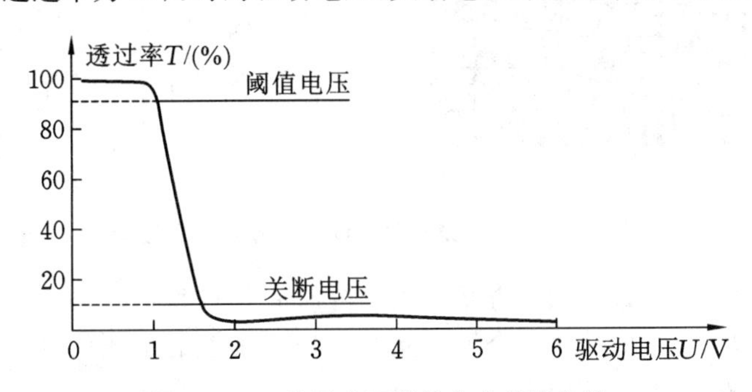

图 3-15-2　液晶光开关的电光特性曲线

3. 液晶光开关的时间响应特性

加上(或去掉)驱动电压能使液晶的开关状态发生改变，是因为液晶的分子排序发生了改变，这种重新排序需要一定时间，反映在时间响应曲线上，用上升时间t_r和下降时间t_d描述，如图 3-15-3 所示。上升时间t_r即透过率由 10%升到 90%所需时间，下降时间t_d即透过率由 90%降到 10%所需时间。

4. 液晶光开关的视角特性

液晶光开关的视角特性表示对比度与视角的关系，如图 3-15-4 所示。对比度定义为光开关打开和关断时透射光强度之比，对比度大于 5 时，可以获得满意的图像，对比度小于 2，图像就模糊不清了。

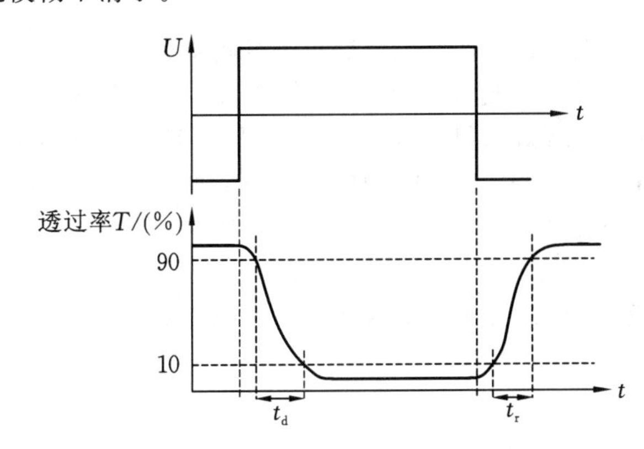

图 3-15-3　液晶光开关的时间响应曲线

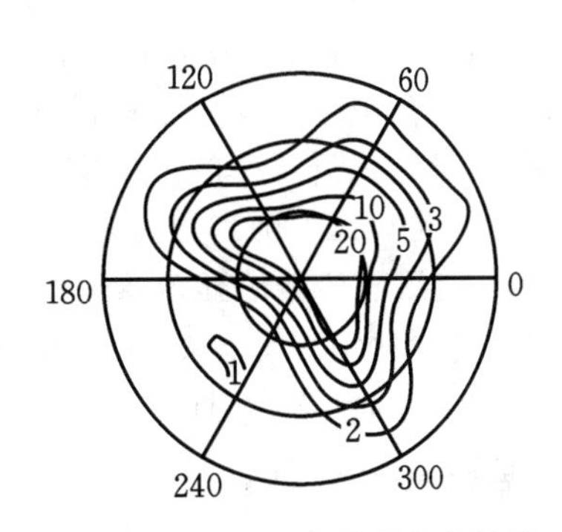

图 3-15-4　液晶光开关的视角特性

5. 液晶光开关构成图像显示矩阵的方法

液晶显示器通过对外界光线的开关控制来完成信息显示任务，为非主动发光型显示，其最大的优点在于能耗极低。矩阵显示方式，是把图 3-15-5(a)所示的横条形状的透明电极做在一块玻璃片上，称为行驱动电极，简称行电极(常用X_i表示)，而把竖条形状的透明电极做在另一块玻璃片上，称为列驱动电极，简称列电极(常用S_i表示)。把这两块玻璃片面对面组合起来，把液晶灌注在这两片玻璃之间构成液晶盒。为了画面简洁，通常将横条形状和竖条形状的 ITO(柔性透明导电薄膜)电极抽象为横线和竖线，分别代表扫描电极和信号电极，如图 3-15-5(b)所示。

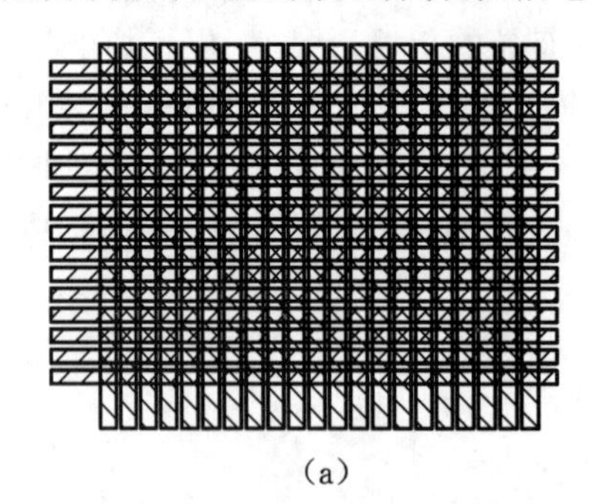
(a)

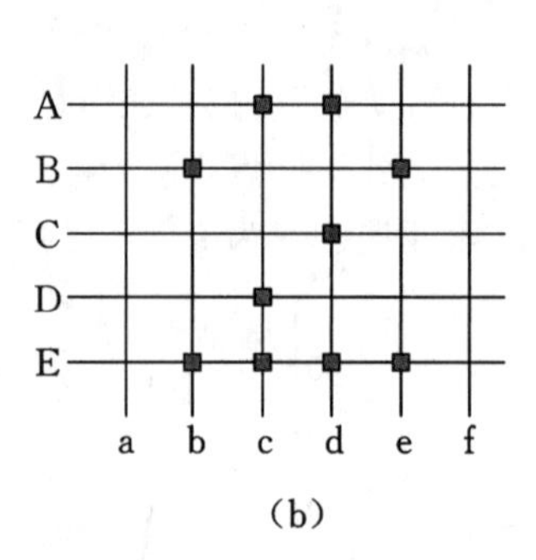

(b)

图 3-15-5　液晶光开关组成的矩阵式图形显示

矩阵型显示器的工作方式为扫描方式。这种分时间扫描每一行的方式是平板显示器的共同寻址方式，依这种方式，可以让每一个液晶光开关按照其上的电压的幅值让外界光关断或通过，从而显示出任意文字、图形和图像。

【实验内容】

1. 液晶光开关电光特性的测量

将模式转换开关置于静态模式，将透过率显示调到 100%，改变电压，使得电压值从 0～6.0 V 变化，记录相应电压下的透过率数值。重复 3 次并计算相应电压下透过率的平均值，依据实验数据绘制电光特性曲线，可以得出阈值电压和关断电压。

2. 液晶的时间响应的测量

将模式转换开关置于静态模式，将透过率显示调到 100%，然后将液晶供电电压调到 2.0 V，在液晶静态闪烁状态下，用存储示波器观察此光开关时间响应特性曲线，可以根据此曲线得到液晶的上升时间t_r和下降时间t_d。

3. 开关视角特性的测量

将模式转换开关置于静态模式，将透过率显示调到 100%，然后再进行实验。

确定当前液晶板为金手指 1 插入的插槽。当供电电压为 0 时，调节液晶屏与入射激光的角度，在每一角度下测量光强透过率的最大值T_{max}。然后将供电电压设置为 2 V，再次调节液晶屏角度，测量光强透过率的最小值T_{min}，并计算其对比度。以角度为横坐标，对比度为纵坐标，绘制水平方向对比度随入射光入射角的变化而变化的曲线。

4. 液晶显示器的显示原理

将模式转换开关置于动态(图像显示)模式，液晶供电电压调到 5 V 左右，按矩阵上对应的点得到相关的文字或图像。

【数据记录与处理】

参照表 3-15-1、表 3-15-2 完成实验数据的记录。

表 3-15-1　液晶光开关的电光特性测量数据

电压 U/V	0	0.5	1.0	1.2	1.3	1.4	1.5	1.6	1.7	2.0	3.0	4.0	5.0	6.0
透过率 T/(%)														

表 3-15-2　液晶光开关的视角特性测量数据

角度/(°)	−85	−80	…	−10	−5	0	5	10	…	80	85
T_{max}/(%)											
T_{min}/(%)											
T_{max}/T_{min}											

【注意事项】

禁止碰撞或拆卸液晶板。

【思考题】

(1) 液晶可以做光开关的工作原理是什么?

(2) 该实验用自然光作为入射光是否可行? 为什么?

实验 3.16　音频信号光纤传输技术实验

【实验目的】

(1) 学习音频信号光纤传输系统的基本结构及各部件的选配原则。

(2) 熟悉光纤传输系统中电光/光电转换器件的基本性能。

(3) 了解如何在音频光纤传输系统中获得较好信号传输质量。

【实验仪器】

TKGT-1 型光纤音频信号传输实验仪、信号发生器、双踪示波器。

【实验原理】

自 20 世纪 70 年代初第一条适合通信用的石英光导纤维问世以来,光纤技术已取得惊人的发展,并成为现代科学技术领域中重要的组成部分。因此,了解光纤理论和光纤技术的基本知识十分必要。

通过本实验的学习,在了解光导纤维的基本结构和光在其中传播规律的基础上,要建立起光导纤维的数值孔径、光纤色散、光纤损耗、集光本领等基本概念。光纤通信具有频带宽、速度快、不受电磁干扰影响等一系列优点,正在得到不断发展和应用。

1. 系统组成

光纤传输系统如图 3-16-1 所示,它主要包括:①光信号发送端;②光纤传输;③光信号接收端。光信号发送端的功能是将待传输的电信号经电光转换器件转换为光信号,电光转换器件一般采用发光二极管或半导体激光管。发光二极管的输出光功率较小,信号调制速率相对低,但价格便宜,其输出光功率与驱动电流在一定范围内基本上呈线性关系,比较适宜于短距离、低速、模拟信号的传输；激光二极管输出功率大，信号调制速率高，但价格较高，适宜于远距离、高速、数字信号的传输。光纤的功能是将发送端光信号以尽可能小的衰减和失真传送到光信号接收端，目前光纤一般采用在近红外波段有良好透过率的多模或单模石英光纤。光信号接收端的功能是将光信号经光电转换器件还原为相应的电信号，光电转换器件一般采用半导体光电二极管或雪崩光电二极管。

组成光纤传输系统光源的发光波长必须与传输光纤呈现低损耗窗口的波段、光电检测器件的峰值响应波段匹配。本实验发送端电光转换器件采用中心发光波长为 0.84 μm 的高亮度近红外半导体发光二极管，传输光纤采用多模石英光纤，接收端光电转换器件采用峰值响应波长为 0.8～0.9 μm 的硅光电二极管。

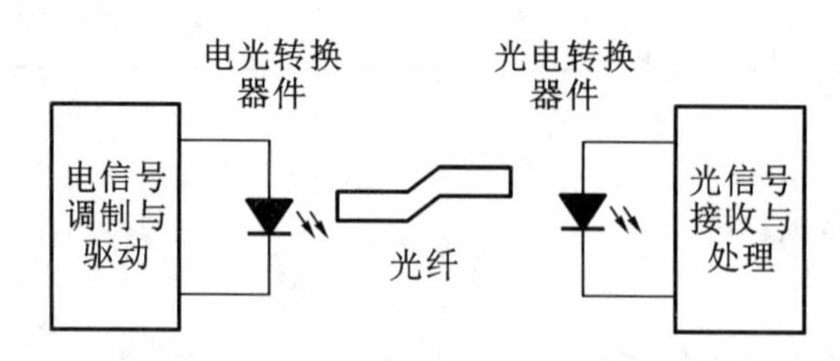

图 3-16-1　音频信号光纤传输系统示意图

2. 光信号发送端的工作原理

图 3-16-2 所示为光信号发送端的工作原理图，系统采用发光二极管调制与驱动电路，信号调制采用光强度调制的方法，发送光强度调节电位器用于调节流过发光二极管的静态驱动电流，从而相应改变发光二极管的发射光功率，设定的静态驱动电流调节范围为 0～20 mA，对应面板光发送强度驱动显示值为 0～2 000 单位，当驱动电流较小时发光二极管的发射光功率与驱动电流基本上呈线性关系，音频信号经电容、电阻网络及集成运算放大器跟随隔离后耦合到另一集成运算放大器的负输入端，与发光二极管的静态驱动电流叠加，使发光二极管发送随音频信号变化而变化的光信号(见图 3-16-3)，并经光纤耦合器将这一信号耦合到传输光纤。传输信号频率的低端可由电容、电阻网络决定，系统低频响应不大于 20 Hz。

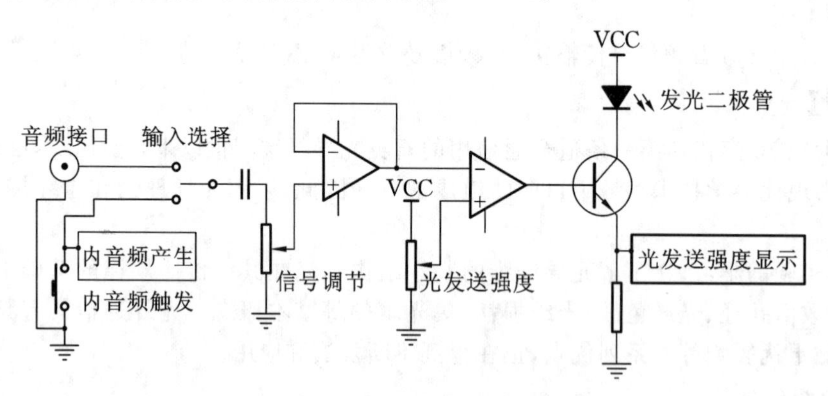

图 3-16-2　光信号发送端工作原理

3. 光信号接收端的工作原理

图 3-16-4 所示为光信号接收端的工作原理图，传输光纤把从发送端发出的光信号通过光纤耦合器耦合到光电转换器件光电二极管，通过光电二极管，光信号转换为与之成正比的电流

信号，光电二极管使用时反偏压，经集成运算放大器的电流电压转换把电流信号转换成与之成正比的电压信号，电压信号中包含的音频信号经电阻耦合到音频功率放大器，驱动扬声器发声。光电二极管的频响一般较高，系统的高频响应主要取决于集成运算放大器等的响应频率。

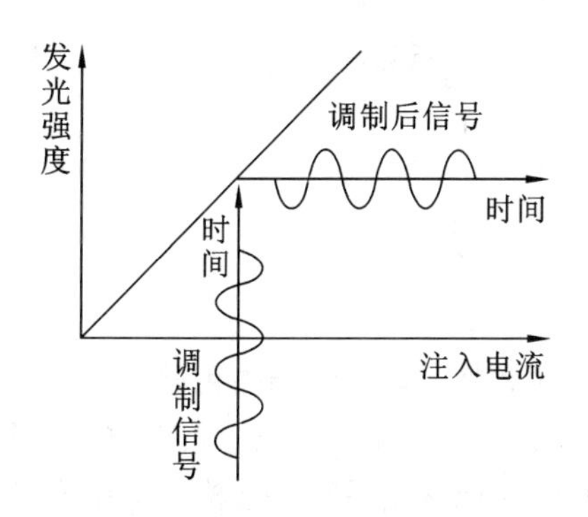

图 3-16-3　发光二极管的正弦信号调制原理

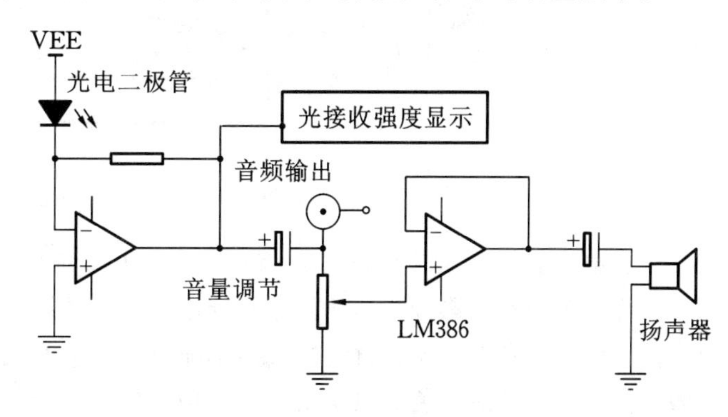

图 3-16-4　光信号接收端工作原理

4. 光纤传输的工作原理

光纤实际上是一种介质波导，光被闭锁在光纤内，只能沿光纤传输，光纤的芯径一般从几微米至几百微米。按照传输光模式，光纤可分为多模光纤和单模光纤；按照光纤折射率分布方式，光纤可分为阶跃折射率型光纤和渐变折射率型光纤两种。阶跃折射率型光纤包含两种圆对称的同轴介质，两者都质地均匀，但折射率不同，外层折射率低于内层折射率。阶跃折射率型光纤纤芯与包层间折射率的变化是阶梯状的。光线的传输是在纤芯与包层的界面上产生全反射，呈锯齿形前进。渐变折射率型光纤是一种折射率沿光纤横截面渐变的光纤，这样改变折射率的目的是使各种模传输的群速度相近，从而减小模色散，增加通信带宽。渐变折射率型光纤纤芯的折射率从中心轴线开始沿径向逐渐减小，偏离中心轴线的光线沿曲线蛇行前进。多模折射率阶跃型光纤由于各模传输的群速度不同而产生模间色散，传输的带宽受到限制。多模折射率渐变型光纤由于其折射率特殊分布，使各模传输的群速度一样而增加信号传输的带宽。单模光纤是只传输单种光模式的光纤，单模光纤可传输信号带宽最高，目前长距离光通信大多采用单模光纤。

目前用于光通信的光纤一般采用石英光纤，它是在折射率n_2 较大的纤芯内部，覆上一层折射率n_1 较小的包层，光在纤芯与包层的界面上发生全反射面而被限制在纤芯内传播，如图 3-16-5 所示。石英光纤的主要技术指标有衰减特性、数值孔径和色散等。

数值孔径描述光纤与光源、探测器和其他光学器件耦合时的特性，它的大小反映光纤收集光的能力。如图 3-16-5 所示，在立体角$2\theta_{max}$范围内入射到光纤端面的光线在光纤内部界面产生全发射而得以传输，在$2\theta_{max}$范围外入射到光纤端面的光线在光纤内部界面不产生全发射，而是透射到包层后马上被衰减掉。光纤的数值孔径定义为 $N.A.=\sin\theta_{max}$，它的值一般在 0.1～0.6，对应的θ_{max}在 9°～33°。多模光纤具有较大的数值孔径，单模光纤的数值孔径相对较小，所以一般单模光纤需要用 LED 半导体激光器作为其光源。

光纤的损耗主要是：由于材料吸收引起的吸收损耗，纤芯折射率不均匀引起的散射（瑞利散射）损耗，纤芯和包层之间界面不规则引起的散射损耗（也称为界面损耗），光纤弯曲造成的损耗，纤维间对接（永久性的拼接和用连接器相连）的损耗，以及输入与输出端的耦合损耗。石英光纤在近红外波段 0.84 μm、1.31 μm、1.55 μm 有较好的透过率，因此传输系统光源的发射光波必须与其相符，目前长距离光通信多采用 1.31 μm 或 1.55 μm 单模光纤。目前，1.31 μm 和

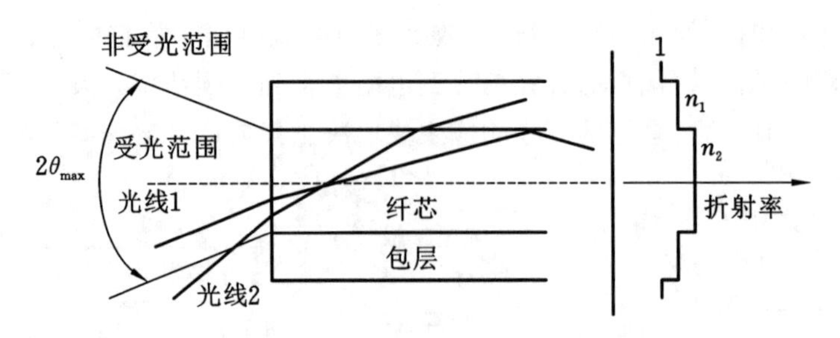

图 3-16-5　光纤传输光线示意图

1.55 μm 单模光纤的传输损耗分别为 0.35 dB/km 和 0.2 dB/km。

光纤的色散直接影响可传输信号的带宽，色散主要由折射率色散、模色散、结构色散三部分组成。折射率色散是由于光纤材料的折射率随不同光波长变化而引起，采用单波长、窄谱线的半导体激光器可以使折射率色散减至最小。采用单模光纤可以使模色散减至最小。结构色散由光纤材料的传播常数及光频产生非线性关系所造成。目前，单模光纤的传输带宽可达数 GHz/s。

【实验内容】

1. 光纤传输系统静态电光/光电传输特性测定

熟悉实验仪器面板，实验仪器面板如图 3-16-6 所示。打开仪器电源，连接光纤，分别观测面板上两个三位半数字表头分别显示发送光强度和接收光强度。调节发送光强度电位器，每隔 200 单位（相当于改变发光管驱动电流 2 mA）分别记录发送光强度数据与接收光强度数据。

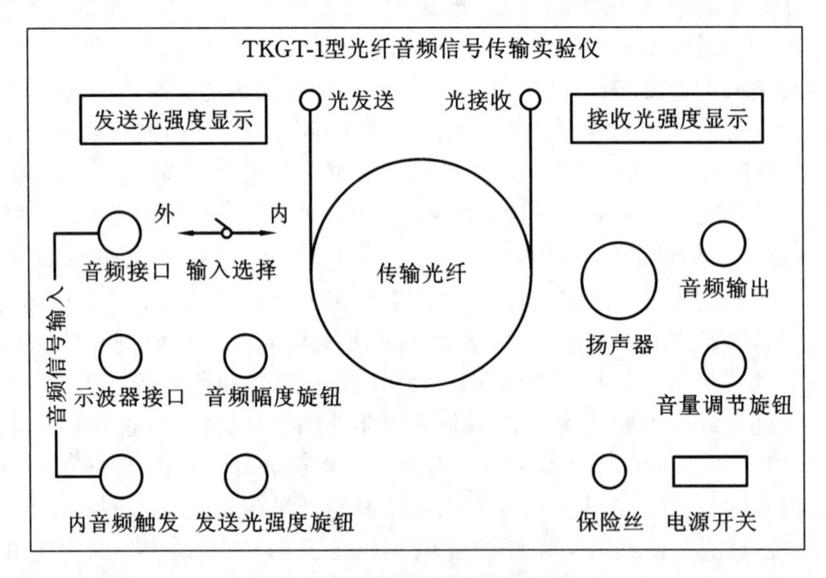

图 3-16-6　实验仪器面板示意图

2. 光纤传输系统频响的测定

将“输入选择”开关打向“外”，在音频输入接口上从信号发生器输入正弦波，将双踪示波器的通道 1 和通道 2 分别接到发送端示波器接口和接收端音频信号输出口，保持输入信号的幅度不变，连续调节信号发生器输出频率（可以从 1 kHz 开始，使频率连续调小或连续调大），记录输出端信号电压幅度的变化情况，分别测定系统的低频和高频截止频率（信号衰减为正常信号（如频率 1 kHz)响应电压幅度的三分之一左右视为截止)。

3. LED 偏置电流与无失真最大信号调制幅度关系测定

将从信号发生器输入的正弦波频率设定在 1 kHz,保持不变。输入信号幅度调节电位器置于最大位置,然后在 LED 偏置电流为 5 mA 和 10 mA 这两种情况下,调节信号发生器的信号源输出幅度,使其从零开始增加,同时在信号接收端观察输出波形变化,直到波形出现失真现象,记录此时电压波形的峰-峰值,由此确定 LED 在不同偏置电流下信号输出的最大幅度。

4. 多种波形光纤传输实验

将方波信号和三角波信号先后输入音频接口,改变输入频率,从接收端观察输出波形变化情况,在数字光纤系统中往往采用方波来传输数字信号。

5. 音频信号光纤传输实验

将“输入选择”开关打向“内”,调节发送光强度电位器,改变发送端 LED 的静态偏置电流(1 000个发送光强度左右),按下“内音频触发”按钮,观察在接收端听到的语音片音乐声。考察当 LED 的偏置电流小于多少时,音频传输信号产生明显失真,分析原因,并同时在示波器中分析观察语音信号波形变化情况。

【数据记录与处理】

参照表 3-16-1 至表 3-16-3 完成实验数据的记录。

表 3-16-1　光纤传输系统静态电光/光电传输特性测量数据

发送光强度/mA											
接收光强度/mA											

绘制静态电光/光电传输特性。

表 3-16-2　低频和高频截止频率测量数据

低频截止频率/Hz									
高频截止频率/Hz									

表 3-16-3　LED 偏置电流与无失真最大信号调制幅度关系

LED 偏置电流/mA	5	10
电压波形的峰-峰值/V		

【注意事项】

实验仪器中光纤是比较脆弱的,尽量不要触碰光纤,以及耦合部分。

【思考题】

(1) 实验中 LED 偏置电流如何影响信号传输质量?

(2) 实验中光纤传输系统哪几个环节引起光信号的衰减?

(3) 光纤传输系统中如何合理选择光源与探测器?

(4) 光电二极管在工作时应正偏压还是反偏压? 为什么?

(5) 如果纤芯的中心和包层的中心不同心,这样的光纤有什么不好?

实验3.17 用磁聚焦测量电子的荷质比

【实验目的】

(1) 了解带电粒子在磁场中的运动规律及聚焦原理。

(2) 用磁聚焦测量电子的荷质比。

【实验仪器】

电子荷质比测定仪、螺线管及示波管、稳恒直流电源。

【实验原理】

测量物理学中一些基本常量是物理实验的重要任务之一。一些微观量(如电子的质量)很难用实验直接测量,但可以通过实验间接测量。本实验就是利用磁聚焦测量电子的电荷与质量之比,从而得到电子的质量。

图3-17-1所示为电子射线磁聚焦装置示意图,图中K是发射电子的阴极,G是控制极,A是阳极,它们组成电子枪。CC′是产生匀强磁场的螺线管,为了提高聚焦质量,阳极圆筒内装有较小的圆孔共轴限制片,在控制板和阳极电压的作用下,由阴极K发射出的电子将汇集于P点,可见P点相当于光学成像系统中的物点。

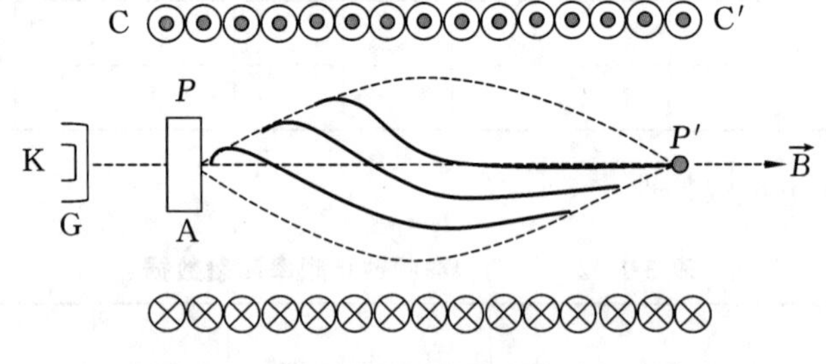

图3-17-1 电子射线磁聚焦装置示意图

电子束在P点以速度$\vec{v}$进入磁场$\vec{B}$,由于限制片的作用,使$\vec{v}$与$\vec{B}$的夹角θ很小,所以平行于$\vec{B}$的分量$v_{\parallel}$和垂直于与$\vec{B}$的分量$v_{\perp}$分别为

$$v_{\parallel}=v\cos\theta\approx v,\quad v_{\perp}=v\sin\theta \tag{3-17-1}$$

由于电子速度的垂直分量$v_{\perp}$各不相同,在磁场力作用下,电子将沿不同半径的螺旋线前进,但电子速度的水平分量$v_{\parallel}$近似相等,因此所有电子从P点出发经过一个周期后又重新汇聚于同一点P',P'点相当于P点的像,这就是磁聚焦的基本原理,类似于凸透镜将光束聚焦成像的作用。这一磁聚焦现象被广泛地应用,如本实验测量电子的荷质比。

实验中,当电子荷质比测定仪中的螺线管没有通入直流电流时,电子枪发射的电子基本上沿着螺线管的轴线方向飞行。由阴极K发射的电子,在阳极A加速电压U的作用下获得动能,根据动能定理有

$$eU=\frac{1}{2}mv^2 \tag{3-17-2}$$

即

$$v=\sqrt{\frac{2eU}{m}}$$

电子离开第二阳极后以速率 v 匀速运动，一直到达荧光屏。当螺线管中通有直流电时，螺线管内产生磁场，其磁感应强度$\vec{B}$的方向沿着螺线管的方向。电子在磁场中运动，如果其运动方向同磁场方向平行，则电子不受任何影响。如果电子运动方向与磁场方向有一角度 θ，则电子要受到洛伦兹力的作用，所受洛伦兹力为

$$\vec{F}=-e\vec{v}\times\vec{B} \tag{3-17-3}$$

其大小为 $F=-evB\sin\theta$。

此时，电子的速度可分解为两个方向的速度分量，与磁感应强度$\vec{B}$平行的速度分量$v_{\parallel}$和垂直的速度分量$v_{\perp}$。在平行方向上，电子不受洛伦兹力的影响，继续沿轴线作速率为$v_{\parallel}$的匀速直线运动。而在垂直方向上，电子在洛伦兹力的作用下作匀速圆周运动，其运动方程为

$$F=ev_{\perp}B=\frac{mv_{\perp}^2}{R} \tag{3-17-4}$$

式中：R 为电子圆周运动半径，可得

$$R=\frac{mv_{\perp}}{eB} \tag{3-17-5}$$

则电子作圆周运动的周期 T 为

$$T=\frac{2\pi R}{v_{\perp}}=\frac{2\pi m}{eB} \tag{3-17-6}$$

式(3-17-6)表明，电子在磁场中作匀速圆周运动的周期 T 与电子的速度无关，仅与磁感应强度$\vec{B}$有关。电子一方面沿螺线管的轴线方向作匀速直线运动，一方面又在垂直于$\vec{v}$与$\vec{B}$组成的平面内作匀速圆周运动，其运动轨迹为螺旋线(见图 3-17-1)。可得螺旋线的螺距 h 为

$$h=v_{\parallel}\cdot T=v\cdot T=\frac{2\pi mv}{eB} \tag{3-17-7}$$

式(3-17-7)表明，从同一位置发射出的电子，只要其速度大小相同，经过相同的周期 T，$2T$，…，后，必将重新会聚于相距出发点为 h，$2h$，…，的位置。

已知螺线管中磁感应强度$\vec{B}$的大小可表示为 $B=\frac{\mu_0 NI}{\sqrt{L^2+D^2}}$($\mu_0=4\pi\times10^{-7}$ H/m)，由式(3-17-2)和式(3-17-7)可得到电子的荷质比为

$$\frac{e}{m}=\frac{8\pi^2U}{h^2B^2}=\frac{(L^2+D^2)}{2\times10^{-14}N^2h^2}\cdot\frac{U}{I^2} \tag{3-17-8}$$

式中：N 是螺线管的总匝数，L、D 分别是螺线管的长度和直径。N、L、D、h 由实验室给出，只要测量出与加速电压 U 相应的聚焦电流 I，即可求得电子的荷质比。

【实验内容】

(1) 接好线路，调整螺线管，使其轴线方向与地磁场方向一致。

(2) 接通电子荷质比测定仪电源，预热 3 min，调节阳极电压至 700 V，此时荧光屏上出现一个亮斑，并调节聚焦和亮度，亮度不宜过亮。

(3) 将直流稳压电源接通，调节磁化电流至 1 A，预热 3 min，然后正式测试。

(4) 先将磁化电流调回到零，然后由小到大调节磁化电流，荧光屏上的光斑随电流的增大而旋转，直到会聚成一个光点。稳定半分钟后，读取相应的加速电压和磁化电流数据。

(5) 将螺线管的磁化电流调回到零，改变磁化电流的方向，再由小到大调节磁化电流，荧光屏上的光斑将反向旋转直到再次会聚成一点为止，稳定后读取相应电压值、电流值。

(6) 依次测出阳极电压为700 V、750 V、800 V、850 V、900 V、950 V时对应的磁化电流，记录下来。

【数据记录与处理】

参照表3-17-1完成实验数据的记录。

表3-17-1　不同阳极电压时的磁化电流

	700 V	750 V	800 V	850 V	900 V	950 V
$+I$						
$-I$						
$\bar{I}$						
$U/\bar{I}^2$						
e/m						
$\overline{e/m}$						

由式(3-17-8)可计算出电子荷质比$\frac{e}{m}$(电子荷质比理论值:$\frac{e}{m}=1.758\,804\,7\times10^{11}$ C/kg)。

【注意事项】

(1) 示波管电源电压高达1 000 V，操作时应特别注意安全。

(2) 在实验过程中，调节光斑亮度后，高压值会有所变化，要再次调节高压值，达到所需要电压。

(3) 实验完毕后，关掉电源，但不要立即拆除线路，要等电容器放电完毕(约5 min)后，再拆除线路。

【思考题】

(1) 什么是磁聚焦？试说明磁聚焦的基本原理。

(2) 螺线管的磁化电流反向后，电流由小到大增加的过程中，荧光屏上的光斑会发生反向旋转，为什么？

实验3.18　普朗克常数的测定

【实验目的】

(1) 了解光电效应的规律，加深对光的量子性的理解。

(2) 验证爱因斯坦方程，并测定普朗克常数h。

【实验仪器】

DH-GD-6普朗克常数测试仪、汞灯及电源、光阑、滤光片、光电管。

【实验原理】

光电效应的实验原理如图3-18-1所示，一束入射光强为I(频率为ν)的单色光照射到真空光电管S中的金属表面K(阴极)，当入射光符合一定条件时，从金属表面逸出电子，称为光电子,光电子向阳极 A 迁移形成光电流 i。当阴极 K 加负电位,阳极 A 加正电位($U=U_A-U_K$为正值)时,光电子被加速;当阴极 K 加正电位,阳极 A 加负电位($U=U_A-U_K$为负值)时,光电子被减速。光电流 i 随电位差 U 变化的曲线称为伏安特性曲线,如图 3-18-2 所示。

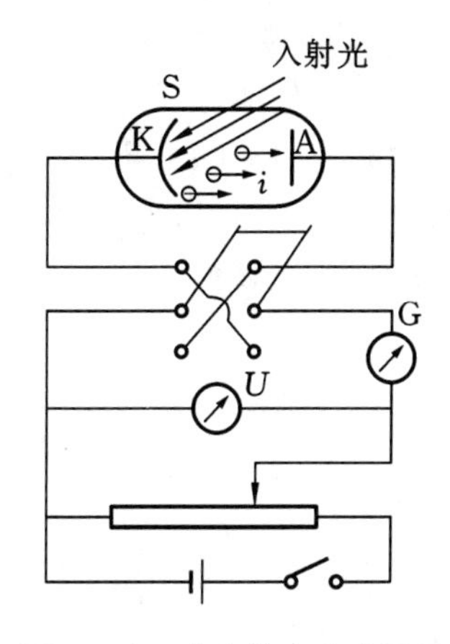

图 3-18-1　光电效应实验原理图

1. 遏止电压

反向电压的大小可以用来量度光电子的能量。从金属表面 K 逸出的光电子(质量和速度分别为 m、v_m)在反向电压的作用下减速,当所加反向电压 $U=U_0$ 并满足方程

$$eU_0=\frac{1}{2}mv_m^2 \tag{3-18-1}$$

时,检流计 G 中无电流,U_0 称为遏止电压。遏止电压与光强 I 无关(见图 3-18-2),而与入射光频率 ν 有关(见图 3-18-3)。

2. 阈频率

当入射光频率 ν 高于某一阈值ν_0 时,才能从金属表面打出光电子,这个阈值称为阈频率。$\nu>\nu_0$ 是产生光电流的条件。如图 3-18-3 所示,阈频率与金属材料有关;同一金属条件下,遏止电压与入射光频率呈线性关系。

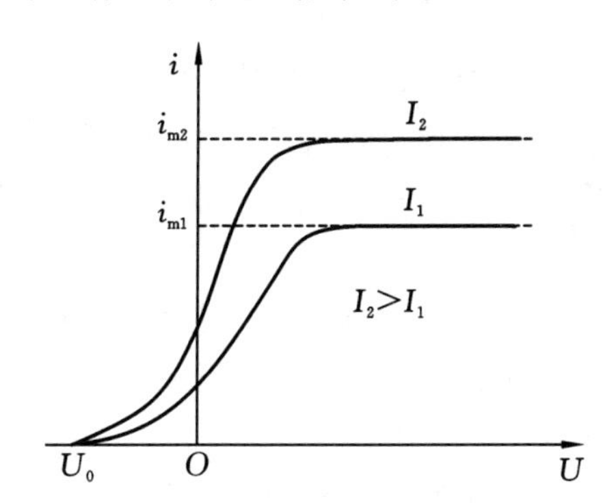

图 3-18-2　光电管的伏安特性曲线

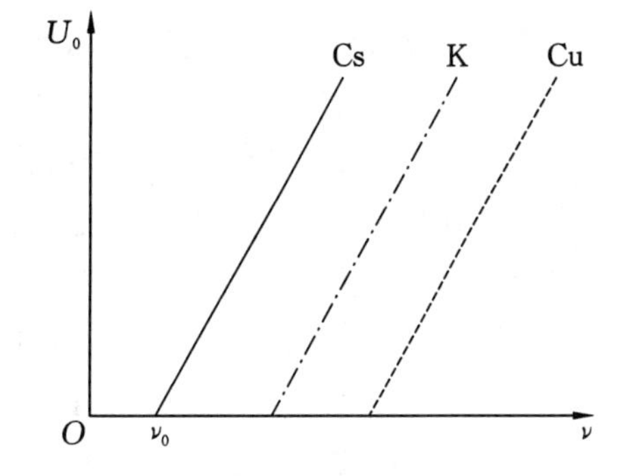

图 3-18-3　入射光频率与遏止电压关系

3. 爱因斯坦光电效应方程

1905 年爱因斯坦提出光量子假设:入射光是单粒能量 $\varepsilon=h\nu$ 的光子流。这种光子在运动中不瓦解,而是在一瞬间整个地被吸收或者被发射,即便入射光的强度非常微弱,只要频率大于 ν_0,在开始照射后立即有光电子产生,所经过的时间至多为10^{-9} s 的数量级。

爱因斯坦光电效应方程为

$$h\nu=\frac{1}{2}mv^2+A \tag{3-18-2}$$

式中:$h\nu$ 是频率为 ν 的入射光子具有的能量,$\frac{1}{2}mv^2$ 是光电子离开金属表面后的动能,A 为逸出功,是光电子在脱离金属表面时金属对电子的吸引力所做的功的绝对值。式(3-18-2)满足能量守恒定律。

金属表面的电子吸收光子后,如果获得的能量小于金属表面逸出功 A,即 $h\nu<A$,则无动

能，不可能脱离金属表面成为光电子。满足 $h\nu=A$ 的光频率称为该金属的光电阈频率，它激发的光电子刚好能脱离金属表面而无剩余动能。

由式(3-18-2)可知，入射到金属表面的光频率越高，逸出的电子初动能越大，所以即使阳极电位比阴极电位低，也会有电子落入阳极形成光电流，直至阳极电位低于截止电压，光电流才为零，此时有关系

$$eU_0=\frac{1}{2}mv^2 \tag{3-18-3}$$

将式(3-18-3)代入式(3-18-2)可得

$$eU_0=h\nu-A \tag{3-18-4}$$

式(3-18-4)表明遏止电压U_0是频率 ν 的线性函数，如图 3-18-3 所示，直线斜率 $k=h/e$，只要用实验方法得出不同的频率对应下的遏止电压，求出直线斜率，就可算出普朗克常数 h。

【实验内容】

1. 测试前的准备

把汞灯及光电管的暗箱遮光盖盖上，将普朗克常数测试仪及汞灯电源接通，预热 20 min。将“电流量程”选择开关置于所选挡位，仪器在充分预热后，进行测试前调零，旋转“调零”旋钮使电流指示为 000.0。如果测量电流超过量程需要换挡，则必须重新进行电流调零。

2. 测光电管的伏安特性曲线

先将“方式”功能键选择“手动”模式，“内容”功能键选择“伏安特性”模式。将“电压设置”键将光电管的工作电压设定在$-4\sim30$ V，将 “电流量程”开关置于10^{-8} A 或10^{-11} A 挡中某一挡(根据光电流的大小而定)，光阑直径 2～8 mm 依次选择一个或某一个光阑，再将 365.0～577.0 nm 的滤色片依次转到在光电管暗箱光输入口上。

(1) 选取一个光阑(自定)，滤色片选择 365.0 nm。从低到高调节电压，记录电流从零到非零点所对应的电压值作为第一组数据，以后电压每变化一定值记录相应的电流值。

换上 404.7～579.0 nm 的滤色片，重复测量步骤(1)。

(2) 在 $U=30$ V 时，将“电流量程”选择开关置于10^{-10} A 或10^{-9} A 挡，记录滤色片分别在 365.0～577.0 nm 五个不同波长时，光阑分别为 2 mm、4 mm、8 mm 时对应的电流值。

3. 测普朗克常数 h

(1) 将“电压设置”键置于$-2\sim+2$ V 挡，“电流量程”选择开关置于10^{-12} A 挡，将测试仪电流输入电缆断开，调零后重新接上，将直径为 2 mm 的光阑及 365.0 nm 的滤色片装在光电管暗箱光输入口上。

(2) 从低到高调节电压，用零电流法测量该波长对应的U_0，并记录数据。

零电流法是直接将各谱线照射下测得的电流为零时对应的电压 U 的绝对值作为遏止电压 U_0。此法的前提是阳极反向电流，暗电流和本底电流都很小，用零电流法测得的遏止电压与真实值相差很小，且各谱线的遏止电压都相差 U，对U_0-ν 曲线的斜率无大的影响，因此对 h 的测量不会产生大的影响。

(3) 依次换上 404.7 nm、435.8 nm、546.1 nm、577.0 nm 的滤色片，重复以上测量步骤。

【数据记录与处理】

参照表 3-18-1 至表 3-18-3 完成实验数据的记录。

表 3-18-1　*I*-*U* 关系(伏安特性曲线)测量数据

光阑孔 ϕ=________mm

365.0 nm	U/V					
	$I/(\times10^{-11}$ A)					
404.7 nm	U/V					
	$I/(\times10^{-11}$ A)					
435.8 nm	U/V					
	$I/(\times10^{-11}$ A)					
546.1 nm	U/V					
	$I/(\times10^{-11}$ A)					
577.0 nm	U/V					
	$I/(\times10^{-11}$ A)					

表 3-18-2　I_m-P 关系测量数据

U=30 V

365.0 nm	光阑孔 ϕ/mm	2	4	8
	$I_m/(\times10^{-10}$ A)			
404.7 nm	光阑孔 ϕ/mm	2	4	8
	$I_m/(\times10^{-10}$ A)			
435.8 nm	光阑孔 ϕ/mm	2	4	8
	$I_m/(\times10^{-10}$ A)			
546.1 nm	光阑孔 ϕ/mm	2	4	8
	$I_m/(\times10^{-10}$ A)			
577.0 nm	光阑孔 ϕ/mm	2	4	8
	$I_m/(\times10^{-10}$ A)			

表 3-18-3　U_0-ν 关系测量数据

光阑孔 ϕ=2 mm

波长 λ/nm	365.0	404.7	435.8	546.1	577.0
频率 $\nu/(\times10^{14}$ Hz)	8.216	7.410	6.882	5.492	5.196
遏止电压U_0/V					

用表 3-18-1 数据在坐标纸上作对应于以上两种波长及光强的伏安特性曲线。

用表 3-18-2 数据验证光电管的饱和光电流I_m与入射光强 P 成正比。

用表 3-18-3 数据在坐标纸上作U_0-ν 直线，由图求出直线斜率 k。求出直线斜率 k 后，可用 $h=ek=e\dfrac{\Delta U}{\Delta \nu}$求出普朗克常数，并与 h 的公认值h_0 比较，求出相对误差$E_r=\dfrac{h-h_0}{h_0}$，式中 $e=1.602\times10^{-19}$ C，$h_0=6.626\times10^{-34}$ J·S。

【注意事项】

(1) 汞灯关闭后，不要立即开启电源。必须待灯丝冷却后再开启，否则会影响汞灯寿命。

(2) 在光电管不用时，要断掉施加在光电管阳极和阴极间的电压，保护光电管，防止意外的光线照射。

(3) 滤色片要保持清洁，禁止用手摸光学面。

(4) 更换滤色片的时候应先将光源孔遮住，实验完毕后用遮光盖罩住光电管暗盒，避免强光直射缩短光电管寿命。

【思考题】

(1) 爱因斯坦如何解释光电效应？

(2) 用同样强度的紫光与黄光分别照射金属表面，若均能发生光电效应，哪个的遏制电压高？用不同光强度的单色光照射呢？

(3) 什么是阈频率？是否只要有单色光照射到金属表面就会瞬时发生光电效应？

第 4 章　设计性实验

实验 4.1　电表的改装与校准

【实验目的】

(1) 掌握一种测定电流表表头内阻的方法。

(2) 掌握将微安表表头改装成电流表和电压表的方法。

(3) 掌握电表的校准方法。

【实验仪器】

表头、电阻箱、滑线变阻器、直流稳压电源、电压表、电流表。

【实验原理】

直接用磁电式测量机构构成的电表称为磁电式电表。我们又常把其中只允许通过很小电流的电表称为表头，它可以被改装成测量大电流或高电压的电流表或电压表。多用电表就是用不同的改装方式，通过转换开关使表头成为一个多功能、多量程的电表。

1. 电流表的改装及校准

如图 4-1-1(a)所示，根据并联电路知识，只要在表头上并联一个电阻R_p，表头与电阻R_p组成的电路就能通过较大的电流。对于表头支路，$V_{AB}=I_g \cdot R_g$，其中I_g为表头满偏电流，R_g为表头内阻；对于并联电阻支路，$V_{AB}=I_p \cdot R_p$，于是

$$R_p=\frac{I_g \cdot R_g}{I_p}=\frac{I_g \cdot R_g}{I-I_g} \tag{4-1-1}$$

式中：I 为电路总电流。表头和并联电阻 R_p 组成的一个整体就形成了一个新电流表，I 就是新电流表能够测量的最大电流值。令$n_p=I/I_g$，式(4-1-1)可写成

$$R_p=\frac{1}{n_p-1} \cdot R_g \tag{4-1-2}$$

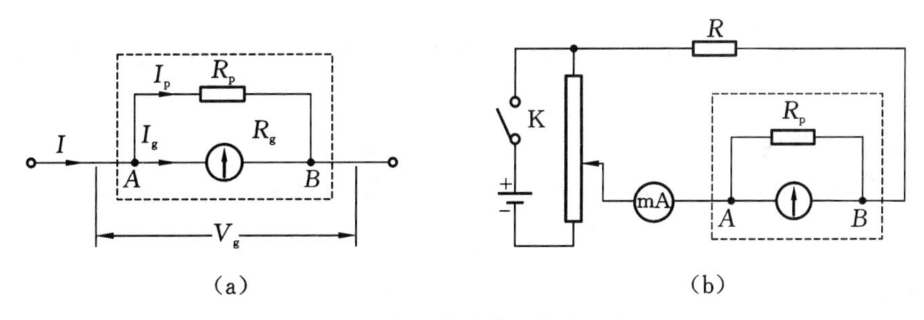

图 4-1-1　电流表改装及校准示意图

式中：n_p为电流放大系数，它表示改装后的电流表能测量的电流 I 是表头满偏电流I_g的n_p倍。因为n_p是一定值，所以表头可以用被测电流 $I=n_pI_g$重新刻度。

表头改装完毕要进行校准。将改装电表与标准电流表串联，按图 4-1-1(b)所示连接线路，用滑线变阻器改变电路电流，分别读出改装表和标准电流表的读数，以求出绝对误差 $\Delta I=|I_{标}-I_{改}|$。用各刻度上绝对误差的最大值 ΔI_{max}除以最大的被测电流值(改装后的量程)，便得出所改装电流表的引用误差γ_I(或电表的准确度等级 α)，有

$$\gamma_I=\frac{\Delta I_{max}}{I}\times 100\%=\alpha\% \tag{4-1-3}$$

2. 电压表的改装及校准

用表头既能测量电流，也可以测量电压。表头能够测量的满偏电压为 $V_g=I_gR_g$，它一般很小，约为零点几伏，但只要在表头上串联大电阻R_s，就能测量较高的电压。图 4-1-2(a)所示为表头改装为电压表的电路。

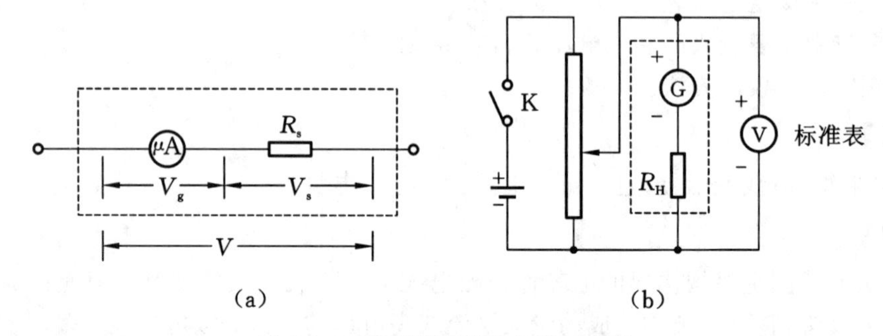

图 4-1-2 电压表改装及校准示意图

表头两端电压为 $V_g=I_gR_g$，电阻R_s 两端电压为 $V_s=I_gR_s$，总电压 $V=V_g+V_s$，所以

$$R_s=\frac{V}{I_g}-R_g \tag{4-1-4}$$

令$n_s=V/V_g$，则式(4-1-4)可写成

$$R_s=(n_s-1)R_g \tag{4-1-5}$$

式中：n_s 称为电压放大系数，它表示改装后的电压表量程是表头满偏电压的n_s 倍。n_s 为一定值，所以表头可用 $V=n_sV_g$重新刻度。

校准改装电压表的电路如图 4-1-2(b)。引用误差表示为

$$\gamma_V=\frac{\Delta V_{max}}{V}\times 100\%=\beta\% \tag{4-1-6}$$

式中：ΔV_{max}为在各刻度上标准电压表读数与改装电压表读数之差的最大值，β 为改装电压表的准确度等级。

3. 半偏法测表头内阻

电表的改装需要事先给出或测出表头的两个重要参数I_g和R_g，我们采用半偏法测量表头内阻R_g。

半偏法测量电路如图 4-1-3 所示。先断开K_2，调节电阻箱R_0，使表头指针满偏。表头电流为

$$I_g=V_{AB}/(R_0+R_g)$$

式中：V_{AB}为直流电源两端的端电压。然后合上K_2，调节电阻箱R_1，使表头电流为$I_g/2$，则

$$I_g/2=\frac{V_{AB}}{R_0+R_1R_g/(R_1+R_2)}\times\frac{R_1}{R_1+R_g}$$

联立以上两式求得表头内阻R_g为

$$R_g=-\frac{R_1R_0}{R_0-R_1} \tag{4-1-7}$$

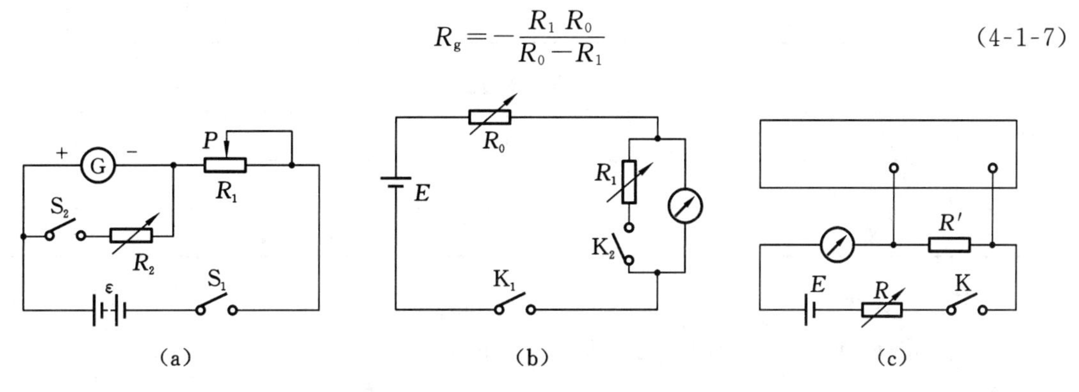

图 4-1-3　半偏法测表头内阻示意图

【实验内容】

(1) 半偏法测表头内阻。按照图 4-1-3 接线，参看原理，测量内阻R_g，测 3 次取其平均值，记录数据。

(2) 将量程为 100 μA 的表头改装成 5 mA 的电流表并校准，记录数据。

(3) 将量程为 100 μA 的表头改装成 5 V 的电压表并校准，记录数据。

【数据记录与处理】

1. 测量内阻R_g

参照表 4-1-1 完成实验数据的记录。

表 4-1-1　内阻的测量数据

测量次数	1	2	3	平均值
内阻R_g/Ω				

2. 将量程为 100 μA 的表头改装成 5 mA 的电流表并校准

参照表 4-1-2、表 4-1-3 完成实验数据的记录。

表 4-1-2　电流表改装与校正仪器参数

满度电流$I_g/\mu A$	扩程电流 I/mA	R_s 计算值/Ω	R_s 实际值/Ω

表 4-1-3　电流表校正数据记录

被校表示数I_x/mA					
标准表示数I_0/mA					
$\Delta I_x=I_0-I_x$/mA					

3. 将量程为 100 μA 的表头改装成 5 V 的电压表并校准

参照表 4-1-4、表 4-1-5 完成实验数据的记录。

表 4-1-4 电流表改装与校准仪器参数

满度电流$I_g/\mu A$	扩程电压U/V	R_s 计算值/Ω	R_s 实际值/Ω

表 4-1-5 电压表校正数据记录

被校表示数 V_x/V					
标准表示数 V_0/V					
$\Delta V_x=V_0-V_x/V$					

4. 画校正曲线

在坐标纸上分别画出电流表和电压表的校正曲线。

【注意事项】

(1) 实验前要检查待校表和标准表的机械零点。

(2) 线路接好后，将电源电压调小，电阻调大，确保表头指针不会超过满偏后才能接通电源。

(3) 拆除线路时，应先将电源关闭。

实验 4.2 电子束的电偏转和电聚焦

【实验目的】

(1) 了解示波管的基本结构和各部分功能。

(2) 学习示波管的电偏转原理，测量示波管的电偏转灵敏度。

(3) 了解静电透镜系统对电子束的聚焦成像及栅极的控制作用。

(4) 测量聚焦条件，观察加速电压对截止栅压大小的影响。

【实验仪器】

电子束实验仪。

【实验原理】

1. 示波管的基本结构

如图 4-2-1 所示，示波管由电子枪、偏转板和荧光屏三部分组成。其中，电子枪是示波管的核心部分，它由加热电极（灯丝）W、阴极 K、栅极（控制极）G、第一加速阳极 A、聚焦电极A_1 和第二加速阳极A_2（辅助聚焦极）等同轴金属圆筒（筒内膜片的中心有限制小孔）组成，A 与A_2 在示波管内部相连。阴极 K 为表面涂有氧化物（钡、锶的氧化物）的金属圆筒，经灯丝 W 加热（电压 6.3 V）后，温度上升，涂层中一部分电子获得较高的能量从表面逸出，形成在阴极周围空间中的自由电子，自由电子在外电场作用下将形成电子流。栅极 G 为顶端带孔的圆筒，套装在阴极之外，栅极 G 的电位低于阴极 K 的电位，对阴极 K 发射出的电子起控制作用。控制栅极电位可以控制射向荧光屏的电子流密度。电子流密度越大，荧光屏上的光点就越亮。当栅极电位调到相对阴极足够负时，将没有电子通过栅极，荧光屏上光点消失，此时栅极到阴极间的电位差称为截止电压。调节栅极到阴极间电压可控制荧光屏上光点的亮度，这就是亮度调节。第一加速阳极 A 是一个长金属圆筒，其电位比阴极 K 的电位高 1 000 V 左右，用于加速电子。圆筒内有一对同轴中心开孔的金属片，用于截获偏离轴线的电子，使电子束有较细截面。加速阳极 A 后面是聚焦电极 A_1 和第二加速阳极 A_2，聚焦电极 A_1 的电压（相对于阴极 K）一般为几百伏，与 A、A_2 一样也是中心有小孔的圆板。A、A_1、A_2 三电极之间形成的电场除对电子起加速作用外，还起着会聚作用，使电子束会聚成很细的一束，这种作用称为聚焦。改变 A_1 的电位可改变 A 与 A_1 之间、A_1 与 A_2 之间的电场分布，影响电子束会聚，所以 A_1 称为聚焦电极。调节 A_1 的电位称为聚焦调节。A 与 A_2 之间的电位也会影响聚焦，调节 A_2 的电位称为辅助聚焦调节。为了使电子束能够打到荧光屏上的任何部位，必须使电子束运动的轨迹能按要求改变，这种运动轨迹的变化称为偏转。电子束的偏转可以利用静电场，也可以利用磁场来实现。一般示波管采用静电场的办法使电子束偏转，称为静电偏转。静电场由两对互相垂直的偏转板提供。其中一对能使电子束在 X 方向偏转，称为 X 向偏转板（或水平偏转板），如图 4-2-1 中的 D_x；另一对能使电子束在 Y 方向偏转，称为 Y 向偏转板（或垂直偏转板），如图 4-2-1 中的 D_y。荧光屏是在示波管前端涂有一层荧光粉的玻璃屏，其内部为真空，用于显示电子束打在示波管端面的位置。

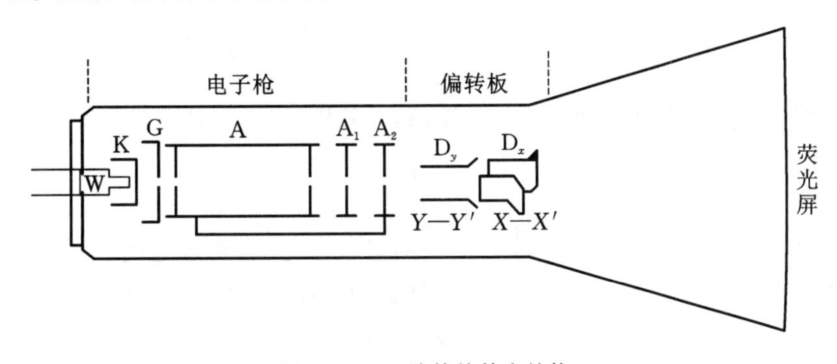

图 4-2-1　示波管的基本结构

W—加热电极；K—阴极；G—栅极；A—第一加速阳极；A_1—聚焦电极；

A_2—第二加速阳极；D_y—垂直偏转板；D_x—水平偏转板

2. 电子束的加速与电偏转

为了描述电子的运动，选取直角坐标系，取沿电子枪轴线射出的电子运动方向为 Z 轴正方向，示波管端面所在平面上的水平线及垂直线为 X 轴与 Y 轴。由阴极表面逸出的电子经加速电场的作用，沿电子枪轴线方向加速，当到达第二加速阳极 A_2 时，速度为 v_z（即电子从电子枪“枪口”射出的速度）。因为电子从阴极 K 逸出时的初始动能近似为零，电子动能的增量等于加速电场对它所做的功，即

$$\frac{1}{2}mv_z^{\,2}=eU_z \tag{4-2-1}$$

式中：U_z 为 A_2 对阴极 K 的电位差，即加速电压，e 为电子的电荷（绝对值），m 为电子的质量。因而所有电子最后从电子枪射出的速度大小 v_z 是相同的，与电子在电子枪内所通过的电位起伏无关。

电子枪射出的电子再穿过偏转板之间的空间，如图 4-2-2 所示，如果偏转板之间没有加电压，电子将以速率 v_z 作匀速直线运动，最后打在荧光屏的中心（设定电子枪瞄准了中心）形成一

个小亮点。但当偏转板之间加有电压，受电场力的作用，通过偏转板的电子运动方向将发生偏转。

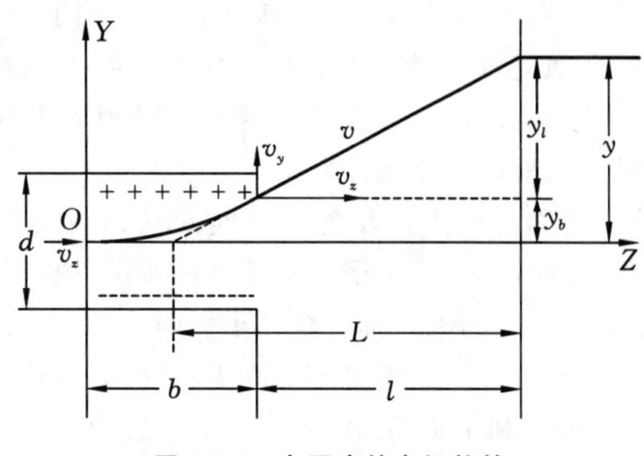

图 4-2-2　电子束的电场偏转

在图 4-2-2 中，设两 Y 向偏转板之间加有电压U_y，板长为 b，板距为 d，可看作平行板电容器(且忽略边缘效应)。则两板间的电场强度大小为$E_y=U_y/d$，电子沿 Y 轴方向受电场力$F_y=eE_y=eU_y/d$ 的作用而产生加速度，其大小为$a_y=F_y/m=eU_y/md$。因电子在 Z 轴方向没有作用力，速度分量v_z不变。这样电子在 Y 向偏转板间的运动时间与 Y 偏转板至荧光屏的运动时间分别为$t_b=b/v_z$，$t_l=l/v_z$。通过 Y 向偏转板而产生的垂直位移为$y_b=\frac{1}{2}a_yt_b{}^2$，垂直速度为$v_y=a_yt_b$。电子离开 Y 向偏转板后，不再受电场力作用，作匀速直线运动，至荧光屏的垂直位移为$y_l=v_yt_l$。电子在荧光屏上的总位移大小为

$$y=y_b+y_l=\frac{1}{2}a_yt_b{}^2+v_yt_l=\frac{ebU_y}{md\,v_z{}^2}\left(\frac{b}{2}+l\right) \tag{4-2-2}$$

令 $L=\frac{b}{2}+l$，即 Y 向偏转板中心至荧光屏的距离，并利用式(4-2-1)可将式(4-2-2)改写为

$$y=\frac{bL}{2d\,U_z}U_y \tag{4-2-3}$$

式(4-2-3)表明，垂直位移 y 随偏转电压U_y的增大而增大，两者是线性关系。定义单位偏转电压所引起的电子束在荧光屏上的位移为示波管的电偏转灵敏度S_y，即

$$S_y=\frac{y}{U_y}=\frac{bL}{2d\,U_z} \tag{4-2-4}$$

同理，对 X 轴偏转板也有相应的电偏转灵敏度，即

$$S_x=\frac{y}{U_x}=\frac{bL}{2d\,U_z} \tag{4-2-5}$$

式中：b、d、L 为与 X 轴偏转板相关的几何量。

3. 电子束的聚焦及强度

阳极相对栅极有很高的电位，它对通过栅极的电子起加速作用，被加速的电子在向荧光屏运动的过程中将向四周发散。如果没有聚焦电场，在光屏上观察到的将不是一个很小的光点，而是模糊一片。在电子运动的途径上建立一个特殊的静电场，利用电场对电子的作用，可以使发散的电子穿过电场后重新会聚成一细小的电子束。这种电场对电子的作用像会聚透镜对光的作用，所以常称为静电透镜。

电子枪中的聚焦电极 A_1 与第二加速阳极 A_2 构成一个静电透镜，其聚焦过程如图 4-2-3 所示。

电极A_1 与A_2 之间电场分布的截面如图 4-2-3 所示，虚线为等位线，实线为电力线，电场对 Z 轴对称分布。电子束中某个散离轴线的电子沿轨道 S 进入聚焦电场。在电场前半区(左边)，电子受到与电力线相切方向的作用力f_1，f_1 可分解为垂直指向轴线的分力 f_{1r}与平行于轴线的

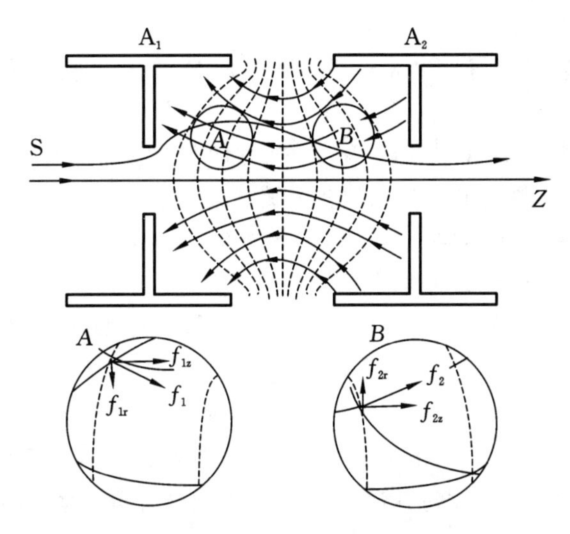

图 4-2-3　静电透镜原理图

分力f_{1z}(图中 A 区)。f_{1r}的作用使电子运动向轴线靠拢,起聚焦作用。f_{1z}的作用使电子沿轴线方向得到加速度。电子到达电场的后半区(右边)时,受到的作用力 f_2 可分解为两个相应的分力f_{2r}和f_{2z}。f_{2r}使电子离开轴线,起散焦作用。但因为在整个电场区域内电子都受到同方向的沿 Z 轴的作用力f_{1z}和f_{2z},电子在后半区的轴向速度比前半区的大得多。因此,在后半区电子受力f_{2r}作用的时间极短,获得的离轴速度比在前半区获得的向轴速度小得多。总的效果是电子向轴线靠拢,整个电场起聚焦作用。聚焦作用的强弱可以通过改变A_1 与A_2 之间的电位差来调节。

事实上,图 4-2-1 中A_1 两端的电场皆有聚焦作用,是两个静电透镜的组合,即 A 与A_1 之间以及A_1 与A_2 之间形成的电场共同作用,使电子束实现聚焦,并且聚焦程度的好坏主要取决于聚焦电压U_1(即A_1 与 K 之间的电位差)和加速电压U_2(即A_2 与 K 之间的电位差)的大小。令

$$n=\sqrt{U_2/U_1} \tag{4-2-6}$$

当 $n=2$ 或 $n=0.58$ 时,荧光屏上聚焦最佳(理论推导从略)。通常称 $n=2$ 为第一聚焦条件,$n=0.58$ 为第二聚焦条件。

电子束的强度是通过栅极来控制的,栅极屏蔽着阴极。栅极 G 相对于阴极 K 为负电位,两者相距很近(约十分之几毫米),其间形成的电场阻碍电子向阳极运动。不很大的栅极负电位(几十伏)就可以使电子束截止,即在荧光屏上看不见光点。调节栅极 G 对阴极 K 的电压,可以控制电子枪射出电子的数目,从而改变光屏上光点的亮度。当增大加速电极的电压,电子可获得更大的轰击动能,光屏上的亮度会提高。因此,栅极的截止电压U_G与加速电压U_2 有关。

【实验内容】

1. 连线及调试

(1) 将聚焦开关置于“点”聚焦位置,辉度控制旋钮(即栅极截止电压U_G)调至适当位置(居中)。

(2) 按仪器说明接好电子枪的工作电路。

(3) 打开“总电源”开关,调节聚焦电压U_1、加速电压U_2 及栅极截止电压U_G,使荧光屏上光点聚焦成一亮度适中的小圆点。

2. 电偏转灵敏度的测量

(1) 光点调零,调节"Y 调零"和"X 调零"旋钮,使 Y 轴和 X 轴偏转电压$U_y=U_x=0$ 时,荧光屏上的光点处于中心位置。

(2) 测量并记录在相同加速电压U_2 下,Y 轴方向位移 y 和相应的 Y 轴偏转电压U_y。作 y-U_y 直线,求直线的斜率,得到 Y 轴的电偏转灵敏度S_y。

(3) 测量并记录在相同加速电压U_2 下,X 轴方向位移 x 和相应的 X 轴偏转电压U_x。作 x-U_x 直线,求直线的斜率,得到 X 轴的电偏转灵敏度S_x。

(4) 由已知的示波管参数 b、d、L 及测量值U_2,计算出电偏转灵敏度的理论值,估算实验误差。

3. 聚焦条件测量

(1) 第一聚焦条件($U_1<U_2$)。在加速电压U_2 分别为三个不同值时,调节聚焦电压U_1,使光屏上的图像聚成一个小圆点,测量并记录与各U_2 值能进行组合聚焦的相应U_1 值,并计算 $n=\sqrt{U_2/U_1}$,取三次的平均值,与理论值(第一聚焦条件 $n=2$)进行比较,估算误差。

(2) 第二聚焦条件($U_1>U_2$)。按仪器使用说明,改接电子枪的工作电路,以实现$U_1>U_2$(接线时一定要切断总电源开关)。使U_1 为某一个值,再调节U_2 使光屏上的亮点达到最佳聚焦,记录下U_2 的值。计算 $n=\sqrt{U_2/U_1}$,取三次的平均值,与理论值(第二聚焦条件$n=0.58$)进行比较,估算误差。

4. 强度控制观察(恢复电子枪的正常工作电路)

(1) 改变栅极截止电压大小,观察荧光屏上光点亮度的强弱变化。

(2) 测量并记录在四个不同加速电压U_2 下的栅极截止电压U_G。

(3) 由测量结果分析加速电压对栅极截止电压的影响,找出其中规律。

【数据记录与处理】

1. 电偏转灵敏度的测量

参照表 4-2-1、表 4-2-2 完成实验数据的记录。

表 4-2-1 Y 轴的偏转电压测量

$U_2=1\ 200$ V												
y/mm	−30	−25	−20	−15	−10	−5	5	10	15	20	25	30
U_y/V												

作 y-U_y直线,求直线的斜率,得到 Y 轴的电偏转灵敏度S_y。

表 4-2-2 X 轴的偏转电压测量

$U_2=1\ 200$ V												
x/mm	−30	−25	−20	−15	−10	−5	5	10	15	20	25	30
U_x/V												

作 x-U_x 直线,求直线的斜率,得到 X 轴的电偏转灵敏度S_x。

2. 聚焦条件测量

1）第一聚焦条件（$U_1<U_2$）

参照表 4-2-3 完成实验数据的记录。

表 4-2-3　第一聚焦条件下的测量数据

U_2/V	1 000	1 200	1 400
U_1/V			
$n=\sqrt{U_2/U_1}$			
$\bar{n}$			

比较理论值 $n=2$，估算误差。

2）第二聚焦条件（$U_1>U_2$）

参照表 4-2-4 完成实验数据的记录。

表 4-2-4　第二聚焦条件下的测量数据

U_1/V	600	800	1 000
U_2/V			
$n=\sqrt{U_2/U_1}$			
$\bar{n}$			

比较理论值 $n=0.58$，估算误差。

3. 强度控制观察

参照表 4-2-5 完成实验数据的记录。

表 4-2-5　不同加速电压下的栅极截止电压

U_2/V	800	1 000	1 200	1 400
V_G/V				

分析加速电压对栅极截止电压的影响，找出规律。

【注意事项】

（1）不得让栅极截止电压为零，即示波管辉度不可过大，且亮点不要长时间停留在一处，以免烧坏荧光物质。

（2）连线时一定要先断开总电源，测量过程中不要触摸到插孔，以免高压触电。

（3）装卸示波管时应小心，不要碰坏管脚。

【思考题】

（1）固定示波管加速电压U_2，调焦时，聚焦电极U_1的电压改变会不会影响电子枪射出电子的速度大小？为什么？

（2）示波管的电偏转灵敏度与偏转板的哪几个几何量有关？如何提高电偏转灵敏度？为什么？

（3）什么是静电透镜？静电透镜的第一聚焦条件和第二聚焦条件分别如何表示？

（4）栅极 G 的主要作用是什么？其工作电位相对于阴极 K 是正还是负？加速电压U_2对栅极截止电压 V_G有何影响？

实验 4.3　各向异性磁阻传感器与磁场的测量

【实验目的】

（1）了解各向异性磁阻传感器的工作原理。

（2）测量各向异性磁阻传感器的磁电转换特性。

（3）测量赫姆霍兹线圈轴线上的磁场分布。

（4）测量地磁场。

【实验仪器】

ZKY-CC 磁场实验仪、ZKY-CC 各向异性磁阻传感器与磁场测量仪。

【实验原理】

1. 各向异性磁阻效应

磁电传感器的作用，就是把磁场、放射线、压力、温度、光等因素作用下引起敏感元件磁性能的变化转换成电信号。某些金属或半导体在遇到外加磁场时，其电阻值会随着外加磁场的大小发生变化，这种现象称为磁阻效应，电阻的变化量称为磁阻。常见的这类金属有铁、钴、镍及其合金等。当外部磁场与磁体内部磁场方向成零角度时，电阻不会随着外加磁场的变化而发生改变；但当外部磁场与磁体的内部磁场有一定角度时，磁体内部磁化矢量会偏移，薄膜电阻降低，称这种特性为各向异性磁阻（AMR）效应。AMR 元件其灵敏度比霍尔元件的高很多，但是其线性范围窄，容易饱和。

2. 各向异性磁阻（AMR）传感器如何测磁场

各向异性磁阻（AMR）传感器由沉积在硅片上的坡莫合金薄膜形成电阻。沉积时外加磁场，形成易磁化轴方向。铁磁材料电阻的变化与易磁化轴方向和电流间夹角有关。AMR 传感器中由 4 个相同的磁阻元件构成惠斯通电桥（用于消除温度等外界因素对输出的影响），如图 4-3-1 所示，其中易磁化轴方向与电流方向的夹角为 45°。理论分析与实验表明，采用 45°偏置磁场，当沿与易磁化轴垂直的方向施加外加磁场，且外加磁场强度不太大时，电桥输出与外加磁场强度呈线性关系。

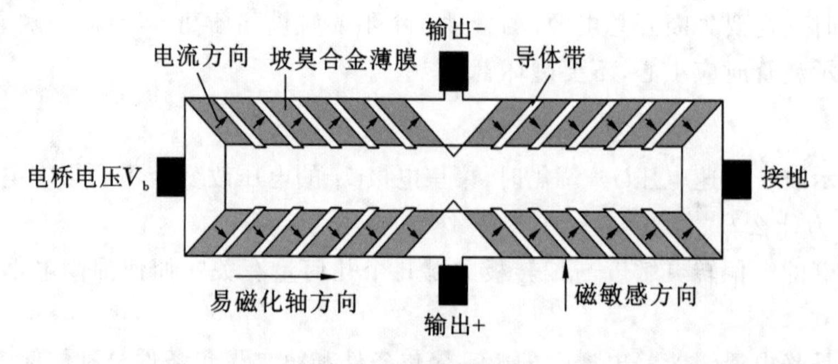

图 4-3-1　惠斯通电桥

情况一：当无外加磁场或外加磁场方向与易磁化轴方向平行时，磁化方向即易磁化轴方向，电桥的 4 个桥臂电阻，阻值相同，输出为零。

情况二：当沿着磁敏感方向施加外加磁场时，合成磁化方向将在易磁化轴方向的基础上逆时针旋转。使左上和右下桥臂的电流方向与磁化方向的夹角增大，电阻减小 ΔR；右上与左下桥臂的电流方向与磁化方向的夹角减小，电阻增大 ΔR。通过对电桥的分析可知，此时输出电压可表示为

$$U=V_{\mathrm{b}}\times\Delta R/R \tag{4-3-1}$$

式中：V_{b}是电桥的工作电压，R 为桥臂电阻，ΔR 由外加磁场强度决定，$\Delta R/R$ 为磁阻阻值的相对变化率，与外加磁场强度成正比。综上可知，利用各向异性磁阻传感器能测量磁场。

3. 赫姆霍兹线圈

赫姆霍兹线圈是一对彼此平行且连通的共轴圆形线圈，两线圈内的电流方向一致，大小相同，线圈之间的距离 d 正好等于圆形线圈的半径 R。单个线圈所产生的磁场是不均匀的，然而通过将两个线圈所产生的场叠加，在两个线圈的公共轴线中点附近能产生较广的均匀磁场区。通过线圈的几何尺寸、线圈电流 I 和匝数 N，可计算出沿轴的解析磁场强度。因此赫姆霍兹线圈是用于仪器校准的理想磁力计。

设 z 为赫姆霍兹线圈中轴线上某点离中心点 O 的距离，则赫姆霍兹线圈轴线上任意一点的磁感应强度为

$$B'=\frac{1}{2}\mu_0 NIR^2\left\{\left[R^2+\left(\frac{R}{2}+z\right)^2\right]^{-3/2}+\left[R^2+\left(\frac{R}{2}-z\right)^2\right]\right\} \tag{4-3-2}$$

而在赫姆霍兹线圈公共轴线上中心 O 处的磁感应强度B_0 为

$$B_0=\frac{8}{5^{3/2}}\cdot\frac{\mu_0 NI}{R} \tag{4-3-3}$$

式中：μ_0 为真空中的磁导率。采用国际单位制时，由式(4-3-3)计算出的磁感应强度单位为 T($1\ \mathrm{T}=10^4\ \mathrm{Gs}$)。本实验仪 $N=310$，$R=140\ \mathrm{mm}$，线圈电流为 1 mA 时，赫姆霍兹线圈中部的磁感应强度为 0.02 Gs。

4. 地磁场

地球周围存在着磁场，称为地磁场。地磁场的磁感应线在地球表面由地理的南极出发指向地理北极。地磁场的强弱称为地磁感应强度，地磁场的磁子午线与地理子午线间的夹角称为磁偏角(地磁的南北极与地理的南北极实际上并不重合)，地球上某处的地磁场方向与地面水平方向的夹角称为磁倾角，这三个物理量称为“地磁三要素”。不同地理位置间的地磁场强度、方向有一定的差别。一些动物能利用地磁场来辨别方向，人类在行军、航海中也利用地磁场对指南针的作用来定向。

【实验内容】

1. 各向异性磁阻(AMR)传感器磁电转换特性的测量

磁电转换特性是 AMR 传感器最基本的特性。磁电转换特性曲线的直线部分对应的磁感应强度，即 AMR 传感器的工作范围，直线部分的斜率除以电桥电压与放大器放大倍数的乘积，即为 AMR 传感器的灵敏度。图 4-3-2 所示为磁场实验仪，图 4-3-3 所示为实验仪前面板示意图。

(1) 连接实验仪器与电源，开机预热。将 AMR 传感器位置调至赫姆霍兹线圈中心处，使

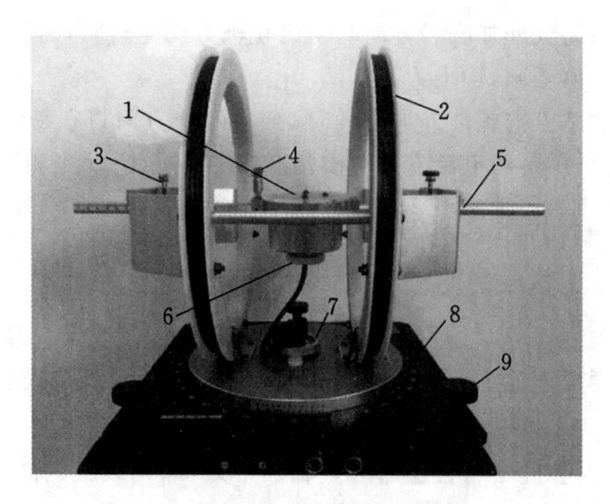

图 4-3-2 磁场实验仪

1—传感器盒;2—赫姆霍兹线圈;3—传感器轴向移动锁紧螺钉;4—传感器绕轴旋转锁紧螺钉;5—传感器横向移动锁紧螺钉;6—传感器水平旋转锁紧螺钉;7—线圈水平旋转锁紧螺钉;8—信号接口盒;9—仪器水平调节螺钉

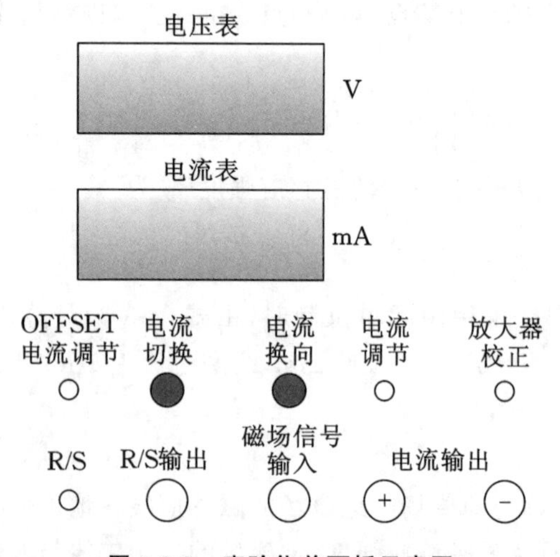

图 4-3-3 实验仪前面板示意图

AMR 传感器磁敏感方向与赫姆霍兹线圈轴线方向一致。调节赫姆霍兹线圈,使其电流为零,按“复位(R/S)”键恢复传感器特性,调节“OFFSET 电流调节”旋钮,以补偿地磁场等因素导致内部磁化矢量产生的偏离,使传感器输出电压为零。

(2) 调节赫姆霍兹线圈电流至 300 mA(此时线圈产生的磁感应强度为 6 Gs),调节“放大器校正”旋钮,使输出电压为 1.5 V。

(3) 从 300 mA 逐步调小赫姆霍兹线圈电流,记录相应的输出电压值。当赫姆霍兹线圈电流调小为零时,按“电流切换”按钮(赫姆霍兹线圈电流反向,磁场以及输出电压也将反向),同时按“(R/S)”键,逐步调大反向电流至−300 mA,记录反向输出电压。

(4) 以磁感应强度为横轴,输出电压为纵轴,作图,确定所用 AMR 传感器的线性工作范围。

2. 赫姆霍兹线圈轴线上磁场分布的测量

赫姆霍兹线圈能在公共轴线中心附近产生较宽的均匀磁场。

（1）调节赫姆霍兹线圈电流为 200 mA。调节 AMR 传感器磁敏感方向，使其与赫姆霍兹线圈轴线方向一致，当 AMR 传感器位于赫姆霍兹线圈轴线中点（$X=0$）时，调节放大器校准旋钮，使输出电压为 1 V。

（2）松开传感器轴向移动锁紧螺钉，将传感器盒每次沿轴线平移 $0.1R$（R 为圆形线圈的半径），记录输出电压值。

（3）以 AMR 传感器的空间位置 X 为横轴，磁感应强度的测量值（单位：Gs）为纵轴，作图，观察赫姆霍兹线圈轴向磁场分布的特点。

3. 地磁场的测量

（1）将 AMR 传感器放置在赫姆霍兹线圈中心处，将赫姆霍兹线圈电流调节为零，将补偿电流调节至零，调节 AMR 传感器磁敏感方向，使其与赫姆霍兹线圈轴线垂直（以便在垂直面内调节磁敏感方向）。

（2）调节传感器盒上平面，使其与仪器底板平行，将水准气泡盒放置在传感器盒正中，调节仪器水平调节螺钉使水准气泡居中，使 AMR 传感器水平。松开线圈水平旋钮，在水平面内仔细调节传感器方位，使输出最大（如果不能调到最大，则需将传感器在水平方向转动 180°后再调节）。此时，AMR 传感器磁敏感方向与地理南北方向的夹角就是磁偏角。

（3）松开传感器绕轴旋转锁紧螺钉，在垂直面内调节磁敏感方向，至输出最大，此时盒子转过的角度就是磁倾角，记录此角度。

（4）记录输出最大时的输出电压值U_1，松开传感器水平旋转锁紧螺钉，将传感器转动 180°，记录此时的输出电压值U_2，将 $U=(U_1-U_2)/2$ 作为地磁场磁感应强度的测量值，此法可消除电桥偏离对测量的影响。

【数据记录与处理】

参照表 4-3-1 至表 4-3-3 完成实验数据的记录。

表 4-3-1　AMR 传感器磁电转换特性的测量

线圈电流/mA	300	250	200	150	100	50	0	−50	−100	−150	−200	−250	−300
磁感应强度/Gs	6	5	4	3	2	1	0	−1	−2	−3	−4	−5	−6
输出电压/V													

表 4-3-2　赫姆霍兹线圈轴线上磁场分布的测量

$B_0=4$ Gs，$I=200$ mA，$R=140$ mm

位置 X	$-0.5R$	$-0.4R$	$-0.3R$	$-0.2R$	$-0.1R$	0	$0.1R$	$0.2R$	$0.3R$	$0.4R$	$0.5R$
$B(x)/B_0$ 计算值	0.946	0.975	0.992	0.998	1.000	1.000	1.000	0.998	0.992	0.975	0.946
$B(x)$测量值/V											
$B(x)$测量值/Gs											

表 4-3-3　地磁场的测量

磁倾角/(°)	磁感应强度			
	U_1	U_2	$U=(U_1-U_2)/2$	$B=U/0.25$

【注意事项】

(1) 电流换向后，必须按“R/S”键消磁。

(2) 在水平面内调节传感器方位时，要缓慢转动，并注意松开线圈水平旋钮，避免线圈水平旋钮锁紧卡死。

【思考题】

(1) AMR 传感器是利用了电阻的什么特性而制成的？

(2) 实验时是怎样得到磁偏角的？

(3) 什么是磁阻效应？

实验 4.4　霍尔效应测量磁场

【实验目的】

(1) 了解霍尔效应产生的机制。

(2) 学习利用霍尔效应测量磁场。

【实验仪器】

霍尔效应磁场测定仪。

【实验原理】

霍尔效应是导电材料中的电流与磁场相互作用而产生电动势的效应。1879 年美国霍普金斯大学研究生霍尔在研究金属导电原理时发现了这种电磁现象，故称为霍尔效应。

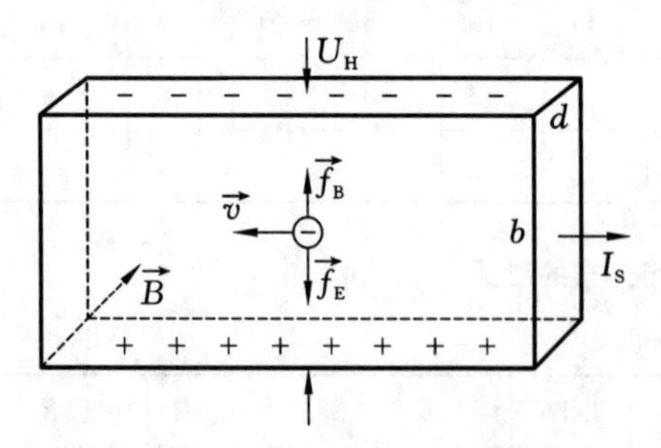

图 4-4-1　霍尔效应原理图

如图 4-4-1 所示，在通有电流为 I_S 的导体或半导体薄片的法线方向上施以磁感应强度为B的磁场，那么在薄片中运动的电荷将受到洛伦兹力的作用。设运动电荷的电量为 q，运动速度为v，则其所受洛伦兹力为

$$\vec{f}_B=q\vec{v}\times\vec{B} \tag{4-4-1}$$

即洛伦兹力的大小为

$$f_B=qvB \tag{4-4-2}$$

其方向指向薄片的一侧。这个力使电荷偏离它固有的前进方向而向薄片的一侧移动(向哪一侧移动决定于电荷的符号)，而使该侧面上出现电荷的积累现象。与此同时，在相对的另一个侧面上会出现符号相反的电荷的积累。由于相对的两个侧面上积累了异号的电荷，薄片中就会出现电场。这一电场使电荷受到一个与洛伦兹力方向相反的电场力$\vec{f}_E$的作用。当电荷在侧面上不断积累时，电场力也不

断增大。在电场力增大到正好等于洛伦兹力时，就达到动态平衡。此时通过薄片的电荷所受到的电场力和洛伦兹力相互抵消，电荷顺着电流固有方向无偏转地运动。动态平衡时薄片两端积累的电荷产生的电场称为霍尔电场，其场强用$\vec{E}_H$表示，这时两侧面间的电压称为霍尔电压U_H。霍尔电场对运动电荷的作用力为

$$\vec{f}_E = q\vec{E}_H \tag{4-4-3}$$

它与洛伦兹力在数值上相等，即

$$qvB = qE_H \tag{4-4-4}$$

设薄片的宽度为 b，且有电场与电压之间的关系$E_H=\frac{U_H}{b}$，则式(4-4-4)可以改写为

$$U_H = bvB \tag{4-4-5}$$

式(4-4-5)给出了霍尔电压U_H、磁场 B 以及电荷运动速度 v 之间的关系。但是，实际上易于测量的是电流强度 I_S，而不是电荷的速度 v，因此，有必要对式(4-4-5)进行变换。

我们知道，电荷的运动速度 v 与电流密度δ 之间具有一定的关系。设电荷密度为 n(即单位体积中的电荷数)，那么电流密度为

$$\delta = nqv \tag{4-4-6}$$

而电流强度 I_S 又等于电流密度乘以截面积，即

$$I_S = \delta bd = nbdqv \tag{4-4-7}$$

因此

$$v = \frac{I_S}{nbdq} \tag{4-4-8}$$

代入式(4-4-5)，霍尔电压U_H可表示为

$$U_H = \frac{I_S B}{nqd} \tag{4-4-9}$$

对于一定的材料，电荷密度 n 和电量 q 都是一定的。由式(4-4-9)可见，霍尔电压U_H与电流 I_S 和磁感应强度 B 的乘积成正比，而与薄片的厚度 d 成反比。比例系数称为霍尔系数，它表示霍尔效应的大小，并用R_H来表示

$$R_H = \frac{1}{nq} \tag{4-4-10}$$

代入式(4-4-9)，有

$$U_H = R_H \frac{I_S B}{d} \tag{4-4-11}$$

常用K_H($K_H=\frac{R_H}{d}$)表示霍尔元件的灵敏度，则有

$$B = \frac{U_H}{K_H I_S} \tag{4-4-12}$$

实验中，K_H由实验室给定，对于给定的电流，只要测量出相应的霍尔电压，即可求得磁感应强度 B。

必须指出，式(4-4-12)是在理想情况下导出的，但在实验过程中，实际上还存在许多其他因素会影响到霍尔电压的测量，如电流载流子迁移的速度各不相同，它们都分别与工作电流 I_S 和磁场$\vec{B}$有关。为了消除由这些因素所产生的误差，准确测量U_H的值，可通过改变 I_S、B 的方向来

达到消除的目的。例如:取$+I_S$、$+B$时,测量的电压为U_1;取$-I_S$、$+B$时,测量的电压为U_2;$-I_S$、$-B$时,测量的电压为U_3;$+I_S$、$-B$时,电压为U_4。且由于测量的电压值有正负之别,故最终的霍尔电压U_H可表示为

$$U_H=\frac{1}{4}(|U_1|+|U_2|+|U_3|+|U_4|) \tag{4-4-13}$$

【实验内容】

(1) 判断载流子的类型,霍尔半导体分为P型和N型两种,P型半导体是由带正电的空穴导电,N型半导体是由带负电的电子导电。根据图4-4-1,由测得电压的正负可判断出载流子是带正电还是带负电,从而可确定半导体是P型或N型。

(2) 测量电磁铁的磁感应强度,调节磁化电流$I_M=0.50$ A,工作电流$I_S=10.00$ mA,参照原理中消除附加电压的方法,换向I_S、B,测量出相应的霍尔电压U_1、U_2、U_3、U_4,并求出U_H,由实验室给出的K_H值,计算磁感应强度$\vec{B}$的大小。

(3) 研究霍尔电压U_H和工作电流I_S的关系,保持磁化电流$I_M=0.50$ A不变,工作电流I_S依次取2.00 mA、4.00 mA、6.00 mA、8.00 mA、10.00 mA,利用I_S、B换向法消除附加电压,计算相应的霍尔电压U_H,并绘制U_H-I_S直线图,可得到直线的斜率,由实验室给出的K_H值,可求得B的值。

【数据记录与处理】

参照表4-4-1、表4-4-2完成实验数据的记录。

表4-4-1 电磁铁磁感应强度测量数据

$I_M=0.50$ A,$I_S=10.00$ mA,$K_H=$________

I_S	B	U/mV	U_H/mV	B
$+I_S$	$+B$			
$-I_S$	$+B$			
$-I_S$	$-B$			
$+I_S$	$-B$			

根据式(4-4-12)计算出磁感应强度$\vec{B}$的大小。

表4-4-2 霍尔电压U_H和工作电流I_S的关系

$I_M=0.50$ A,$K_H=$________

I_S	B	I_S									
		2.00 mA		4.00 mA		6.00 mA		8.00 mA		10.00 mA	
		U	U_H	U	U_H	U	U_H	U	U_H	U	U_H
$+I_S$	$+B$										
$-I_S$	$+B$										
$-I_S$	$-B$										
$+I_S$	$-B$										

通过表 4-4-2 中实验记录的数据，绘制出U_H-I_S 的直线图，并计算直线的斜率，从而可根据已给定的K_H算出磁感应强度$\vec{B}$的大小。

【注意事项】

(1) 霍尔元件极易受损，严防元件受压、挤、碰撞等。

(2) 为了不使磁铁过热，记录数据时一般应断开磁化电流的换向开关。

(3) 实验中，不得使电流超过各器件允许的额定值。

【思考题】

(1) 什么是霍尔效应？霍尔效应产生的原理是什么？

(2) 用霍尔效应测量磁感应强度时，为什么要采取 I_S、B 换向法测量？

(3) 在本实验中，能不能将工作直流电流改成交流电进行测量？试进行说明。

实验 4.5　螺线管磁场分布的测量

【实验目的】

(1) 了解霍尔效应产生的机制。

(2) 学习用霍尔器件测绘长直螺线管的轴向磁场分布。

【实验仪器】

螺线管磁场测定仪(由长直螺线管、霍尔元件、调节构件和测试仪等组成)。

【实验原理】

1. 霍尔效应

将导体或半导体材料通以电流，置于磁场中，当电流方向与磁场方向垂直时，则在与磁场、电流都垂直的方向上，会出现横向电场，并且此方向材料两侧会因出现积累的异号电荷，而出现电势差，这种现象称为霍尔效应。霍尔效应在现代物理中应用广泛，如用半导体材料结合霍尔效应制成的电子元件，由于结构简单、频率响应宽、使用寿命长等优点，已广泛用于非电量测量、自动控制和信息处理等方面。

本质上霍尔效应是带电粒子在磁场中运动受洛伦兹力作用而引起的偏转。当带电粒子(电子或空穴)被约束在固体材料中，这种偏转就导致在垂直电流和磁场的方向上产生正负电荷的聚积，从而形成附加的横向电场。如图 4-5-1 所示半导体样品，若在 X 方向上通以电流I_S，在 Z 方向加磁场$\vec{B}$，则在 Y 方向半导体两侧 AC、$A'C'$ 就开始积累异号电荷而产生相应的附加电场——霍尔电场$\vec{E}_H$，电场的指向取决于半导体的导电类型。显然，该电场阻止载流子继续向侧面偏移，当载流子所受的横向电场力$\vec{f}_E$和洛伦兹力$\vec{f}_B$大小相等时，半导体两侧电荷的积累达到平衡，故有

$$qE_H = qvB \tag{4-5-1}$$

式中：v 是载流子在电流方向上的平均漂移速率。

设半导体样品的宽为 b，厚度为 d，载流子的密度为 n，则电流I_S可表示为

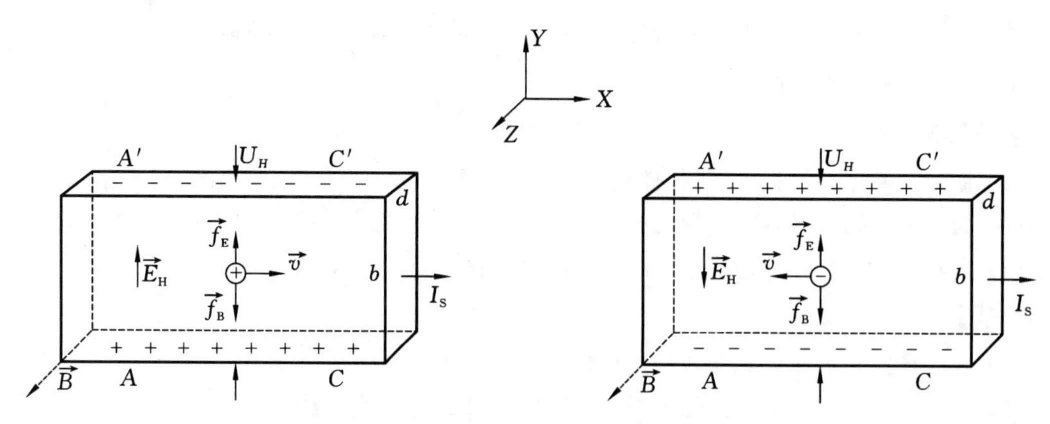

图 4-5-1　霍尔效应原理图

$$I_S = nqvbd \tag{4-5-2}$$

此时半导体两侧之间的霍尔电压 U_H 为

$$U_H = E_H b = \frac{1}{nq}\frac{I_S B}{d} = R_H \frac{I_S B}{d} \tag{4-5-3}$$

即霍尔电压 U_H 与电流和磁场的乘积 $I_S B$ 成正比，与半导体的厚度 d 成反比。比例系数 $R_H = \frac{1}{nq}$ 称为霍尔系数，它是反映半导体材料霍尔效应强弱的重要参数。

霍尔元件就是利用霍尔效应制成的电磁转换元件。对于成品的霍尔元件，其中，R_H 和 d 已知，因此式(4-5-3)可写为

$$U_H = K_H I_S B \tag{4-5-4}$$

式中：$K_H = \frac{R_H}{d}$ 称为霍尔元件的灵敏度(其值一般由制造厂家给出)，它表示该器件在单位工作电流和单位磁感应强度下输出的霍尔电压。

根据式(4-5-4)，K_H 已知，I_S 由实验给出，所以只要测量出 U_H 就可以求得未知磁感应强度 B 的大小，即

$$B = \frac{U_H}{K_H I_S} \tag{4-5-5}$$

应该指出，在产生霍尔效应的同时，因伴随着多种副效应，以至实验测得霍尔元件两侧间的电压并不等于真实的 U_H 值，而是包含着各种副效应引起的附加电压，因此必须设法消除。为了消除各副效应对实验结果的影响，实验采用电流和磁场换向的对称测量法。具体的做法是保持电流 I_S 和磁场 $\vec{B}$(即励磁电流 I_M)的大小不变，并在设定电流和磁场的正、反方向后，依次测量由下列四组不同方向的 I_S 和 B 组合的 AC、$A'C'$ 两极之间的电压 U_1、U_2、U_3 和 U_4，即：取 $+I_S$、$+B$ 时，测量的电压为 U_1；取 $+I_S$、$-B$ 时，测量的电压为 U_2；取 $-I_S$、$-B$ 时，测量的电压为 U_3；取 $-I_S$、$+B$ 时，测量的电压为 U_4。然后求 U_1、U_2、U_3 和 U_4 的代数平均值，可得

$$U_H = \frac{1}{4}(|U_1| + |U_2| + |U_3| + |U_4|) \tag{4-5-6}$$

通过对称测量法求得的 U_H，虽然还存在个别无法消除的副效应，但其引入的误差甚小，可以忽略不计。

2. 螺线管

螺线管是由绕在圆柱面上的导线构成的，对于密绕的螺线管，可以看成是一列有共同轴线的圆形线圈的并排组合。因此一个载流长直螺线管轴线上某点的磁感应强度，可以从各圆形电流在轴线上该点所产生的磁感应强度进行积分求和得到。对于一个有限长的螺线管，在距离两端口等远的中心点，磁感应强度为最大，且等于

$$B_0=\mu_0 N I_M \tag{4-5-7}$$

式中：μ_0 为真空中的磁导率，N 为螺线管单位长度的线圈匝数，I_M为线圈的励磁电流。

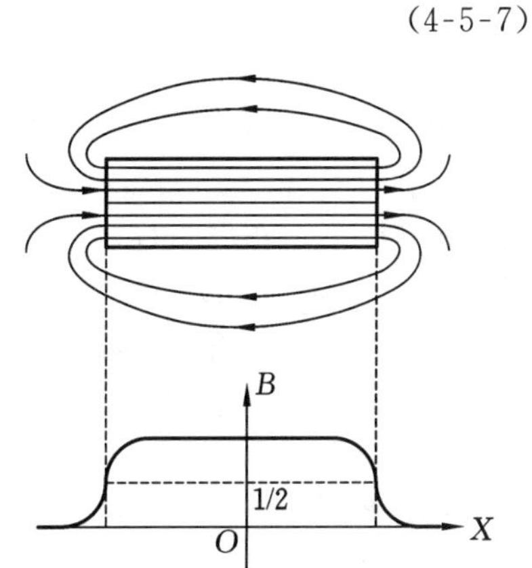

图 4-5-2　长直螺线管磁感应线分布图

图 4-5-2 所示为长直螺线管磁感应线分布图，螺线管腔内中部磁感应线是平行于轴线的直线，渐近两端口时，这些直线变为从端口离散的曲线，说明其内部的磁场是均匀的，仅在靠近两端口处才呈现明显的不均匀性。根据理论计算，长直螺线管端口的磁感应强度为内腔中部磁感应强度的 1/2。

【实验内容】

1. 霍尔元件输出特性测量

(1) 按图 4-5-3 连接测试仪和实验仪之间相应的I_S、U_H和I_M各组连线，并经教师检查后方可开启测试仪的电源。必须强调指出，绝不允许将测试仪的各电源错接，否则一旦通电，霍尔元件即遭损坏，图中虚线所示部分的线路已连接。

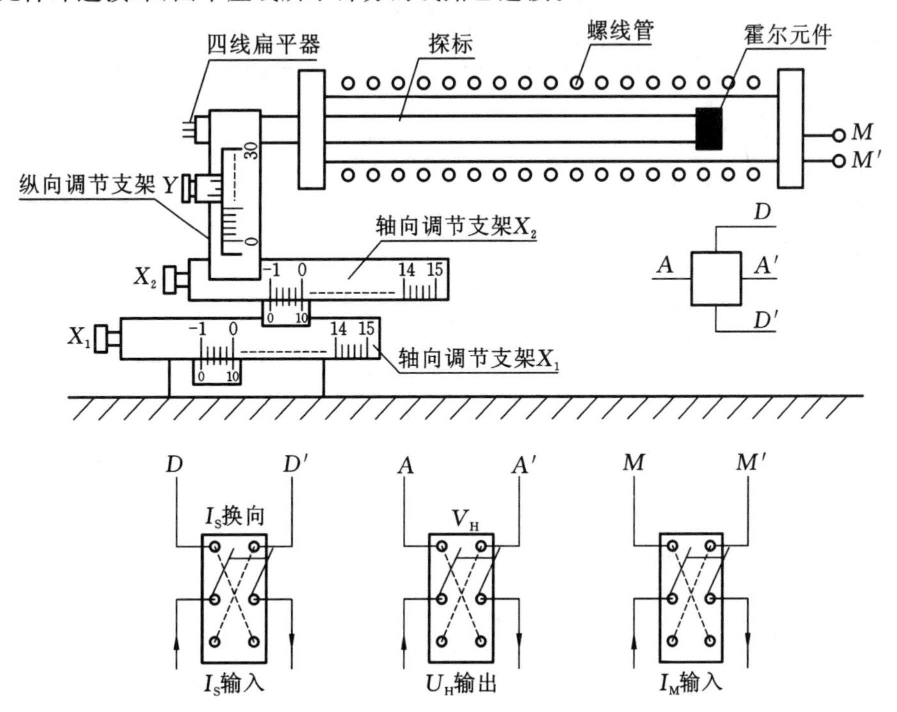

图 4-5-3　实验仪示意图

(2) 转动霍尔探杆支架的旋钮X_1、X_2，慢慢将霍尔器件移到螺线管的中心位置。

(3) 测绘 U_H-I_S曲线，取$I_M=0.800$ A，并在测试过程中保持不变，依次调节I_S，用对称测量

法测出相应的 U_1、U_2、U_3 和 U_4 值，绘制 U_H-I_S 曲线。

(4) 测绘 U_H-I_M 曲线，取 I_S=8.00 mA，并在测试过程中保持不变，依次调节 I_M，用对称测量法测出相应的 U_1、U_2、U_3 和 U_4 值，绘制 U_H-I_M 曲线。注意：在改变 I_M 值时，要求快捷，每测好一组数据后，应立即切断 I_M 电源。

2. 测绘螺线管轴线上磁感应强度分布

取 I_S=8.00 mA，I_M=0.800 A，并在测量过程中保持不变。

(1) 相距螺线管两端口等远的中心位置为坐标原点，探头离中心位置 $X=14-X_1-X_2$，调节旋钮 X_1、X_2，使测距尺读数 $X_1=X_2=0.0$ cm。然后调节 X_1 旋钮，保持 $X_2=0.0$ cm，使 X_1 依次停留在 0.0 cm、0.5 cm、1.0 cm、1.5 cm、2.0 cm、5.0 cm、8.0 cm、11.0 cm、14.0 cm 等处，按对称测量法测出相应的 U_1、U_2、U_3 和 U_4 值，再调节 X_2 旋钮，保持 $X_1=14.0$ cm，使 X_2 依次停留在 3.0 cm、6.0 cm、9.0 cm、12.0 cm、12.5 cm、13.0 cm、13.5 cm、14.0 cm 等处，测出相应的 U_1、U_2、U_3 和 U_4 值，并计算相应的 U_H 和 B 值。

(2) 绘制 B-X 曲线，验证螺线管端口的磁感应强度为中心位置强度的一半(不考虑温度对 U_H 的修正)。

(3) 将螺线管中心的 B 值与理论值进行比较，求出相应误差。

【数据记录与处理】

1. 测绘 U_H-I_S 曲线

参照表 4-5-1 完成实验数据的记录。

表 4-5-1　U_H-I_S 曲线测量数据

I_M=0.800 A

I_S/mA	U_1/mV		U_2/mV		U_3/mV		U_4/mV		$U_H=\frac{\|U_1\|+\|U_2\|+\|U_3\|+\|U_4\|}{4}$/mV
	$+I_S$	$+B$	$+I_S$	$-B$	$-I_S$	$-B$	$-I_S$	$+B$	
4.00									
5.00									
6.00									
7.00									
8.00									
9.00									
10.00									

2. 测绘 U_H-I_M 曲线

参照表 4-5-2 完成实验数据的记录。

表 4-5-2　U_H-I_M 曲线测量数据

I_S=8.00 mA

I_M/mA	U_1/mV		U_2/mV		U_3/mV		U_4/mV		$U_H=\frac{\|U_1\|+\|U_2\|+\|U_3\|+\|U_4\|}{4}$/mV
	$+I_S$	$+B$	$+I_S$	$-B$	$-I_S$	$-B$	$-I_S$	$+B$	
0.300									
0.400									

续表

I_M/mA	U_1/mV		U_2/mV		U_3/mV		U_4/mV		$U_H=\frac{\lvert U_1\rvert+\lvert U_2\rvert+\lvert U_3\rvert+\lvert U_4\rvert}{4}$/mV
	$+I_S$	$+B$	$+I_S$	$-B$	$-I_S$	$-B$	$-I_S$	$+B$	
0.500									
0.600									
0.700									
0.800									
0.900									
1.000									

3. 绘制 *B-X* 曲线

参照表 4-5-3 完成实验数据的记录。

表 4-5-3　*B-X* 曲线测量数据

$I_S=8.00$ mA，$I_M=0.800$ A

X_1/cm	X_2/cm	X/cm	U_1/mV		U_2/mV		U_3/mV		U_4/mV		U_H/mV	B/kGs
			$+I_S$	$+B$	$+I_S$	$-B$	$-I_S$	$-B$	$-I_S$	$+B$		
0.0	0.0											
0.5	0.0											
1.0	0.0											
1.5	0.0											
2.0	0.0											
5.0	0.0											
8.0	0.0											
11.0	0.0											
14.0	0.0											
14.0	3.0											
14.0	6.0											
14.0	9.0											
14.0	12.0											
14.0	12.5											
14.0	13.0											
14.0	13.5											
14.0	14.0											

【注意事项】

(1) 霍尔灵敏度K_H和螺线管单位长度线圈匝数 N 的值均标在实验仪器上。

(2) 测绘 U_H-I_M曲线时，每测好一组数据后，应立即切断I_M电源。

(3) 绘制 B-X 曲线时，螺线管端口附近磁场变化大，应多测几个点。

【思考题】

(1) 什么是霍尔效应？霍尔效应的本质是什么？

(2) 什么是对称测量法？本实验中为什么要采用对称测量法？

(3) 霍尔元件根据其载流子不同(电子或空穴)，可分为 P 型或 N 型两种，试说明如何判断霍尔器件的型号。

第5章 虚拟仿真实验

虚拟仿真实验是20世纪末兴起的一门崭新的综合性信息技术。它依托虚拟现实、多媒体、人机交互、数据库和网络通信等技术,逐渐进入物理实验教学中。学生可以在高度仿真的虚拟实验环境中开展各种物理实验,从而完成教学大纲的学习要求。

5.1 虚拟仿真实验介绍

从广义的角度而言,虚拟仿真实验是指区别于实际动手实验,通过各种仿真手段实现的仿真实验。与传统实验相比,虚拟仿真实验自身的特点和优势非常明显。

第一,虚拟仿真实验是基于计算机技术开展的实验,是在计算机上完成的实验,具有先进性。在虚拟仿真实验系统中,计算机作为整个系统的控制中心,运用计算机高度的运算能力,可以从缩短实验时间和解决实验难题两个方面促进复杂性实验项目的顺利完成,从而提高实验系统的处理速度和整体性能。

第二,虚拟仿真实验成本低廉,重复性好,易于维护和升级。现阶段增设一个物理实验项目,动辄就需要几万甚至几十万元人民币,昂贵的代价使得大多数院校都面临着实验室仪器品种、规格和数量都严重不足的困难。并且在物理实验过程中,由于学生对仪器的不熟悉也经常会造成仪器的损坏。仿真物理实验能用不太高的代价、高质量的虚拟仪器和元器件搭建出非常丰富的实验项目,并且支持高效、快速的重复性操作,由于实验环境和仪器都是虚拟的,学生更不必担心会损坏实验仪器。而相对硬件而言,软件在维护和升级方面的优势是显而易见的。

第三,虚拟仿真实验基于网络技术,具备时间和空间的可扩展性。从技术角度来说,仿真实验只需要相关教学软件的支持,因此,无论是安装在本地计算机上的单机版本,还是安装在远程服务器上的网络版本,都完全不必占用真实空间和仪器等实验教学资源,学生可以利用自己适合的时间在本地计算机上完成实验过程,打破了时间限制,跨越了空间障碍。学生在虚拟环境中开展实验,达到教学大纲所要求的教学效果。

1. 大学物理仿真实验软件介绍

1995年,中国科学技术大学研制成功《大学物理仿真实验1.0 for DOS》,同年通过国家教委鉴定,1996年由高等教育出版社出版。它是国内第一套具有一定规模和水准的实验教学软件,也是第一套模拟型的CAI软件。该软件通过计算机把实验设备、教学内容、教师指导和学生的操作有机地融合为一体,形成了一部活的、可操作的物理实验教科书。通过仿真物理实验,学生对实验的物理思想和方法、仪器的结构及原理的理解,可以达到实际实验难以实现的效果,实现了培养动手能力、学习实验技能、深化物理知识的目的,同时增强了学生对物理实验的兴趣,大大提高了物理实验教学水平,是物理实验教学改革的有力工具。该软件现已在全国400多所高校推广应用,受到学生的普遍欢迎和使用单位的好评。

基于组件的大学物理仿真实验2010版,在原有的大学物理仿真实验的基础上,优化实验建

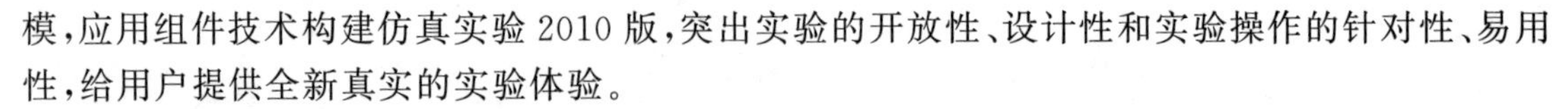

模，应用组件技术构建仿真实验 2010 版，突出实验的开放性、设计性和实验操作的针对性、易用性，给用户提供全新真实的实验体验。

2. 系统特色

（1）可定制实验方案，实验中仪器可灵活组合，教师可根据教学目标制定不同层次的实验方案，学生可自主选择不同的实验仪器完成相同的实验内容，实验针对性强。

（2）优化实验建模，实验结果体现不同实验操作导致的实验误差，实验真实度高。

（3）提供丰富的指导信息和统一的操作流程，实验界面友好，易用性高。

（4）提供统一的数据接口，可以作为物理实验考试系统和物理实验预习系统的操作内容。

（5）应用全新的 WPF 技术开发，提供全新真实的实验操作体验。

3. 虚拟仿真实验项目和具体内容

基于组件的大学物理仿真实验 2010 版共有 9 大类实验，46 个实验项目。

（1）力学实验：用单摆测量重力加速度、用凯特摆测重力加速度、声速的测量、拉伸法测金属丝的杨氏模量、三线摆法测刚体的转动惯量。

（2）热学实验：不良导体热导率的测量、半导体温度计的设计、热敏电阻温度特性研究实验。

（3）近代物理学实验：密立根油滴实验、光电效应和普朗克常量的测定、拉曼光谱实验、塞曼效应实验。

（4）电学实验：双臂电桥测低电阻实验、示波器实验、交流谐振电路及介电常数测量、检流计的特性研究、箱式直流电桥测量电阻、自组式直流电桥测电阻、交流电桥、太阳能电池的特性测量、设计万用表实验、整流滤波电路实验。

（5）光学实验：偏振光的观察与研究、迈克尔逊干涉仪、分光计实验、干涉法测微小量、光强调制法测光速、椭偏仪测折射率和薄膜厚度。

（6）电磁学实验：动态磁滞回线的测量、霍尔效应实验、测量锑化铟片的磁阻特性。

（7）核物理实验：G-M 计数器和核衰变的统计规律及 β 射线的吸收规律、闪烁谱仪测定 γ 射线的能谱和 γ 能谱的吸收、卢瑟福实验、弗兰克-赫兹实验、核磁共振实验、核磁共振成像实验、相对论电子的动能与动量关系的测量。

（8）材料科学实验：PPMS 综合物性测量实验、磁控溅射镀膜实验、光致发光材料的合成与灯管的制作、直流电弧等离子体法制备金属纳米粉。

（9）工程光学实验：干涉法测量微小位移实验、透镜焦距截距测量实验、望远镜系统参数测量、迈克尔逊干涉仪测量压电陶瓷的压电常数。

5.2 虚拟仿真实验操作

1. 虚拟仿真系统安装

要在物理实验中心网站主页进入虚拟仿真实验网站，在主页左侧栏中或上面菜单栏中单击“虚拟仿真实验”，如图 5-2-1 所示。单击后进入虚拟仿真教学中心主页页面，如图 5-2-2 所示。然后单击左侧“大学物理虚拟仿真实验”，进入大学物理仿真实验登录界面。也可以在浏览器地址栏中输入网址 http://wlxn.jhun.edu.cn:8201/，直接进入大学物理仿真实验登录界面，如图 5-2-3 所示。首次打开该网址时会提示安装微软的 Silverlight 插件，如图 5-2-4 所示，安装完毕后重启浏览器，然后重新进入大学物理仿真实验登录界面。

图 5-2-1　物理实验中心主页

图 5-2-2　虚拟仿真教学中心主页页面

可以使用两个公共账号登录大学物理仿真实验主界面，登录后界面如图 5-2-5 所示。用户名为 student 或 xnsy，密码都是 123。点击左侧“下载升级”，会出现如图 5-2-6 所示页面。安装实验大厅之前确保计算机中已经安装了.net Framwork 3.5 sp1 以上版本的插件，如果没有安

图 5-2-3 大学物理仿真实验登录界面

装过插件，单击“点击这里下载”安装。然后单击“下载”，下载安装大学物理仿真实验 2010 版，安装完成后会在电脑桌面上出现如图 5-2-7 所示的程序图标。

图 5-2-4 Silverlight 安装页面

双击程序图标进入登录界面，如图 5-2-3 所示。首次运行大学物理仿真实验大厅需设置 IP 和端口，方法为点击“网络设置”，修改服务器地址为 210.42.74.34，端口为 8201，单击“保存设置”后，按要求重新启动软件。输入用户名和密码进入实验大厅，如图 5-2-8 所示。

选择要做的某个实验，双击下载该实验，如图 5-2-9 所示。双击具体要下载的实验项目，出现如图 5-2-10 所示界面，单击“确定”开始下载。下载完毕后，就可以正式开始做实验了。

图 5-2-5　大学物理仿真实验主界面

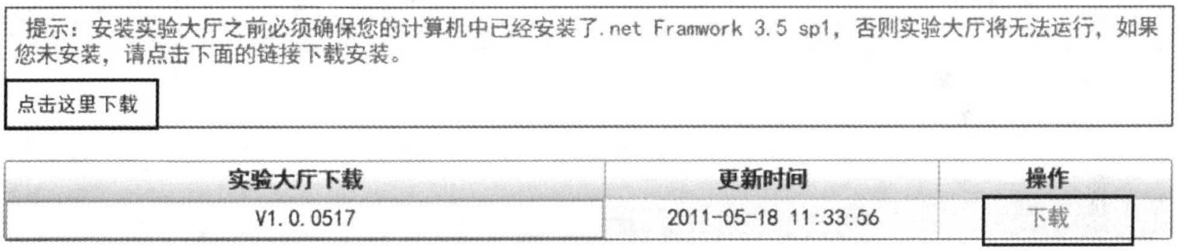

提示：安装实验大厅之前必须确保您的计算机中已经安装了.net Framwork 3.5 sp1，否则实验大厅将无法运行，如果您未安装，请点击下面的链接下载安装。

点击这里下载

实验大厅下载	更新时间	操作
V1.0.0517	2011-05-18 11:33:56	下载

图 5-2-6　下载升级页面

图 5-2-7　大学物理仿真实验程序图标

2. 虚拟仿真实验操作

双击实验名称，稍后会加载出现实验操作主界面，如图 5-2-11 所示。屏幕上显示实验环境的实验主场景，显示实验数据表格、实验仪器栏、实验内容栏、实验提示栏、工具箱、帮助、实验辅助栏等。

图 5-2-8　大学物理仿真实验大厅主界面

图 5-2-9　实验内容下载页面

（1）在实验内容栏里面选定要做的具体实验内容。

（2）按照数据表格的内容一步一步完成实验仪器的摆放，完成仪器状态的调整。

（3）在数据表格上按照实验要求做虚拟仿真实验，并记录相关数据并记录在表格中。

图 5-2-10　下载程序确认页面

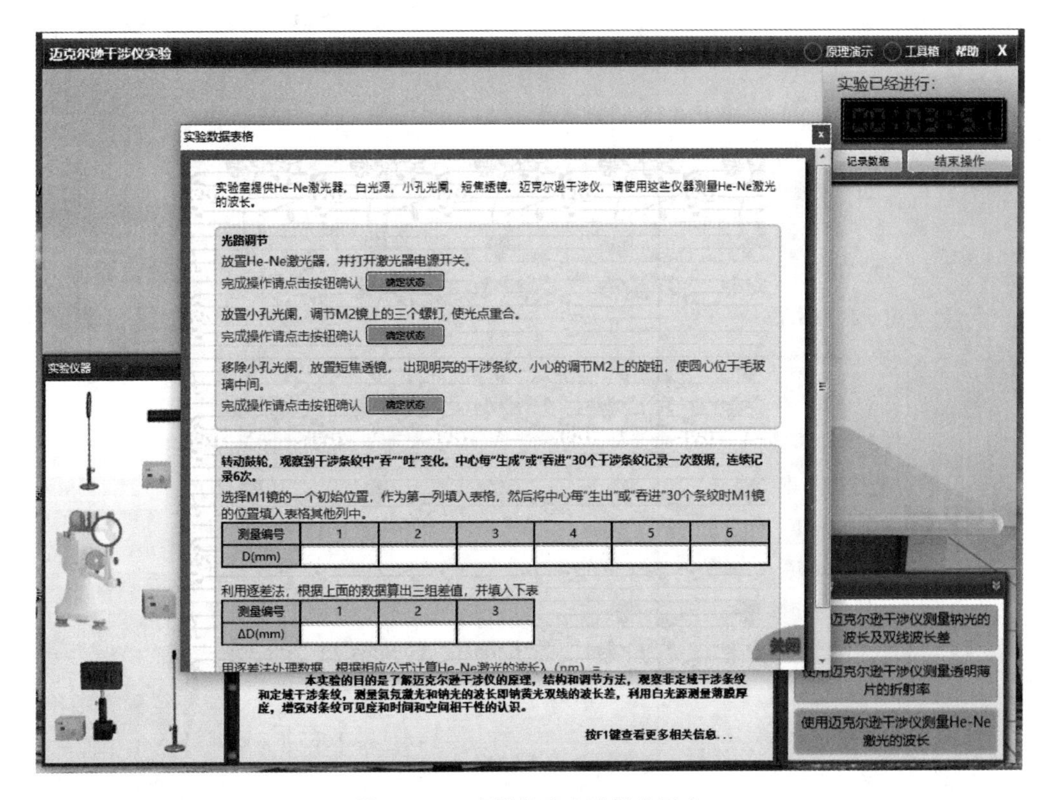

图 5-2-11　虚拟仿真实验操作平台

（4）完成数据的处理与计算，并将相应的结果记在数据表格中。

（5）将数据表格用截屏的方式保存在计算中。

（6）按照常规的实验报告的撰写格式和要求，完成大学物理虚拟仿真实验报告。内容包括实验目的、实验原理、实验仪器、实验步骤，实验数据和数据处理这些基本部分，要求图文并茂，以 Word 文档的方式保存。文档命名规则统一为“学号＋姓名＋实验名称.doc”，请勿随意更换次序。

（7）将完成的虚拟实验文档以附件的方式添加到 E-mail 中，并发送到指定 E-mail 邮箱。E-mail 邮件主题为“学号＋姓名”。E-mail 正文可以忽略，也可提出意见和建议，严禁抄袭实验数据和实验报告。

附录　常用物理常数

名　　称	符　号	计 算 用 值
真空中光速	c	$c=3.00\times10^{8}$ m/s
引力常数	G	$G=6.67\times10^{-11}$ N·m²/kg²
重力加速度	g	$g=9.8$ m/s²
电子电量	e	$e=1.60\times10^{-19}$ C
电子静质量	m_e	$m_e=9.11\times10^{-31}$ kg
电子荷质比	e/m_e	$e/m_e=1.76\times10^{-11}$ C/kg
电子经典半径	r_e	$r_e=2.82\times10^{-15}$ m
质子静质量	m_p	$m_p=1.673\times10^{-27}$ kg
中子静质量	m_n	$m_n=1.675\times10^{-27}$ kg
真空介电常数	ε_0	$\varepsilon_0=8.85\times10^{-12}$ F/m
真空磁导率	μ_0	$\mu_0=4\pi\times10^{-7}$ H/m
电子磁矩	μ_e	$\mu_e=9.28\times10^{-24}$ J/T
质子磁矩	μ_p	$\mu_p=1.41\times10^{-26}$ J/T
中子磁矩	μ_n	$\mu_n=-0.966\times10^{-26}$ J/T
阿伏伽德罗常数	N_A	$N_A=6.02214199\times10^{23}$ mol^{-1}
气体普适恒量	R	$R=8.314472$ J/(K·mol)
玻耳兹曼常数	k	$k=1.3806503\times10^{-23}$ J/K
摩尔体积	V_m	$V_m=22.413996\times10^{-3}$ m³/mol
标准大气压	atm	1atm=101325 Pa
原子质量单位	u	$1u=1.66053873\times10^{-27}$ kg
玻尔半径	a_0	$a_0=5.29\times10^{-11}$ m
玻尔磁子	μ_B	$\mu_B=9.27\times10^{-24}$ J/T
核磁子	μ_N	$\mu_N=5.05\times10^{-27}$ J/T
普朗克常数	h $\hbar$	$h=6.63\times10^{-34}$ J·s $\hbar=h/(2\pi)=1.05\times10^{-34}$ J·s
精细结构常数	α	$\alpha=7.297352533\times10^{-3}$
里德伯常数	R	$R=1.10\times10^{7}$ m^{-1}
康普顿波长	λ_C	$\lambda_C=2.426310215\times10^{-12}$ m
μ 子质量	m_μ	$m_\mu=1.88353109\times10^{-28}$ kg
τ 子质量	m_τ	$m_\tau=3.16788\times10^{-27}$ kg
氘核质量	m_d	$m_d=3.34358309\times10^{-27}$ kg